1964年10月に東海道新幹線が開業してから2024年10月で60周年を迎えた．この間に新幹線の技術は大きく進歩した．

新幹線生みの親・十河信二国鉄総裁
右から，一花開天下春（東京駅）

東海道新幹線 初の0系新幹線電車, AC25kV/60Hz
（変圧器低圧タップ制御/直流直巻電動機）

初のPWM制御300系新幹線電車，最高速度270km/h, AC25 kV/60 Hz
（GTOサイリスタ・PWM制御/誘導電動機）
写真提供：東海旅客鉄道（株）

大井車両基地，新幹線電気軌道総合試験車ドクターイエロー923形0番台・700系・N700系
AC25 kV/60 Hz（IGBT・PWMコンバータ＋VVVFインバータ＋誘導電動機）
写真提供：東海旅客鉄道（株）

東北新幹線 E5 系新幹線電車，最高速度 320 km/h，AC25 kV/50 Hz（IGBT・PWM 制御/誘導電動機）

西九州新幹線 N700S 系 8000 番台，新幹線電車かもめ，AC25 kV/60 Hz（SiC・PWM 制御/誘導電動機・蓄電池自力走行）

E6 系，新在直通電車，AC25/20 kV/50 Hz 両用，東北新幹線（320 km/h）・田沢湖線（秋田新幹線）（130 km/h）（IGBT・PWM 制御/誘導電動機）

長野新幹線 E2 系電車あさま 25 kV・50/60 Hz 両用 軽井沢付近の，勾配 30‰ を抑速回生で 210 km/h で走行可能
（GTO サイリスタ・PWM 制御/誘導電動機）

常磐線 651 系スーパーひたち
AC20 kV/50Hz・直流 1.5 kV
（サイリスタ位相制御・界磁添加励磁制御/直流直巻電動機）

1957 年 交流電化発祥の地記念碑
（仙山線 作並駅）

1987 年 青函連絡船 函館桟橋
車載客船羊蹄丸（1965～1988 年）
最大速力 21.16 ノット
（航海速力 18.20 ノット）
定員 1 200 名
貨車積込口より車両甲板を望む

485系時代の長崎本線特急かもめ
AC20 kV・50/60 Hz・DC1 500 V
（抵抗制御・直並列組み合わせ・弱め界磁/直流直巻電動機）

函館本線 倶知安
除雪装置付き軌道モータカー

中央（東）線 E353系特急あずさ
DC1 500 V
（IGBT・VVVF制御/誘導電動機）

紀勢本線 HC85 系シリーズハイブリッド気動車・特急南紀
(永久磁石同期発電機/VVVF 制御/永久磁石同期電動機)
写真提供:東海旅客鉄道(株)

中央線(名古屋地区)
315 系通勤形電車,DC1 500 V
(SiC-IGBT・VVVF 制御/誘導電動機・非常走行用蓄電装置)
写真提供:東海旅客鉄道(株)

南海高野線 モハ2258形天空
最大勾配50‰．
DC1 500V（抵抗制御/直流直巻電動機）

大井川鐡道ED90形
アプト式機関車，最大勾配90‰．DC1 500V（抵抗＋直並列制御/直流電動機・走行用4台・ラック用2台）
アプトいちしろ駅付近

千葉都市モノレール0形
DC1 500V
（VVVF制御/誘導電動機）
写真提供：千葉都市モノレール（株）

黒部峡谷鉄道EDR33形
DC600V(抵抗＋直並列制御),
762mm特殊狭軌・機関車は重
連,宇奈月駅〜欅平駅間は20.1
kmで中間の猫又に,き電用変電
所がある

長野電鉄1000系特急車両ゆ
けむり
(元・小田急10000形電車ロ
マンスカー(HiSE))
DC1500V,連接電動台車
(抵抗＋弱め界磁制御)
撮影：大島正明氏

阿波海南駅と甲浦駅間を
ディーゼル機関・鉄輪で走行,
甲浦駅から道の駅などまでの
道路をゴムタイヤで走行する
DMVシステム(赤,青,緑の
車種がある)
撮影：柴川久光氏

イギリス向け高速車両 Class-800
電化区間 201 km/h, AC25 kV（IGBT・PWM 制御/誘導電動機）, 非電化区間 185 km/h, 着脱式ディーゼル発電機・デュアルモード
写真提供：(株)日立製作所

イタリア・ボローニャ市のトロリバス
2本のトロリポールで直流±300 V を集電

イタリア ETR 500
両端が動力車で中間客車が 11 両
直流 3 000 V 方式, パンタグラフは先頭車と最後尾にあり, 高圧母線引き通し

8

電気鉄道技術入門

持永 芳文 編著
電気鉄道技術入門編集委員会 著

第2版

本書を発行するにあたって，内容に誤りのないようできる限りの注意を払いましたが，本書の内容を適用した結果生じたこと，また，適用できなかった結果について，著者，出版社とも一切の責任を負いませんのでご了承ください．

　本書は，「著作権法」によって，著作権等の権利が保護されている著作物です．本書の複製権・翻訳権・上映権・譲渡権・公衆送信権（送信可能化権を含む）は著作権者が保有しています．本書の全部または一部につき，無断で転載，複写複製，電子的装置への入力等をされると，著作権等の権利侵害となる場合があります．また，代行業者等の第三者によるスキャンやデジタル化は，たとえ個人や家庭内での利用であっても著作権法上認められておりませんので，ご注意ください．

　本書の無断複写は，著作権法上の制限事項を除き，禁じられています．本書の複写複製を希望される場合は，そのつど事前に下記へ連絡して許諾を得てください．

出版者著作権管理機構
（電話 03-5244-5088，FAX 03-5244-5089，e-mail：info@jcopy.or.jp）

JCOPY ＜出版者著作権管理機構 委託出版物＞

推薦のことば（第 2 版によせて）

　電気鉄道技術分野についての優れた入門書としての『電気鉄道技術入門』は，鉄道関係者や鉄道技術に興味を持つ学生や一般の方々に広く愛読され，また，作業上のガイドブックとして活用されてきたが，初版発行後 16 年以上を経て，基礎となる電気・電子技術も大きく進歩し，わが国の鉄道やそれを支える製造産業の環境も変化している．社会全体としての地球温暖化や事業の持続性への要請の高まりとともに，交通輸送機関全般の電動化・システム化への開発も進み，電気鉄道技術はその基礎としての位置付けも持つようになってきた．

　『電気鉄道技術入門（第 2 版）』では，初版の内容にこのような技術進歩と環境変化によって導入された新しい技術の記述を付加するとともに，新たに鉄道電化計画の章を起こして最近の話題であるわが国の鉄道技術の海外進出にかかわる技術事項と，国際的な技術基準や規格についても説明している．新しい技術としての地上蓄電設備，蓄電池電車，無線列車制御などの解説は交通技術全般や電力システム技術とも関連が深く，電気鉄道以外の応用にも役に立つ知識を与える．

　電気鉄道は車両，軌道，変電所や電車線のような地上設備とそれを支える構造物，列車の運転制御や安全な走行を実現する信号保安システム，駅や車両基地といった周辺設備，さらに営業のための出改札や予約，乗客への情報提供設備などで構成される複雑かつ巨大なシステムである．これらについての概括的な展望を持つことは単に交通輸送分野にかかわる方々のみでなく，他の産業技術や社会システムに携わる方々にも実務的に役に立つと考えるし，工学やシステムを学んでいる学生諸君にも有用な基礎知識となろう．

　本書は鉄道技術やその開発に豊富な経験を持つ専門家が，歴史的な展開や最近の技術開発の状況を交えて電気鉄道を，多くの写真や図表を用いてわかりやすく紹介している．全体として電気鉄道を体系的に展望できる章・節の構成を取りながら一つ一つのトピックは独立してまとめられており，読みやすい書物となっている．工学的な入門書としても，個別の鉄道技術の実務を知るためのガイドブックとしても利用できる，優れた内容となっている．

　初版をお持ちの方はもちろんのことであるが，最新の知識を補強されるために初めて手に取られる方で，すでに産業界での実務に携わっている方々には，最新の電気鉄道とその技術の総体的な姿を理解し，知識を再整理するために役立つガイドブックとして，また，交通輸送システムの技術に関心を持つ学生諸君や一般の方々にも手軽に読み通せる解説書として一読を推薦したい．

2025 年 2 月

公益財団法人 鉄道総合技術研究所 前会長/東京大学 名誉教授　正田 英介

刊行のことば（第2版によせて）

日本で初めて鉄道が開通したのは，1872年の新橋〜横浜間であり，運行管理にモールス通信が使用されていた．その後，情報交換のための通信と，閉そくのための信号に分かれて発展している．電気鉄道は1895年に京都市で直流500Vによる運転が開始されたのが始まりであり，以来，電気鉄道は電気技術の実用分野のパイオニアとして，積極的な役割を果たしている．特に，1980年代のエレクトロニクス技術の進展に伴い，回転機の制御技術が飛躍的に進歩し，電気車の軽量化や電力供給技術など周辺技術の向上とあいまって，新幹線に代表される高速列車の登場や，電気車の性能向上が図られている．

また，鉄道は情報技術をいち早く取り入れており，列車を安全に運行する信号設備はもちろん，座席予約システムによる指定券の販売，駅や車内への運行情報の伝達など，トータルとしての運行管理システムの構築が図られている．

電気鉄道の背景にある，このような幅広い電気技術および社会的な側面を理解するために，オーム社では雑誌『電気と工事』に「電気鉄道技術ガイド」を連載した．これに加筆修正して，2008年に単行本として初版『電気鉄道技術入門』を出版した．本書は大学の電気鉄道の教科書として，さらに鉄道技術者の座右の書として長年にわたり愛読されてきた．

しかし，初版の発行から16年を経て著しい技術進歩があり，例えば車両の駆動方式は，直流電動機から誘導電動機となり，新幹線における時速320km運転が可能になっている．また，主に在来線においては高効率の永久磁石同期電動機が採用され，リチウムイオン電池の発展による蓄電池搭載車両の登場など，脱炭素を見据えた車両の開発が進んできている．

地上の電力設備においては電力貯蔵装置の発展や，新幹線では電力変換装置による電源の安定化が進んでいる．信号の列車検知ではデジタル無線技術の進歩により，無線を用いたシステムが急速に進歩している．また，浮上式鉄道も実験の段階から実用化に向けた技術が開発されて，中央新幹線に向けた建設が行われている．

このような状況のもとに本書の改訂を行い，内容の見直しを図ることにした．特に最近は海外に向けての鉄道技術の展開が行われており，第15章として鉄道電化計画を追加して，海外に携わる技術者に鉄道電化の考え方を紹介した．執筆，見直しについては，初版に引き続き，（公財）鉄道総合技術研究所の関係者，および鉄道分野で活躍されている専門家にお願いしている．改めて，これらの著者に感謝する．

折しも，2024年10月1日は，新幹線が東京〜新大阪間に開業してから60周年に当たり，鉄道技術の進展を実感している．本書が，新しく鉄道を学ばれる皆様の入門書として，さらに，最新の鉄道技術を学ばれる皆様の座右の書としてお役に立てば幸いである．

2025年2月

編著者　持永　芳文

執筆担当

- **持永　芳文**（編著）
  第1章，第2章，第3章，
  第4章2節，第5章，第6章，
  第7章，第10章，第11章1節，
  第12章5節，第13章，第14章

- **大江　晋太郎**
  第4章1節

- **後藤　浩一**
  第11章2・3節

- **柴川　久光**
  第1章2・3節，第14章1節，
  第15章

- **白土　義男**
  第9章

- **進藤　正昭**
  第10章

- **髙重　哲夫**
  第8章

- **中村　英夫**
  第8章，第9章

- **水間　毅**
  第12章1節〜4節，第12章6節
  第13章1節・2節

- **米山　崇**
  第3章，第4章3・4節

- **渡邉　秀夫**
  第7章1・2・8節

プロフィール

持永　芳文（もちなが　よしふみ）

　東京理科大学工学部電気工学科卒業．1967年日本国有鉄道入社．(財)鉄道総合技術研究所電力技術開発推進部長．(株)ジェイアール総研電気システム専務取締役．2016年より津田電気計器(株)技術顧問．1993〜2021年東京理科大学講師（非常勤）（電気鉄道工学・電気機器学ほか）．

　電気科学技術奨励会オーム技術賞，科学技術庁長官賞（研究功績者），電気学会産業応用特別賞技術開発賞，日本鉄道電気技術協会鉄道電気顕功章，電気学会フェローほか．博士（工学）．第二種電気主任技術者，技術士（電気電子部門）．

大江　晋太郎 (おおえ　しんたろう)

中央鉄道学園大学課程機械科卒業. 1980 年日本国有鉄道入社. (財)鉄道総合技術研究所車両研究室, 同所駆動制御研究室主任研究員. 2007 年より(株)名古屋臨海鉄道担当部長 (車両).

後藤　浩一 (ごとう　こういち)

京都大学大学院工学研究科情報工学専攻修士課程修了. 1980 年日本国有鉄道入社. (財)鉄道総合技術研究所輸送情報技術研究部長, 国際業務室長. 2015 年より(株)ジェイアール総研情報システム代表取締役社長.

技術士 (情報工学部門), 博士 (情報学).

白土　義男 (しらと　よしお)

1950 年東京都交通局入局. 早稲田大学大学院工学研究科電気工学専攻修士課程修了. (財)オリンピック東京大会組織委員会事務局技師. 東京都交通局車輌部長. 1991〜2004 年(株)京三製作所業務企画部部長.

髙重　哲夫 (たかしげ　てつお)

京都大学大学院工学研究科電気工学第 2 専攻修士課程修了. 1973 年日本国有鉄道入社.

(財)鉄道総合技術研究所信号通信技術部長. (株)ジェイアール総研電気システム代表取締役社長, 2022 年より同社取締役相談役.

水間　毅 (みずま　たけし)

東京大学大学院工学系研究科電気工学専攻博士課程修了. 1984 年運輸省交通安全環境研究所入所. 交通安全環境研究所交通システム研究領域長. 同所理事. 東京大学大学院新領域創成科学研究科特任教授. 2022 年より(株)京三製作所上席特別顧問.

経済産業省局長表彰 (国際標準化活動貢献). 工学博士.

渡邉　秀夫 (わたなべ　ひでお)

北海道大学工学部電気工学科卒業. 1976 年日本国有鉄道入社. (株)明電舎入社, 電鉄システム事業部技師長. 日本電設工業(株)発変電支社副支社長. 2023 年より同社技術指導部長.

電気科学技術奨励会オーム技術賞. 第二種電気主任技術者, 1 級電気工事施工管理技士.

柴川　久光 (しばかわ　ひさみつ)

徳島大学工学部電子工学科卒業. 1975 年日本国有鉄道入社. 西日本旅客鉄道(株)入社, 電気技術開発(株)技師長. 西日本電気システム(株)技術開発部長. 2017〜2021 年日本工営(株).

第一種電気主任技術者, 技術士 (電気電子部門, 総合技術監理部門). International Professional Engineer.

進藤　正昭 (しんどう　まさあき)

中央鉄道学園大学課程電気科卒業. 1969 年日本国有鉄道東京南鉄道管理局入社. 大学委託研究員東京工業大学. 鉄道技術研究所通信研究室. 2005 年(株)ジェイアール総研電気システム担当部長, 2009〜2015 年同社部長.

第 1 級陸上無線技術士, 技術士 (電気電子部門).

中村　英夫 (なかむら　ひでお)

国鉄中央鉄道学園大学課程卒業. 東京理科大学工学部電気工学科卒業. 1992 年(財)鉄道総合技術研究所列車制御研究室長. 日本大学理工学部教授. 2018 年より同学名誉教授.

日本信頼性学会高木賞. IEEE Reliability Society Japan Joint Chapter/信頼性技術功績賞. 電子情報通信学会フェロー. 工学博士.

米山　崇 (よねやま　たかし)

早稲田大学大学院理工学研究科電気工学専攻修士課程修了. 2004 年(財)鉄道総合技術研究所入所, 動力システム研究室, 2022 年より同所水素・エネルギー研究室長.

電気学会優秀論文発表賞. 第二種電気主任技術者, 技術士 (電気電子部門).

目次

第1章　電気鉄道の歴史と現状　　23

1 電気鉄道の歴史 ･･･ 23
    1. 日本の電気鉄道　　2. 電気鉄道の高速化と近代化

2 電気鉄道の種類 ･･･ 26
    1. 用途による分類　　2. 電気方式による分類
    3. 日本の電気方式

3 電気鉄道のエネルギー特性 ･････････････････････････････ 30
    1. 輸送機関別の使用エネルギー比較
    2. 鉄道で使用する電力
    3. 電気車形式別消費エネルギー比較

4 電気鉄道と環境との調和 ･･･････････････････････････････ 33
    1. 地球環境と電気鉄道　　2. 騒音と電気鉄道
    3. 電気鉄道と EMC　　4. 鉄道のバリアフリー化

5 鉄道事業 ･･･ 36
    1. 鉄道事業制度　　2. 電気鉄道の技術基準

第2章　線路と軌道構造　　38

1 線路 ･･･ 38
    1. 線路一般　　2. 曲線
    3. 勾配　　4. 車両と走行安定

2 軌道構造 ･･･ 45
    1. レール　　2. レールの締結
    3. 分岐器　　4. 軌道管理

3 構造物 ･･･ 51
    1. 土構造物　　2. 橋梁
    3. 高架橋　　4. トンネル

4 列車防護 ··· 55

　　1. 障害物検知と列車防護　　2. 地震列車防護装置

第3章　電気車と機器の構成　　58

1 電気車の種類 ··· 58

2 車体と台車 ··· 59

　　1. 車体　　2. 台車

　　3. 駆動装置　　4. 連結器

3 電気車の電気回路 ·· 64

　　1. 電気回路の構成　　2. 主電動機

　　3. 集電装置と遮断器　　4. 主変換装置

　　5. 補助回路の装置　　6. 車両の情報制御システム

第4章　電気車の制御　　76

1 直流電気車の制御方式 ·· 76

　　1. 抵抗・直並列制御　　2. 界磁制御

　　3. チョッパ制御　　4. 界磁添加励磁制御

　　5. 誘導電動機のVVVFインバータ制御

　　6. 永久磁石同期電動機のVVVF制御

　　7. 主な直流電気車の諸元例

2 交流電気車の制御 ·· 86

　　1. 変圧器タップ制御　　2. サイリスタ位相制御

　　3. PWMコンバータ制御

　　4. 電源周波数が異なる区間を走る電車

　　5. 交直流電気車の速度制御　　6. 主な交流電気車の諸元例

3 蓄電池搭載車両の制御 ·· 100

　　1. 各種蓄電池搭載車両　　2. 蓄電池の充電方法

4 ブレーキ制御 ··· 103

　　1. ブレーキの方式　　2. 機械ブレーキ

　　3. 電気ブレーキ　　4. 電空協調制御

第5章　列車運転　　　**108**

1 電気車の速度制御 ··· 108

2 列車運転における基本性能 ··· 109

　　1. 引張力性能　　2. 列車抵抗

　　3. ブレーキ性能

3 運転線図と運動方程式 ·· 116

　　1. 運転線図　　2. 運動方程式

4 列車の電力消費 ·· 120

　　1. 電車の1次電流の算出　　2. 電力消費率

　　3. 変電所の所用出力　　4. 運転電力シミュレーション

5 列車計画 ·· 123

　　1. 運転時隔　　2. 運転速度

第6章　電車線路　　　**125**

1 電車線路方式 ·· 125

　　1. 各種集電方式　　2. 架空単線式電車線路

2 カテナリ式電車線路の構成 ··· 127

　　1. 電車線路の基本構成　　2. 電線類

　　3. 架線金具　　4. わたり線装置

　　5. 自動張力調整装置　　6. 電車線路がいし

3 架線の布設 ·· 134

　　1. 架線の高さ・偏位・勾配

　　2. ちょう架線の弛度とハンガイヤー長

4 区分装置 ·· 136

　　1. 区分装置の役割と種類

　　2. エアセクションとエアジョイント

　　3. FRPセクション　　4. がいし形同相セクション

　　5. 異相セクション　　6. 交直セクション

5 架線特性 ·· 141

　　1. トロリ線の押上がり　　2. パンタグラフの離線

17

3. トロリ線の摩耗　　4. トロリ線の温度上昇

5. 高速化と波動伝搬速度

第7章　車両への電力供給　　145

1 **直流き電回路** ·· 145

1. 直流き電回路の構成

2. 変電所前のエアセクション通過現象

3. 線路定数と電圧降下

2 **直流き電用変電所** ·· 149

1. 変電所の構成　　2. 直流変成設備

3. 故障現象と直流高速度遮断器　　4. 直流き電回路の保護

5. 回生車に対応した最新技術

3 **電食と電気防食** ·· 163

1. 直流電気鉄道による電食　　2. 電気鉄道の電食対策

3. 埋設金属体の防食対策

4 **交流き電回路** ··· 167

1. 各種交流き電回路とその構成　　2. 線路定数と電圧降下

5 **交流き電用変電所** ·· 178

1. 変電所の構成　　2. き電回路の保護協調

6 **交流電気鉄道における電源との協調** ································· 187

1. 三相電源の不平衡と電圧変動

2. 他励式 SVC による無効電力補償

3. 自励式 SVC による電圧変動対策

4. 力率改善と高調波対策

7 **絶縁協調** ·· 192

1. 直流き電回路の絶縁設計　　2. 交流き電回路の絶縁設計

3. き電回路の接地　　4. レール電位と抑制

8 **電力系統制御** ··· 198

1. 電力指令（電力司令）　　2. 電力系統制御システム

3. 変電所用配電盤の情報

18

9 通信誘導 ··· 201

1. 静電誘導　　2. 電磁誘導

3. 直流電気鉄道による誘導障害　　4. 通信誘導の制限値

第8章　列車の信号保安　　207

1 信号一般 ·· 207

2 信号 ·· 208

1. 各種信号機　　2. 信号現示の種類

3 閉そく装置 ··· 210

1. 列車間隔の確保　　2. 非自動閉そく方式

3. 自動閉そく方式

4. 列車間の間隔を確保する装置による方法

5. 無線による ATC

4 列車検知 ·· 216

1. 軌道回路の原理　　2. 電化区間の軌道回路

3. 無絶縁軌道回路

5 転てつ装置 ··· 221

6 連動装置 ·· 222

1. 連動と鎖錠　　2. 連動装置

7 踏切装置 ·· 224

1. 踏切装置の構成　　2. 踏切種別と障害物検知

第9章　列車保安と運行管理　　227

1 列車走行の保安（ATS・ATC と自動運転）····························· 227

2 自動列車停止装置（ATS）··· 227

1. ATS の原型・車内警報装置　　2. S 形 ATS（ATS-S）

3. 速度照査形 ATS　　4. P 形 ATS（ATS-P）

3 自動列車制御装置（ATC）··· 232

1. 多段ブレーキ制御 ATC　　2. 一段ブレーキ制御 ATC

3. デジタル ATC

19

4 ATS/ATC の付加機能 ……………………………………………………… 235

   1. 過走防護装置

   2. ATS-S を応用した誤出発防止装置

5 車内信号と ATS/ATC システム ……………………………………… 236

   1. 地上信号と車内信号の相違点

   2. 閉そくの重複区間と 2 種類の停止信号

   3. 前方制御予告情報

6 列車自動運転装置（ATO）……………………………………………… 238

   1. ATO の要件　　　2. 定位置停止装置（TASC）

   3. ドア開閉制御とホームドア

7 列車運行管理システム …………………………………………………… 241

   1. 列車集中制御装置（CTC）と自動進路制御装置（PRC）

   2. 総合運行管理システム

8 列車計画と列車ダイヤ …………………………………………………… 243

   1. 列車計画の要素　　　2. 列車ダイヤ（train diagram）

第 10 章　鉄道通信・無線　　　　　　　　　　245

1 鉄道通信の沿革 …………………………………………………………… 245

2 鉄道で扱う情報 …………………………………………………………… 246

   1. 音声情報例　　　2. データ情報例

3 鉄道用伝送路 ……………………………………………………………… 248

   1. 有線　　　2. 固定無線

   3. 移動体通信

4 今後の展望 ………………………………………………………………… 253

   1. 光通信技術の進展　　　2. 無線のデジタル化

   3. 無線による列車制御　　　4. ミリ波帯の利用

第 11 章　旅客営業のための設備　　　　　　255

1 旅客案内設備 ……………………………………………………………… 255

   1. 駅における旅客案内　　　2. 列車内における旅客案内

2 出改札システム ……………………………………………………… 260

    1. 出改札システムの役割　　2. 乗車券類の規格

    3. 出札機器　　4. 自動改札機

    5. 駅収入管理端末　　6. 非接触 IC カードシステム

3 座席予約システム …………………………………………………… 267

    1. 座席予約システム開発の歴史

    2. JR マルスシステムの概要

    3. 民鉄の座席予約サービス

第 12 章　都市交通・急勾配鉄道　　272

1 都市交通の定義 ……………………………………………………… 272

2 都市交通システムの歴史 …………………………………………… 272

3 都市交通システムの分類 …………………………………………… 273

4 主な都市交通システム ……………………………………………… 275

    1. 案内軌条式鉄道　　2. モノレール

    3. LRT（Light Rail Transit）　　4. その他の都市交通

5 急勾配鉄道 …………………………………………………………… 283

    1. 鋼索鉄道（ケーブルカー）　　2. 索道

    3. 無軌条電車（トロリバス）　　4. アプト式鉄道

6 都市交通システムの今後 …………………………………………… 286

第 13 章　リニアモータ式鉄道　　289

1 リニアモータの方式と種類 ………………………………………… 289

    1. 各種リニアモータ

    2. リニアモータを用いた交通システム

2 車輪支持リニアモータ電車 ………………………………………… 291

    1. 車輪支持リニアモータ電車の特徴

    2. リニア地下鉄の駆動システム

3 常電導磁気浮上式鉄道 ……………………………………………… 292

    1. 開発の経緯　　2. HSST

3. トランスラピッド

4 超電導磁気浮上式鉄道 ··· 295

　1. 開発の経緯と現状　　2. 超電導磁石

　3. 推進・浮上・案内方式

　4. 磁気浮上式鉄道のシステム構成

第14章　海外の電気鉄道　　305

1 海外の電気鉄道の概要 ·· 305

　1. 鉄道の方式　　2. 海外技術の特徴

2 ヨーロッパの高速鉄道 ·· 309

　1. フランス国鉄 TGV　　2. ドイツ鉄道 ICE

3 アジアの高速鉄道 ··· 317

　1. 中国の高速鉄道　　2. 台湾高速鉄道

　3. 韓国高速鉄道　　4. インド国鉄の電化

第15章　鉄道電化計画　　325

1 電化計画における主な検討項目 ···································· 325

　1. 電化方式　　2. 電源系統と受電用変電所

　3. 列車負荷, 車両基地に必要な電力

2 国際規格および現地規格 ··· 328

　1. 電力供給に関する規格　　2. EMC（電磁両立性）

　3. レール電位　　4. 構造物の電位上昇と接地システム

　5. 雷害対策

3 RAMS（信頼性・可用性・保全性・安全性）··················· 333

　1. 鉄道用 RAMS　　2. SIL（安全度水準）

参考・引用文献 ·· 335

索引 ··· 337

第1章 電気鉄道の歴史と現状

1 電気鉄道の歴史[1), 2)]

鉄道は 18 世紀末にイギリスで炭鉱に設けられた木軌道から進化して，今日に至っている．

電気鉄道の実用化は 1879 年にベルリン工業博覧会において，直流 150 V・2.2 kW・2 極の直流電動機で 3 両の客車をけん引して時速 12 km で走行し，その後，1881 年にシーメンス・ハルスケ社がドイツのリヒテルフェルデに電気鉄道を布設したのが営業運転の最初である．

当初は，けん引力が大きくて速度制御が容易な直流電動機を直接駆動できる直流き電方式が用いられていた．

1. 日本の電気鉄道

日本の鉄道は，1872 年に新橋〜横浜（現在の汐留〜高島町）間に蒸気機関車で開業している．電気鉄道は，1890 年に上野公園で第 3 回内国勧業博覧会が開催されたときに，会場に設けられた軌道に電車を走らせたのが最初である．その後，1895 年に京都市で直流 500 V の電気鉄道が営業運転され（**図 1-1**），次いで中京・京浜・京阪神地方において，都市鉄道が相次いで開業している．

蒸気機関車でスタートした鉄道もしだいに電化されるようになり，1904 年に甲武鉄道が電気鉄道に変更され，直流 600 V の電化を行った．さらに，1906 年に逓信省鉄道局が甲武鉄道の御茶ノ水〜中野間を買収し，国有として初めての電気鉄道となった．**図 1-2** は当時の電車であり，架空複線式であることがわかる．

その後の輸送量の増加に伴って，京浜線品川〜横浜間が 1 200 V で電化され，さらに 1923 年に大阪鉄道布忍〜大阪天王寺が初の 1 500 V 方式になり，次いで，1925 年に東海道線横浜〜国府津間が 1 500 V で電化されたのを機に，直流 1 500 V が標準電圧となっていった．

23

図 1-1　日本最初の京都電気鉄道[1]

図 1-2　甲武鉄道の電車（東京・御茶ノ水付近）[3]

図 1-3　北陸本線敦賀運転所の交流電化発祥之地記念碑

　第二次世界大戦中は進展しなかった国鉄の電化は戦後に本格化し，1956年には東海道線の全線電化が完成しており，2006年は50周年にあたる．

　一方，1950年頃から輸送量の増加に伴って，動力の近代化が求められた．そこで，当時フランス国鉄が試験を進めていた，商用周波数による単相交流き電方式の研究が日本でも進められ，仙山線での実用化試験を経て，1957年に仙山線および北陸線で，20 kVのBT（Booster Transformer）き電方式で，水銀整流器を搭載した機関車による営業運転が開始された．口絵3頁は，仙山線作並駅（宮城県仙台市）にある交流電化発祥の地の記念碑で，図 1-3 は最初の交流電化ということで，北陸本線敦賀運転所にあった（現在移転）交流電化発祥之地記念碑である[2]．

2. 電気鉄道の高速化と近代化

　その後，高速鉄道として東海道新幹線が計画され，使用実績のあるBTき電方式と半導体整流器を搭載した電車を用いて，1964年に開業し，最高速度210

図1-4 0系新幹線電車

km/hの高速鉄道が誕生した．これにより，東京～大阪間6時間半が3時間10分に短縮された．図1-4は，0系新幹線電車である．

また，東海道新幹線ではATC（自動列車制御装置）やCTC（列車集中制御装置）の導入により，高速運転での保安度が向上した．

新幹線は集電電流が大きいため，BTセクションが複雑になり，保守の困難さが生じたため，AT（Auto-Transformer）き電方式が開発され，1970年の鹿児島線八代～西鹿児島間の電化，1972年の山陽新幹線新大阪～岡山間の電化に採用され，その後，現在の標準方式になっている．

パワーエレクトロニクスの進展により，1980年代から，直流電動機に代わって可変電圧可変周波数制御による誘導電動機を用いた車両の開発が進められ，1982年に熊本市で初の8200形 誘導電動機駆動の路面電車が運行された．軽量・高粘着・省保守のため，現在新製される車両はほとんどが誘導電動機駆動である．さらに，ブレーキ時には停止エネルギーを電力に変えて，ほかの電気車で消費する，電力回生ブレーキが用いられている．

東海道新幹線の成功により，フランス国鉄でTGV-SEが1983年からパリ～リヨン間で最高速度270 km/hで全線開業，ドイツ国鉄でICEが1991年に250 km/h運転を行うなど，各国で鉄道の高速化の機運が高まってきている．

日本においても，1990年から上越新幹線がサイリスタ位相制御車により，トンネル内で275 km/h運転が行われ，さらに誘導電動機駆動車により1992年から東海道新幹線で270 km/h運転が，1997年から山陽新幹線で300 km/h運転が開始された．次いで2009年から東北新幹線のE5系電車で320 km/h運転が行われている．

普通鉄道（在来鉄道）においても，振子式台車や車体傾斜式台車などが積極的に取り入れられ，到達時間の短縮が図られている．

また，都市鉄道においても自動車の普及により，路面電車から地下鉄への転換が進められたが，最近において見直しがなされ，LRT（Light Rail Transit）が導入されている．さらに新たな交通機関として，モノレールやゴムタイヤ式の新交通システムなどが導入されている．

2 電気鉄道の種類

1. 用途による分類

電気鉄道は，輸送量，運転距離，運転速度，交通機関としての使命などにより，大略，次のように分類できる．

① 都市鉄道

　近郊・通勤鉄道：電車を主とする高加減速列車

　市街鉄道：路面電車，LRT，トロリバス（海外）

　都市高速鉄道：地下鉄，モノレール，新交通システム

② 都市間鉄道

　新幹線鉄道：新幹線

　幹線鉄道：高速旅客列車，貨物列車

③ 地方鉄道

　亜幹線鉄道：短編成列車

　専用鉄道：森林，鉱山，港湾

④ 特殊鉄道

　登山鉄道：ラック鉄道，鋼索鉄道，索道

　観光鉄道：特殊狭軌

　案内軌条式新交通システム

　磁気浮上式鉄道

2. 電気方式による分類

「き電」は漢字で「饋電」であり，「饋」には①食物をおくる，②貴い人に食物を勧めるなどの意味がある．これらが語源となり，移動する電気車に電力を供給することを，き（饋）電と呼んでいる．き電方式には大別して直流き電方式と交流き電方式があり，標準電圧は，例えばJRでは直流が1 500 V，交流が在来線で20 kV，新幹線で25 kVである．

(1) 直流き電方式

直流き電方式の特徴は，電気鉄道用主電動機として優れている直流直巻電動機を電車線電圧からそのまま利用できることである．そのため，電気鉄道は直流き電方式から始まった．最近は可変電圧可変周波数（VVVF：Variable Voltage Variable Frequency）制御インバータを車両に搭載して誘導電動機を駆動する方式が主になっている．

また，電圧が低いため，トンネル断面を小さくできるとともに，跨線橋高さを低くできるなどのメリットがある．このため，運転頻度の高い線区や地下鉄では，車両コストや絶縁離隔の面から直流き電方式が有利である．

一方，き電電圧が低いため変電所間隔が短く，地上に整流器などの電力変換器が必要である．また，電食についても考慮が必要である．

(2) 商用周波単相交流き電方式

交流き電方式は，電力会社送電線と電車線路を変圧器で結んでいるだけであり，変電設備は簡単で，き電電圧を高くとることができるため，変電所間隔も長くなり，大電力の供給に適している．このため，新幹線や都市間輸送などでは変電所間隔が長く大電力を供給できる交流き電方式が有利である．

しかし，車両に変圧器と整流器が必要なため，車両設備が複雑になることや，電車線路の絶縁離隔が大きくなるなどの欠点がある．

単相交流き電方式は，半導体整流器の進歩により車両で容易に直流に変換できるようになったため，新幹線を主として，商用周波数による電気鉄道が進展している．

(3) 三相交流き電方式

スイスで 1898 年に登山鉄道に実用化された．主電動機に三相巻線形誘導電動機を用いており，速度制御に困難さがある．

日本では，三相交流 600 V を用いた新交通システムがあり，サイリスタ整流器で直流に変換して直流電動機を駆動したり，VVVF インバータで誘導電動機を駆動している．

(4) 蓄電池搭載車両

リチウムイオン電池など二次電池の開発・大形化が進み，電源として蓄電池を搭載した車両が実用化されている．

3. 日本の電気方式

(1) JRグループ

図1-5は国鉄・JRの電化の変遷であり，1906年に甲武鉄道を買収して，国有として初めての直流電化となっている．戦時中は国の施策もあって電化は進まなかったが，戦後（1945年以降）積極的に電化が行われて，1957年に交流電化が開始され，1964年の東海道新幹線の開業につながっており，電化距離は飛躍的に伸びている．

表1-1は2020年度末のJRグループの営業キロおよび電化キロであり[4]，JR在来線では，約56%が電化されている．新幹線はすべて交流25kV方式である．

図1-6はJRグループの電気鉄道の現状である．在来線は関東甲信越・東海・関西・中国および四国地方が直流1 500V方式で，北海道・東北・北陸・九州地

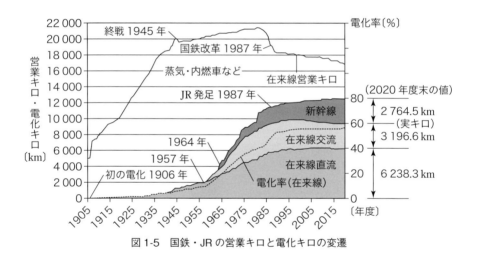

図1-5　国鉄・JRの営業キロと電化キロの変遷

表1-1　JRグループの営業キロと電化キロ（2020年度末）

線 区	営業キロ〔km〕	電化キロ〔km〕				電化率〔%〕
		直流1.5kV	交流20kV	交流25kV	合計	
在来線旅客	16 697.9	6 228.2	3 179.1	13.8	9 421.1	56.4
貨　物	33.6	10.1	3.7		13.8	41.1
在来線合計	16 731.5	6 238.3	3 182.8[*1]	13.8	9 434.9	56.4
新幹線(実キロ)	2 764.5[*2]			2 764.5	2 764.5	100.0

[*1] 在来線（AC20kV）はBTき電1 771.2km，ATき電1 411.6km，計3 182.8km
[*2] 西九州新幹線（2022年9月）武雄温泉～長崎，北陸新幹線（2024年3月）金沢～敦賀開業後の実キロは2 955.7km，在来線交流20kVは2 966.4km

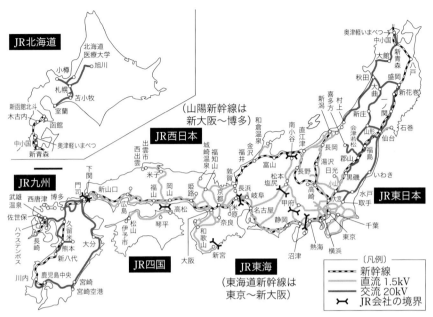

図 1-6　電化区間（JR および JR 系第三セクター）の現状（2024 年 3 月時点）

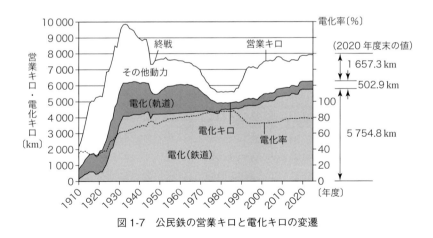

図 1-7　公民鉄の営業キロと電化キロの変遷

方が交流 20kV 方式である．

(2) 民　鉄

図 1-7 は公営および民鉄の電化キロの変遷である．都市内や都市間の通勤・通学輸送に重点がおかれて発達した．

公営を含む民鉄の電化キロは**表 1-2** のようであり[4]，列車運行を行う事業者は

表 1-2　公営・民鉄の電化キロ（2020 年度末）

電気方式等	電化キロ（km）							
	交流20 kV	直流				三相AC600 V	鋼索鉄道	合計
		1.5 kV	750 V	600 V	440 V			
普通鉄道	576.6	4 180.6	105.7	399.9				5 262.8
地下鉄		481.5	132.5	94.6				708.6
案内軌条式鉄道		33.7	50.4			60.3		144.4
跨座式モノレール		74.8	17.8					92.6
懸垂式モノレール		21.8		0.0	1.3			23.1
鋼索鉄道							22.5	22.5
無軌条電車				3.7				3.7
合計（204 社）	576.6	4 792.4	306.4	498.2	1.3	60.3	22.5	6 257.7

〈注〉　①普通鉄道には路面電車を含む．②地下鉄には西武有楽町線を含む．③案内軌条式には札幌市のゴムタイヤ地下鉄を含む．④関西電力の無軌条電車 6.1 km は 2018 年 11 月 30 日の運行を最後に廃止され，蓄電池バスに更新．⑤営業休止区間は含まない．

2020 年度末現在 204 社で，営業キロが 7 915.0 km，電化キロが 6 257.7 km で，電化率が 79.1 ％である．

　電気方式別には直流 1 500 V が最も多く，直流 600 V や直流 750 V 方式が地下鉄や地方交通線，新交通システムなどに用いられている．交流 20 kV 方式は主に，JR の交流区間に乗り入れる線区や，整備新幹線の開業により，並行する JR 在来線が第三セクター化された路線である．

3　電気鉄道のエネルギー特性

1．輸送機関別の使用エネルギー比較

　日本のエネルギー消費のうち，輸送機関は約 20 ％弱である．

　図 1-8 は輸送機関別使用エネルギーの推移であり，旅客部門が約 2/3 弱，貨物部門が約 1/3 強を占めている．エネルギー消費量は 1990 年度から 2000 年度の 10 年間に約 25 ％増加しており，特に自家用車の増加は約 40 ％で著しい．なお，2000 年以降は減少傾向で，1990 年度（最大 3 077×10^{15}J）と 2018 年度（3 067×10^{15}J）の値はほぼ等しい．2019 年度（3 001×10^{15}J）末からコロナ禍が始まり，数年はエネルギー消費量は減少している．

　図 1-9 は旅客輸送の自家用自動車を除く機関別分担率であり，鉄道はエネルギー消費率が約 32 ％で輸送量約 82 ％を分担しており，効率の高い輸送機関である．一

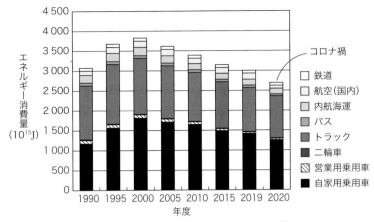

図 1-8　輸送機関別使用エネルギーの推移[5]

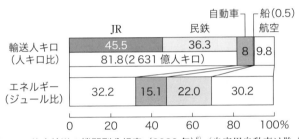

図 1-9　旅客輸送の機関別分担表（2020 年）[6]（自家用自動車は除く）

方，鉄道に比べて，自家用車のエネルギー消費に占める割合が約 50% と大きく，このことからも自家用自動車から鉄道へのモーダルシフトの効果が期待される．

一方，貨物輸送はほとんどが自動車と内航海運に頼っており，鉄道は 2020 年度において，輸送トンキロで 4.7% の輸送を分担している程度である．エネルギー消費率が 1% 以下で小さいので，総合交通体系上から見直しが期待される．

2. 鉄道で使用する電力

鉄道の動力は主にディーゼル運転と電気運転である．電気運転はエネルギー効率が高く，日本では，1 日の通過列車回数が 50〜100 回を境にして，これ以上になると電気運転が有利で，それ以下の線区ではディーゼル運転が有利といわれている．現在，日本では蓄電池搭載車両の開発も進められており，鉄道の消費エネルギーの約 97% が電気エネルギーである．

表 1-3 は鉄道で使用する電力量であり，次第に減少して，2000 年度は 165.3 億

表 1-3　鉄道で使用する電力量

事業者区分	使用電力量〔億 kW・h〕			2020 年度電気料金〔億円〕
	1997 年度	2015 年度	2020 年度	
JR 7 社	129.0(34.84)	105.18(20.60)	98.81 (33.20)	1 486.73
民　鉄	80.68	70.33	66.49	958.25
合　計	209.67	175.51(20.60)	165.3 (33.20)	2 444.98

〈注〉（　）内は JR 東日本自営電力で再掲　（東日本旅客鉄道（株）資料）

kW・h の電力を使用しており，この値は自家発電を含む日本の総使用電力量（1997 年度 9 265 億 kW・h，2015 年度 9 824 億 kW・h，2000 年度 8 638 億 kW・h）の約 1.9％に相当する．

　また，JR 東日本では信濃川水系に水力発電所を，川崎に火力発電所を有し，関東一円の運転用電力として供給している．使用電力量のうち，JR 東日本が約 57 億 kW・h を占めており，このうち約 58％が自営電力である．

3.　電気車形式別消費エネルギー比較

　電気車が使用する電力エネルギーは，車両の軽量化と走行抵抗の削減，誘導電動機駆動と回生電力の使用などにより，低減している．

　表 1-4 は JR 在来線における直流電気車の制御方式と消費エネルギーの比較，表 1-5 は東海道新幹線における消費エネルギーの比較（シミュレーション）であり，消費エネルギーは大きく低減化していることがわかる．

　特に直流電気鉄道では，回生電力の有効利用のためリチウムイオン電池やニッケル水素電池，または電気二重層キャパシタを用いた電力貯蔵装置が，技術開発・実用化されている．

表 1-4　直流電気車の消費エネルギー比較

車　両	制御方式	製造初年〔年〕	編成質量〔t〕	消費エネルギー〔％〕
103 系	直並列・抵抗	1964	363	100
205 系 (旧山手)	界磁添加励磁	1985	295	66
209 系 (京浜東北)	VVVF インバータ (GTO サイリスタ)	1991	241	47
E231 系 (中央・総武)	VVVF インバータ (IGBT)	2000	255	47

（東日本旅客鉄道（株）パンフレット）

表 1-5　新幹線の消費エネルギー比較

車　両	制御形式	製造初年〔年〕	編成質量〔t〕	消費エネルギー〔%〕		
				220 km/h	270 km/h	285 km/h
0 系	低圧タップ	1964	895	100		
100 系	サイリスタ位相	1985	848	79		―
300 系	PWM（GTO）	1990	642	73	91	
700 系	PWM（IGBT）	1997	634	66	84	
N700 系	PWM（IGBT）	2005	626	51	68	70[*]
N700S	PWM（SiC）	2020		48	64	66

[*]N700A　（東海旅客鉄道（株）資料）

4　電気鉄道と環境との調和

1. 地球環境と電気鉄道

　地球温暖化に関して，1997 年 12 月に京都で，いわゆる地球温暖化防止京都会議（COP3）が開催され，京都議定書が採択されて 2005 年に発効した．日本は，2008～2012 年に，1990 年に対して二酸化炭素などの温室効果ガスを 6%低減することが目標として設定されている．

　京都議定書に続く温暖化対策の国際的な枠組みとして，2015 年 12 月にパリでCOP21 が開催され，パリ協定が合意されて 2016 年 11 月に発効している．パリ協定では「世界の平均気温を産業革命以前に比べて 2℃より十分に低く保ち，1.5℃に抑える努力をする」という長期目標を掲げ，日本は「2030 年度の温室効果ガスの排出を 2013 年度の水準から 26%削減する」ということが中期目標として定められている．

　電気鉄道自身からは温室効果ガスは発生しないが，火力発電所などから間接的に排出していることになり，原油換算などエネルギー生成時の定量的な比較が必要である．

　最近の統計によると，運輸部門の二酸化炭素排出量の 9 割が自動車であり，鉄道は約 3%に過ぎず，電気鉄道の優位性がうかがえる．

2. 騒音と電気鉄道

　鉄道の高速化で騒音問題が着目され，特に新幹線では騒音基準をクリアするため，各種の対策がなされている．普通鉄道（在来鉄道）における対策指針，および新幹線鉄道における環境基準を**表 1-6**に示す．

表 1-6　鉄道騒音に関する対策指針および環境基準

普通鉄道 (在来鉄道)	新線建設	昼間(7～22時)は 60 dB(A)以下
		夜間(22～翌7時)は 55 dB(A)以下
	大規模改良	騒音レベル状況を改良前より改善
新幹線鉄道	主として住居の用途に供される地域	70 dB(A)以下
	商工業の用に供される地域	75 dB(A)以下

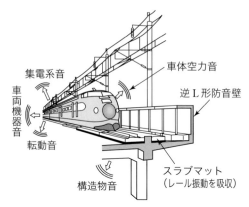

図 1-10　鉄道における騒音の発生
（日本国有鉄道パンフレットに加筆）

図 1-10 は鉄道における騒音の発生であり，一般に以下のものがある．
(1) 転動音
　主要な音源で，レールと車輪の振動から発生する．車輪とレールの凹凸を少なくする必要がある．新幹線では逆L形防音壁や吸音材付き防音壁が用いられる．
(2) 構造物音
　コンクリートまたは鉄桁の橋梁など，構造物から発生する．軌道は砕石やゴムなどの緩衝物を介して布設されており，騒音は低減される．
(3) 車両機器音
　車両に搭載される各種のファン，電動機からの機械・電磁音などである．最近の電気車は内扇形ファンの採用により，騒音が低減している．
(4) 集電系音
　パンタグラフが架線から離線するときに発生する音で，高速走行時に発生する．パンタグラフを高圧母線で引き通すことで防止できる．
(5) 車体空力音
　車両表面の形状変化の周りの空気流れから生じる音である．高速化に対応して，

パンタグラフカバーや車両表面平滑技術の向上など，低騒音技術が開発されている．

3. 電気鉄道と EMC

電気を利用して動作する機器やシステムは，動作時に不要な電磁界や電磁波を放射（emission）する可能性がある．また，逆に到達する電磁界や電磁波によって，動作が妨害されたり，故障する可能性がある．そこで，ある電磁環境に置かれた機器やシステムが，ほかに電磁的な妨害を与えず，かつ影響を受けずに動作できる能力を電磁両立性（EMC：Electromagnetic Compatibility）という．

電気鉄道は，電磁界の発生源になりうると同時に，被害者にもなりうるため，電磁界，誘導雑音，電波雑音など EMC に対する対応が求められる．電気鉄道における主な EMC として，電磁界，誘導雑音，電波雑音がある．

(1) 電磁界に対する国際非電離放射線防護委員会(ICNIRP)ガイドライン[7]

電磁界からの人体防護を目的とした国際的なガイドラインとして，国際非電離放射線防護委員会（ICNIRP：International Commission on Non-Ionizing Radiation Protection）が定めたガイドラインがある．ここで ICNIRP は世界保健機関（WHO）が公認する非政府組織（NGO）である．

ICNIRP は，1998 年に「時間変化する電界，磁界及び電磁界による曝露を制限するためのガイドライン（300 GHz まで）」を公開し，短期的影響に対する各周波数帯域における電磁界の基本制限と参考レベルを示した．

直流については 2009 年に磁界制限（参考レベル）を示している．また，低周波部分については 2010 年に公表された「時間変化する電界および磁界へのばく露制限に関するガイドライン（1 Hz から 100 kHz まで）」で，1998 年の公開値が改訂されている．**表** 1-7 に，電気鉄道に関係する周波数の周波数の電界および磁界の制限値（参考レベル）を示す．

本ガイドラインで扱われているのは短期的影響であり，長期的影響については確立されていないとしている．

表 1-7　電気鉄道に関係する ICNIRP ガイドライン（2009/2010 年）

対象	電界の参考レベル		磁界の参考レベル		
	交流 50 Hz	交流 60 Hz	直流(静磁界)	交流 50 Hz	交流 60 Hz
職業者基準	10kV/m	8.33kV/m	2T	1 000μT	1 000μT
一般公衆基準	5kV/m	4.17kV/m	400mT	200μT	200μT

電磁界の測定に関する規格としては，送配電線や変電所など一般の電力設備が発生する電磁界に対する IEC 62110-2009 と，電気鉄道が発生する電磁界に対する IEC/TS（技術仕様書）62597-2011 がある．

(2) 日本における磁界規制[7]

WHO の公式見解を受けて，経済産業省原子力安全・保安院は 2011 年に「電気設備に関する技術基準を定める省令」を改正し，同省令 27 条の 2 で，「人によって占められる空間に相当する空間の磁束密度の平均値が，商用周波数において，二百マイクロテスラ以下になるように施設しなければならない」として，国際規格を反映させている．

これを受けて，国土交通省は「鉄道電気設備から発生する商用周波数の磁界」について新たに規制を行うこととし，2012 年に「鉄道に関する技術上の基準を定める省令等の解釈基準」を改正し，磁束密度が商用周波数において $200\mu T$ 以下となるように施設することとしている．測定は日本産業規格 JIS C 1910-2004 に適合する 3 軸の測定器を用いて通常の使用状態で測定することとしている．ただし，通常の状態で測定できないときは，計算などにより求めた値を測定値とすることができる．

▌4. 鉄道のバリアフリー化

最近の鉄道は駅内の移動距離の増大や，高架や地下化などで階段が増加している．

2000 年 11 月より施行された，いわゆる交通バリアフリー法（2006 年に略称「バリアフリー新法」に統合）により，公共交通事業者などは，一定規模の旅客駅の新設・改良，車両の新規導入に際して，バリアフリー基準の適合を求められるようになった．

これにより，鉄道駅においてエレベータ・エスカレータの設置，誘導警告ブロックの布設などが求められることになった．

5 鉄道事業

▌1. 鉄道事業制度

(1) 鉄道営業法

1872 年に新橋〜横浜間に鉄道が開業するに先立ち，「鉄道略則」と「鉄道犯罪罰令」が定められた．これらに基づき 1900 年に「鉄道営業法」が制定されてい

る．鉄道営業法は鉄道事業の運営の基本法規として現在に至っている．

(2) 鉄道事業法

　私設鉄道事業を監督する「地方鉄道法」と，公共企業体である国鉄が運営を行う規範である「日本国有鉄道法」が，1987年の国鉄の分割・民営化に伴って一体化され，1986年に「鉄道事業法」が制定された．鉄道事業法では，事業形態を次の3種に区分している．

① 第1種鉄道事業：自ら布設した線路を利用して旅客または貨物を運送
② 第2種鉄道事業：他人が布設した線路を利用して旅客または貨物を運送
③ 第3種鉄道事業：線路を第1種鉄道事業者に譲渡する目的で布設，または第2種鉄道事業者に使用させる

2. 電気鉄道の技術基準

　鉄道は安全な大量輸送機関として社会に大きく貢献している．その根幹をなす設備に関する規制は重要であり，電気鉄道に関する技術基準は，**図 1-11** のように定められている．すなわち，

① 鉄道営業法に基づき，新幹線を含む普通鉄道に対する規程，モノレールや新交通システムなど特殊鉄道に対する規程
② 鉄道事業法に基づき，索道に対する規程
③ 軌道法に基づき，路面電車や無軌条電車（トロリバス）などに対する規程
④ 電気事業法に基づき，自家用電気工作物に関する規程

などがある．

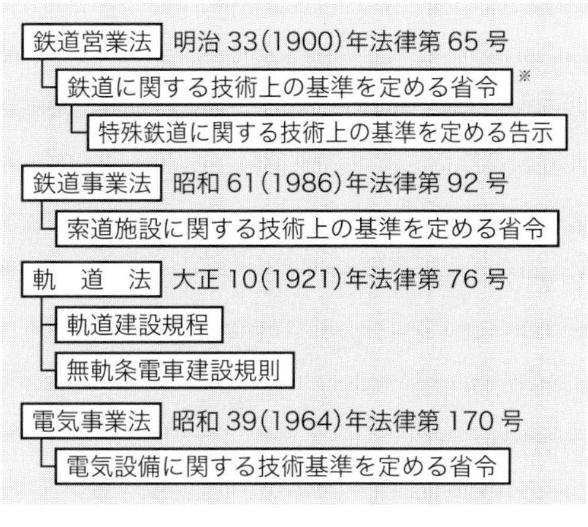

図 1-11　電気鉄道に関する技術基準を定める諸規定
※平成 14（2002）年 3 月に「普通鉄道構造規則」，「新幹線鉄道構造規則」など 5 本の省令は「鉄道に関する技術上の基準を定める省令」に統合された[8]

第2章 線路と軌道構造

1 線 路

1. 線路一般

(1) 線路構造

① 線　路

　鉄道車両を走行させるために，図2-1に示すように，レール，まくらぎ，道床，路盤，および諸設備，あるいはこれに代わるものが必要であり，これらを総称して線路という．

　線路の機能としては，

　ⅰ) 車両の荷重をまくらぎに分散して支えること

　ⅱ) 車両をガイドすること

　ⅲ) 運転用電力の帰路として用いること

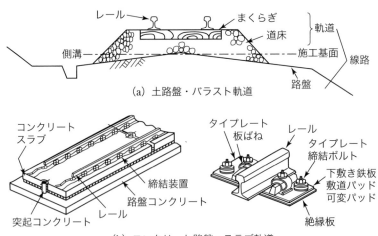

図2-1　線路構造

表 2-1　国鉄における線路規格（在来線）

等級	標準通過トン 年当たり〔万 t〕	直線最高速度 〔km/h〕	最大軸重 〔kN〕	レール 〔kg〕	まくらぎ 〔本 /25 m〕	道床厚さ 〔mm〕
一等級	2 000 以上	120 ～ 130	180	60	PC 44	250 以上
二等級	1 000 ～ 2 000	110 ～ 120	170	60/50 N	PC 39	250 以上
三等級	500 ～ 1 000	95 ～ 105	150	50 N	PC/木 39	200 以上
四等級	500 未満	85 ～　95	140	50 N	PC/木 37	200 以上

iv）信号電流を流し，車両を検知すること
などがある．

②軌　道

線路のうち，上部構造である，レール，まくらぎ，および道床を総称して軌道という．

軌道は，道床の構造からバラスト軌道と直結軌道（例えばスラブ軌道など）に大別される．道床はレールから伝わる列車荷重を均一に分布させ，軌道に弾力性を与えて乗り心地を良くし，排水を良くして軌道材料の寿命を延伸するなどの役割を持っている．

(2) 線路の規格

各線区の輸送状態は主として輸送量および列車速度などにより表される．

国鉄では以前，在来線では表 2-1 に示す線路等級を定めており，新幹線では60 kg レールを用いて，まくらぎ本数が 43 本/25 m，道床厚さ 300 mm 以上としていた．民営化後は各 JR に引き継がれ，各社の実態を反映して改正がなされている．民鉄でも独自の規格を定めている．

なお，鉄道技術基準省令の運用通達では標準的な軌道構造の例を示している[9)など]．

設計速度 200 km/h 以上の新幹線については標準的な軌道構造例として，設計通過トン数が 1 000 万トンを超える場合は，60 kg ロングレール，PC まくらぎが25 m 当たり 41 本，道床厚さ 200 mm で，1 000 万トン以下の場合は，50N レール，PC まくらぎが 25 m 当たり 37 本，道床厚さ 150 mm としている．

(3) 軌間と軌道中心間隔

左右レールの内側の間隔を軌間といい，レール頭面から 14 mm 以内の距離におけるレール頭部間の距離で表すのが一般的である．

表2-2　日本における鉄道の軌間

軌　間	使　用　路　線
1 435 mm 標準軌	新幹線，奥羽線，田沢湖線， 主に関西民鉄
1 372 mm 馬車軌間	京王線，東急世田谷線，都営荒川線・ 新宿線
1 067 mm 狭　軌	JR在来線，主に関東民鉄
762 mm 特殊狭軌	四日市あすなろう鉄道内部線・八王子線， 黒部峡谷鉄道，三岐北勢線

　日本における軌間は表2-2のようであり，1 435 mm を標準軌，1 067 mm を狭軌という．

　このほかに，海外に1 000 mm ゲージ（東南アジアなど），1 524 mm（ロシアなど），1 600 mm（アイルランドなど），および1 676 mm（インドなど）の広軌がある．

　複線で並行する軌道中心間の間隔を軌道中心間隔という．普通鉄道（在来鉄道）では車幅に 0.6 を加えて 3.6 m 以上，新幹線では車幅に風圧限界の 0.8 m を加えて 4.2 m 以上確保するように定められている[8]．

　ヨーロッパの高速鉄道の軌道中心間隔は 4.5 m で日本より大きくなっている．

(4) 建築限界と車両限界

① 建築限界

　車両を安全に運行するためには，車両と線路に付随する構造物・施設物との間に，侵してはならない間隔が必要である．線路に接近するプラットホーム，トンネル，電柱などに対し一定限度を定め，これより線路側に入らないように制限された限界を建築限界という．

　図2-2は直線部の建築限界である．

　曲線部では建築限界は拡大され，建築限界の内方への加えるべき拡大量 W〔mm〕は，曲線半径を R〔m〕として次式としている[8]．

　　　在来鉄道　$W = 23\,100/R$　　　　　　　　　　　　　　　(2.1)

　　　新　幹　線　$W = 50\,000/R$　　　　　　　　　　　　　　　(2.2)

② 車両限界

　車両を安全に運行するために，車両（積荷を含む）の断面の大きさに制限を加

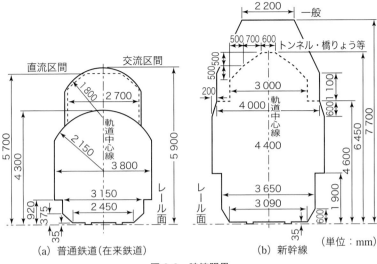

図 2-2 建築限界

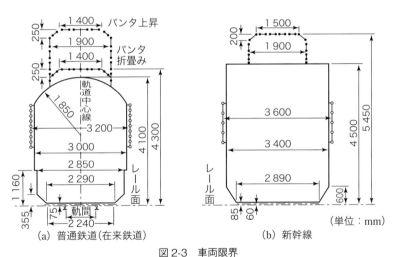

図 2-3 車両限界

え,これより外方に突き出さないように定めた限界を車両限界という(**図 2-3**).

2. 曲　線

(1) 曲線の種類

　平面曲線には**図 2-4**に示すように,単曲線,複心曲線,反向曲線があるが,い

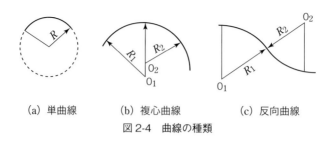

(a) 単曲線　　　(b) 複心曲線　　　(c) 反向曲線

図 2-4　曲線の種類

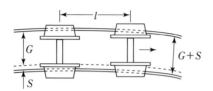

S：スラック　G：軌間　l：固定軸距　　図 2-5　スラック

ずれの曲線も運転の安全および乗り心地に対して好ましくない影響を及ぼすため，曲線半径の選定について制限がある．

車両が直線路から急に曲線路に入ると激しい衝撃を受けるため，円滑に変化させる目的で緩和曲線を設けて，曲率，カントおよびスラックを徐々に変化させている．

最小曲線半径は JR 在来線では，例えば，設計最高速度が 110 km/h 超過では 600 m，70 km/h 以下では 160 m としている．新幹線では，本線は 2 500 m，やむをえない場合は列車速度を考慮して 400 m としている．

(2) スラック

台車の前後の車軸の間隔は固定されているため，**図 2-5** に示すように，曲線部では内側のレールを曲線の内方に広げて軌間を少し大きくして滑らかな運転ができるようにしている．この広げる寸法を拡度（スラック）という．

JR 在来線では 2 軸車と 3 軸車についてそれぞれスラックの設定量を定めており，例えば 2 軸車に対しては曲線半径 200 m 未満でスラックは 5 mm としている．3 軸車は機関車などであり，現在ではほとんどなくなっている．

新幹線では曲線半径 400 m で，スラック 5 mm としている．

(3) カント

車両が曲線部を走るときは遠心力を受け，車両の安定が阻害され，乗客の乗り心地を悪くする．そこで，**図 2-6** に示すように曲線の内側のレールを外側より低

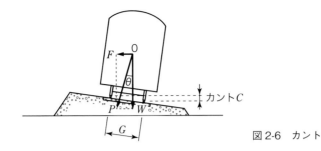

図2-6 カント

くして,車両を曲線の内側に傾けて遠心力と平衡させる.この傾きをカントと呼ぶ.

遠心力 F と車両重量 W(=質量×9.8)との合力 P が,軌間中心に来ることが最も望ましいから,均衡カント C〔mm〕として次式が成立する.

$$C = Gv^2/127R \tag{2.3}$$

ここで,G:軌間〔mm〕,v:速度〔km/h〕,

R:曲線半径〔m〕

実際のカントを設定カント(C_m)といい,JRでは最大値を,在来線で105 mm,新幹線で200 mmに制限している.

設定カントが均衡カントよりも小さい場合をカント不足量といい,乗り心地の面から列車種別ごとに定められている.

3. 勾　配

(1) 勾　配

勾配は2点間の高低差をその水平距離で除した1 000分率(パーミル:‰)で表している.

勾配は車両の起動性能やブレーキ性能を考慮する必要があり,**表2-3**のように定めている[8].

(2) 縦曲線

勾配の変更点では,車両の浮き上がりの発生や,乗客の乗り心地に影響するので,車両が滑らかに通過できるように縦曲線が設けられる.

4. 車両と走行安定

車両と線路の関係には,乗り心地や脱線限界があるが,ここでは脱線限界につ

表 2-3 最急勾配の標準

種 別		最急勾配〔‰〕
在来鉄道	機関車列車あり	25
	機関車列車なし	35
	リニア推進	60
	分岐器区間	25
	列車停止区域	5
新幹線	一 般	25
	地形状困難	35
	列車停止区域	5

表 2-4 脱線の種類

種 類	内 容
軌間内脱線	軌間が拡大して車輪が軌間内に落ち込む
乗り上がり脱線	車輪がレールに乗り上がる
すべり上がり脱線	車輪が横から押されてレールにすべり上がる
跳ね上がり脱線	車輪がレールに跳び上がる

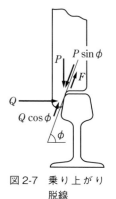

図 2-7 乗り上がり脱線

いて述べる.

(1) 脱線の種類

脱線にはいろいろな原因があるが，軌道と車輪の相互作用によるものには，**表 2-4** に示す 4 種類がある.

(2) 乗り上がり脱線

一般に脱線には，車輪がレールに乗り上がって脱線することが多い.

図 2-7 で車輪のフランジがレール内側面に与える横圧を Q，軸重を P とし，摩擦力 F との関係を求めると次式となる.

$$P\sin\phi - Q\cos\phi \geqq F \tag{2.4}$$

ここで，$F = \mu(P\cos\phi + Q\sin\phi)$,

ϕ：フランジ角度,

μ：車輪フランジとレール側面の摩擦係数（0.5 より小）

これより，次式（Nadal の式）が求まる.

$$\frac{Q}{P} \leqq \frac{\tan\phi - \mu}{1 + \mu\tan\phi} \tag{2.5}$$

Q/P を脱線係数といい，車輪のフランジ角度は JR 在来線では 70°，新幹線が 60° であり，これより求めた脱線係数に余裕を見て限界脱線係数を 0.8 として管理している．

(3) ガードレール

車両の脱線を防止したり，被害を最小限にするため，レールの内方にガードレールが設置される．脱線防止レールおよび脱線防止ガードは，急曲線，脱線のおそれのある箇所，橋上，高築堤などに敷設され，車輪のフランジ（車輪内側の径が大きい部分）を誘導して脱線を防止する．

2 軌道構造

1. レール

(1) レールの形状

レールは直接車両の質量を支え，それに平滑な走行面を与えて，車両の運行を安全に導くものである．レールの形状は大別して，平底レール，双頭レール，牛頭レール，および溝形レールがあり，日本では平底レールが一般に用いられる．

レールの種類は長さ 1 m 当たりの質量で表される．**図 2-8** に一般に用いられている平底レールの 40N レール，50N レール，および 60kg レールの断面形状を示す．ヨーロッパの高速鉄道では，図 2-8(d) の UIC60（60kg/m）レールが使用されている[9]．

また，溝形レールは**図 2-9** のような形状であり，路面電車に用いられる．

レールの材質は**表 2-5** のようであり，元素の含有量が規制されている．

レールの長さは 25 m が標準（定尺レール）であり，25 m 以上 200 m 未満を長尺レール，200 m 以上をロング（長大）レールという．

(2) レールの継目

レールは定尺レールを継目板やボルトで継ぎ合わせて使用するが，温度変化により伸縮するので，継目板にある程度の間隔をとる．

電気鉄道ではレール継目をボンドで橋絡して，電気的接続を良くしている．**図 2-10** は普通継目の構造，**図 2-11** はレールボンドの外観である．

信号の閉そく区間境界ではレールを絶縁する必要があり，レール絶縁装置が用いられる．

図 2-12(a) は一般に用いられている H 形，同図 (b) は普通鉄道（在来鉄道）の

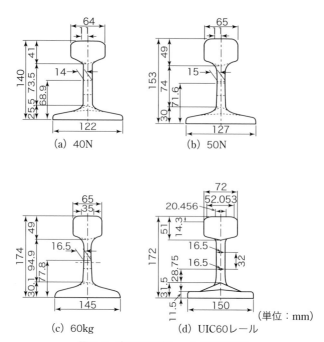

図2-8 主要な平底レールの断面形状

図2-9 溝形レールの形状

表2-5 レールの材質（JIS E 1101（2001））

主成分	鉄
炭　素	0.63～0.75%
マンガン	0.7～1.1%
けい素	0.15～0.3%
り　ん	0.03%以下
硫　黄	0.025%以下

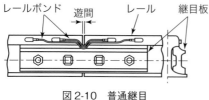

図2-10 普通継目

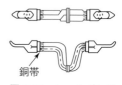

図2-11 レールボンド

ロングレール終端に用いられているⅠ形の断面であり，継目板とボルトが絶縁されている．

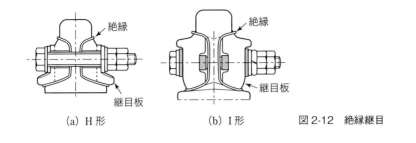

(a) H形　　(b) I形　　図 2-12　絶縁継目

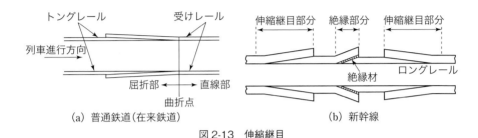

(a) 普通鉄道(在来鉄道)　　(b) 新幹線

図 2-13　伸縮継目

　最近では，レール継目の衝撃や騒音防止のため，長大レールが採用されるようになってきており，温度による伸縮を吸収するため伸縮継目が用いられる．

　在来鉄道は**図 2-13**(a)に示すように，トングレールと受けレールを一対として使用している．

　新幹線は図 2-13(b)のような構造で，温度による軌間変位が発生しない構造になっている．

　在来鉄道は伸縮継目の両端に突き合わせ継目があり，絶縁もその箇所で行われる．一方，新幹線の伸縮継目の絶縁は伸縮部にある．

2. レールの締結

(1) まくらぎ

　まくらぎは，直接レールを支持し，軌間を正しく保ち，列車荷重を一様に道床や橋桁などに分布させる役割を有している．

　従来はクリ，ヒノキ，ヒバ，ブナ，ナラなどの木材が使用されていたが，最近では，ピアノ線などの鋼材をあらかじめ張力を加えた状態のままコンクリートで固めた PC（Prestressed Concrete）まくらぎが多用されている．**図 2-14** は新幹線用の PC まくらぎである．

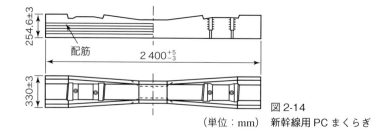

図 2-14　（単位：mm）　新幹線用 PC まくらぎ

また，ガラス繊維と硬質発泡ウレタンからなる合成まくらぎがあり，分岐器や橋梁に使用されることが多い．

まくらぎの本数は，その線区の列車の設計最高速度と，設計通過トン数により決定される（「■1.(2)」参照）．

(2) レール締結装置

レール締結装置はレールをまくらぎに締結する装置である．

木まくらぎは弾性があり，電気的絶縁も備えているので，普通鉄道（在来鉄道）では図 2-15 に示すようにタイプレートと呼ばれる鉄板と犬くぎが使用されている．新幹線ではねじくぎが使用される．最近では木まくらぎは分岐器や橋梁などに使用されている．

一方，PC まくらぎやスラブ板では，弾性的な締結と電気絶縁が必要である．そこで，まくらぎの上に直接軌道パッドを載せ，レールを上から押さえた，二重弾性締結装置が用いられる．軌道パッドは電気的絶縁耐力（500 V）を持っている．

日本では，図 2-16 に示す板ばね式が広く用いられてきたが，最近ではイギリスで発展した線ばね式の図 2-17 のパンドロール形締結装置が広まりつつある．

(3) 直結軌道

コンクリート路盤にまくらぎを直結する構造は，路盤とまくらぎ間の目地が損傷することが課題であったが，二重弾性締結装置の採用などにより解決された．さらに施工性の優れた軌道として，コンクリート路盤上に 5 m 長さのスラブを敷設し，CA（Cement Asphalt）モルタルを注入したスラブ軌道（「■ 図 2-1」）が開発され，山陽新幹線以降，大いに採用されている．

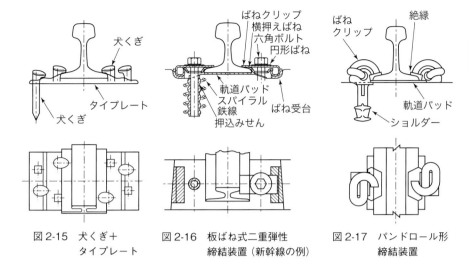

図 2-15　犬くぎ＋タイプレート　　図 2-16　板ばね式二重弾性締結装置（新幹線の例）　　図 2-17　パンドロール形締結装置

3. 分岐器

(1) 分岐器の種類

　一つの軌道を二つに分ける軌道構造を分岐器（図 2-18），二つの軌道が同一平面で交差する軌道構造をダイヤモンドクロッシング（図 2-19）といい，広義には両者を総称して分岐器という．

　クロッシング（てっさ）部で基準線と分岐器の交差する角度 θ をクロッシング角といい，

$$N = \frac{1}{2}\cot\frac{\theta}{2} \tag{2.6}$$

に相当する N をクロッシング番号と呼んでいる．

　JRでは 8，10，12，16番クロッシングを主に用いており，番数が多いほど角度が緩やかである．

(2) クロッシング部

　クロッシング部は粘り強く耐摩耗性のある高マンガン鋼を使用して一体鋳造されている．

　クロッシング部ではレールが途切れており，車輪が渡ると衝撃があり損耗しやすく，速度制限が生じる．

　高速運転を行う新幹線ではレールに途切れ目の生じない，ノーズ可動分岐器が

49

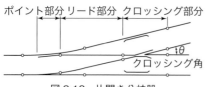

図2-18 片開き分岐器

図2-19 ダイヤモンドクロッシング

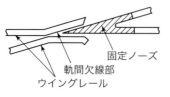

(a) 固定式（在来鉄道）

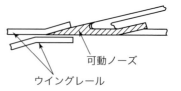

(b) 可動式（新幹線）

図2-20 分岐器のてっさ部

表2-6 JR在来線分岐器分岐側通過速度

分岐器番号	通過速度〔km/h〕	
	片開き分岐器	両開き分岐器
8	25	40
10	35	50
12	45	60
14	50	70
16	60	75(80)
20	70	90

〈注〉 （ ）内は電車列車および気動車列車

使用される．

図2-20に分岐器のてっさ部を示す．

(3) 分岐器通過速度

JR在来線用の片開き分岐器の直線側通過速度は基本的には100 km/hであるが，状況を勘案して120 km/hまたは130 km/hに設定されることがある．

新幹線は可動クロッシングを採用しており，直線側通過速度に制限はない．

一方，分岐側通過速度は，例えばJR在来線は**表2-6**のように設定される．

日本で最大の分岐器は，上越新幹線から北陸新幹線に分岐する箇所に用いられている38番分岐器で，分岐側を160 km/hで通過できる．

表 2-7 軌道変位の種類

種 別	変 位 の 定 義
軌 間 変 位	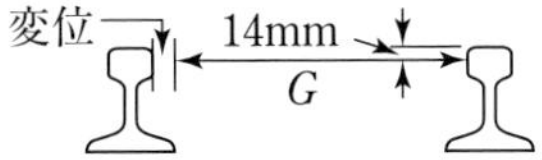 変位← →14mm← → G
水 準 変 位	 変位
高 低 変 位	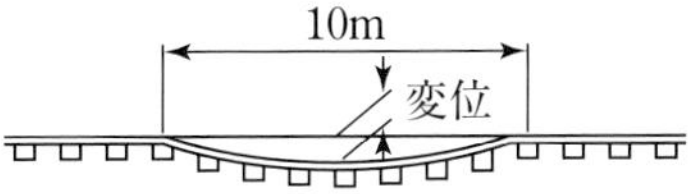 10m 変位
通 り 変 位	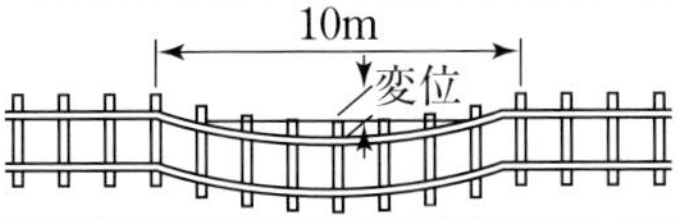 10m 変位
平面性 変 位	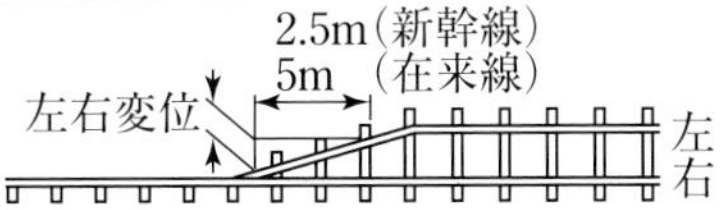 2.5m(新幹線) 5m(在来線) 左右変位 左右

4. 軌道管理

(1) 軌道変位

　線路は列車荷重が繰り返し加わることで，変形や摩耗・損傷が生じる．このため，定期的に検査を行って，不良箇所は適切に補修を行っている．その代表的なものに軌道変位があり，**表 2-7** のように示される．

　特に，軌道の横圧が大きくなると，軌道を横方向に破壊するおそれがある．そのため，横圧をある程度以下に抑える必要があり，一般には軸重の 40％ が横圧の限度とされる．

(2) 軌道変位の検測

　通常，長さ 10 m の糸を張ってその中央位置のレールと糸との離れを測る方法を，正矢法といっている．従来は人力によって軌道変位を測定していたが，現在は軌道検測車によって正確に軌道変位を測定できる．

3　構造物

　鉄道構造物には，土構造物，橋梁，トンネル，および停車場設備がある[10]．鉄

道は勾配や曲線に対する制約条件が厳しいために，橋梁やトンネルが多用されている．さらに路面交通などとの立体化を図るために，高架橋が用いられている．鉄道構造物は広い意味で，落石防止対策，鉄道林などを含む場合もある．

1. 土構造物

土構造物は，土または砕石などを主体として構成される構造物である．土を盛ってその上に鉄道を通す盛土と，土を削って鉄道を通す切取，および付帯する路盤，排水溝，のり防護工などが含まれる（「**1** 図 2-1(a)」）．

2. 橋　梁

橋梁は基本形としては，桁橋，アーチ橋，つり橋の三つに大別される．

材料面からは，鋼材を用いた鋼橋と，コンクリート橋に大別される．鋼橋は構造が簡単で架設も容易であるが，騒音が大きく，定期的な塗装も必要である．

このため，最近ではコンクリート橋が普及しているが，質量が重いという不利な面もある．

(1) トラス橋

部材を三角形に連結した構造をトラス（truss）といい，**図 2-21** に示すように，これを連結させた桁によって構成された橋をトラス橋という．短くて軽い部材により長径間の橋が可能である．

(2) アーチ橋

アーチ橋は主構造にアーチがある橋で，石材に適した構造の橋として古くからつくられていた．**図 2-22** に示すように，上路形式と下路形式がある．

鋼材の使用により，長大スパンの橋が可能になっている．また，鉄筋コンクリートを採用したアーチ橋も多い．

(3) つり橋

つり橋は**図 2-23**に示すように，鋼製ケーブルを用いて橋床をつり下げる構造

図 2-21　トラス橋

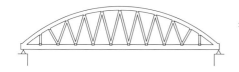

(a) 下路形式　　　　　　　　　(b) 上路形式
（トラスドランガー橋）　　　（スパンドレルブレーストアーチ橋）

図 2-22　アーチ橋

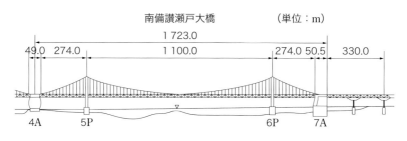

図 2-23　つり橋（本四架橋の例）

であり，特に広いスパンが必要な橋梁に適する．

荷重や風によるたわみや揺れが大きいことから，鉄道用としては使用例が少ないが，本四架橋に橋長 1 723 m の実用例がある．

3. 高架橋

高架橋は，騒音や振動，および耐震性の面から，鉄筋コンクリートを主体とした，図 2-24 に示す多径間のラーメン高架橋が一般に用いられる．

ラーメン高架橋には，多い径間を一体構造として，それぞれの高架橋をゲルバー桁で接続したゲルバー橋，付き合わせた構造の背割式，橋脚の長さ方向に壁を設けて強度を保った壁式などがある．

また，径間の長いものについては，PC 桁を用いた図 2-25 の単純桁橋がある．

4. トンネル

トンネル（隧道）は山岳トンネルと都市トンネル，および水底（海底）トンネルがある．

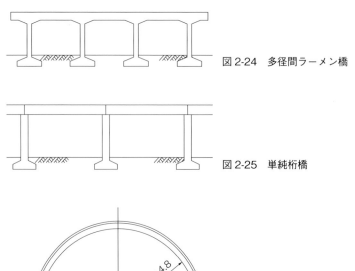

図 2-24 多径間ラーメン橋

図 2-25 単純桁橋

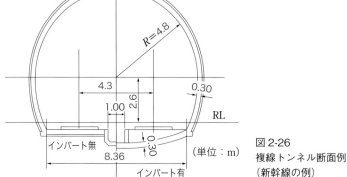

図 2-26
複線トンネル断面例
（新幹線の例）

(1) 山岳トンネル

　日本における山岳トンネルの主流は NATM 工法（New Austrian Tunnelling Method）である．NATM 工法では，トンネル掘削後直ちにコンクリートモルタルを吹き付け，トンネル掘削面の安定を図っている．地質が悪い場合は，補助工法としてロックボルトと称する鋼材をトンネル内部から外周に打ち込み，地山の保持力を向上させる．

　図 2-26 に山岳トンネル断面の例を示す．ヨーロッパの高速鉄道は軌道中心間隔が日本より大きく，トンネル断面も大きい．

(2) 都市トンネル

　都市トンネルの形状には，図 2-27 に示すように，箱形，円形，さらにアーチ形などがある．

　日本においてはシールド工法が主に用いられている．シールド工法は，シール

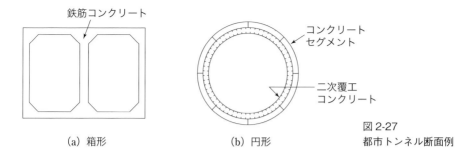

図 2-27　都市トンネル断面例

ドと呼ばれる鋼製の円筒形の外殻を持つ掘削機によって地山を支えながら，シールドの内部で前面の切羽を掘削する．掘削後直ちに函体を移動させ，その後方にセグメントと呼ばれるプレキャストの鉄筋コンクリートを組み立ててトンネルを完成させる．

(3) 水底トンネル

　水底トンネルは，河川や運河，海峡などを横断するトンネルで，水底部は，水圧の作用を直接受けること，強制排水を行わねばならないこと，外部からのアプローチが難しい，などの制約がある．

　海底トンネルとしては，関門トンネル（JR在来線），新関門トンネル（新幹線），青函トンネル（海底部 23.3 km）がある．

4　列車防護

1. 障害物検知と列車防護

(1) 障害物検知装置

　運行中の列車を，落石，雪崩，土砂崩れ，線路上に立ち往生した自動車など，自然災害や人為的な支障から守る必要がある．

　障害物検知装置には，落石検知装置や土砂崩壊検知装置などがあり，基本的には回路電流の断続，接点のオン・オフなどで支障の発生を電気的に検知している．

(2) 列車防護装置

　障害物が検知され，異常事態が発生したときに関係者に通報し，列車を停止する目的で使用する装置を列車防護装置という．

　列車防護スイッチや限界支障報知装置などがある．

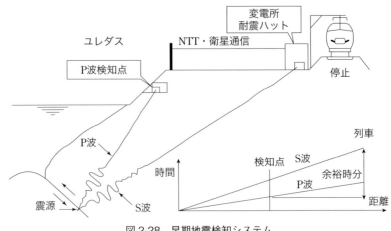

図 2-28　早期地震検知システム

2. 地震列車防護装置

(1) 地震検知による防護

　地震発生時に列車を減速または停止して安全を確保することは重要である．

　新幹線では，沿線地震計，早期地震検知システム・ユレダス（UrEDAS：Urgent Earthquake Detection and Alarm System）などを設置している．

　沿線地震計は数十 km 間隔で変電所などに設置し，40 Gal（$1\,\mathrm{Gal}=10^{-2}\,\mathrm{m/s^2}$）以上の地震を検知した場合に，その変電所区間のき電を停止して列車を非常制動させるものである．き電は一定時間後に復電している．

　ユレダスは図 2-28 に示すように，海岸沿いに設置して，伝搬速度の違いを利用し地震の初期微動である縦波のＰ波（Primary wave）を検出して，主振動である横波のＳ波（Secondary wave）が到来前に非常制動させるシステムである[10]．

　列車停止後の運転規制や沿線巡視は，Gal 値や構造物の揺れの程度を示す SI 値（Spectrum Intensity）などの震度階級に応じて決定される．

　青函トンネルでは，沿線の地震計によって列車の抑止が図られるが，長大トンネルであることから，ATC 信号によって列車を避難地点まで移動させている．

　JR 在来線では全国 400 箇所に警報地震計が設置され，基準値を超えると，運転指令から列車無線などで，列車に地震発生を連絡している．

　また，気象庁から緊急地震速報が逐次配信されており，JR 在来線および民鉄

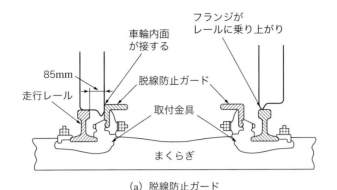

(a) 脱線防止ガード

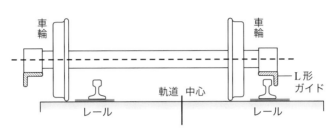

(b) L形車輪ガイド

図 2-29 新幹線地震脱線対策装置[9]

の一部では，必要な区間の列車を防護無線などを使用して，緊急停止させるシステムを導入している．

(2) 脱線防止ガード

大規模地震により，万一走行中の新幹線が脱線した場合にも，車両を安全に導く対策として，図 2-29 に示すように，軌道には脱線防止ガードやレール転倒防止装置，車両には車両逸脱防止 L 形車輪ガイドなどが採用されている[9]．

第3章 電気車と機器の構成

1 電気車の種類

　架線などから電気を受けてモータを駆動して走行する鉄道車両を電気車（電車と電気機関車の総称）という．

　一般的に，電車とは車両に駆動用のモータを搭載し，電気で運転する車両を指す．電車は，すべての車両にモータを積んでいるわけではなく，モータを搭載した電動車（M車：モータのM）とモータを積まない付随車（T車：トレーラのT）などがある．

　また，貨物列車や寝台列車のように，先頭の車両だけが強力なモータを持ち，列車全体をけん引して，後ろの車両はモータなどの動力を持たない列車では，けん引する車両を電気機関車といい，けん引される車両は貨車または客車という．

　電車列車は動力が各電動車に分散するので動力分散方式，機関車列車は動力集中方式といわれる．

　電気車に架線などで電力を供給することを「き電」といい，JRの在来線や多くの私鉄では直流き電，または交流き電を使用し，新幹線では交流き電を使用している．き電方式により，電気車の構造は変わり，直流き電区間のみ走行できる電気車を直流電気車，交流き電区間のみ走行できる電気車を交流電気車，両方の区間を走行できる電気車を交直流電気車という（**図 3-1**）．

　ソニー・エナジー・テックから1991年にリチウムイオン電池が商品化されており，その後大形化が進み，2000年代に蓄電池を搭載した車両が実用化されている（**図 3-2**）．

　また，鉄道車両にはディーゼル発電機で発電した電力でモータを駆動する電気式ディーゼル機関車や，電気を動力源とせず，ディーゼルエンジンで動く気動車やディーゼル機関車もある．

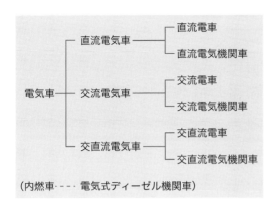

図 3-1　電気車の分類

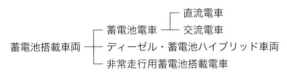

図 3-2　蓄電池搭載車両

2　車体と台車

1. 車　体

　車体は，乗客が乗るためのスペースであり，利用客にとって一番身近である．

　鉄道車両は車体と台車の構成により，2軸車，ボギー車，連接車（連節車）に分類される．最近ではボギー車が主に使用されており，小田急 SE（Super Express）車（現・長野電鉄 1000 系），フランス国鉄 TGV，路面電車などに連接車が使用されている．

　電車の車体は台枠（床面），側構体（側面の壁），妻構体（前後面の壁），屋根構体の 6 面体で構成された箱状の構造物である（**図 3-3**）．

　このうち台枠は上面で乗客や車内機器の荷重を受け，下面は電気品などの車両の走行に必要な機器をつり下げ，側面では，側構体や屋根構体の荷重を受けるなど，最も重要な部分である．

　屋根構体にはパンタグラフのほか空調装置も取り付けられており，十分な強度が要求される．

　在来線の電車の車体は，日本に電車が登場した初期は木製であったが，第二次世界大戦後には鋼製となり，現在ではステンレス製が主流となってきている．新

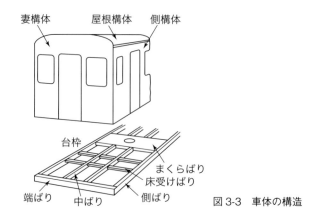
図 3-3 車体の構造

幹線の場合，初期は鋼製であったが，現在はアルミニウム製が主流となっている．

直流電車や交直流電車の屋根上面は，難燃性の絶縁材料で覆われている．交流 20 kV または交流 25 kV 区間を走る電車の屋根は金属にして，変電所で故障電流を検出して遮断するようにしている．

また，電車の一般的な寸法および質量は，1両当たり，JR 在来線で連結面長さ 20 m，幅 3 m，高さ 4.1 m，質量約 30 t であり，新幹線では連結面長さ 25 m，幅 3.4 m，高さ 4.5 m，質量約 40 t となっている．

2. 台　車

台車には車輪が取り付けられており，車体とレールの間を支持して車体に伝わる振動を軽減し，台車に取り付けられたモータで車輪を回転させ車体を引っ張るとともに，車両を止めるためのブレーキも取り付けられている．また，レールに沿って台車が向きを変えることで，電車をレールの方向に案内している．

(1) 台車方式[11]

電車用の台車は走行時の振動を吸収し，乗り心地をよくするために，二重のばねが取り付けられている．

以前は，図 3-4 の揺れまくらつり式台車が使用されていたが，構造が複雑なうえ，摩耗する部品があり，メンテナンスに手間がかかった．そこで，軽量化と構造の簡略化のため，上下・左右・前後に動く，新しい空気ばねを車体直結として，まくらばりを省略した，図 3-5 のボルスタレス台車が開発・採用されている．

(2) 車体傾斜式台車[12]

曲線通過時の乗り心地を良くするために，車体傾斜装置を採用し，曲線区間で

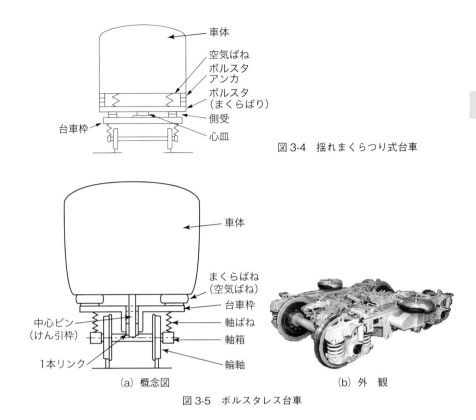

図 3-4 揺れまくらつり式台車

図 3-5 ボルスタレス台車

さらに車体を内側に傾斜させて速度向上を図る，振子式台車や車体傾斜式台車がある．

図 3-6 は，制御付き振子車両の構成である．

図 3-7 は，JR 在来線や民鉄の特急，さらに新幹線電車に用いられているボルスタレス台車の左右の空気ばねの高さを調整する車体傾斜システムである．空気ばねの最大傾斜角は 1～2° 程度である．

(3) 操舵方式

鉄道車両の台車は運転士がハンドル操作しなくても，カーブでは自然にレールに沿って台車が向きを変えることで電車をレールの方向に案内する，自己操舵機能を有している．

これは図 3-8 に示すように，左右の車輪が車軸で固定され，常に同じ回転数で回転していることと，レールに触れる車輪の踏面が内側と外側で半径の違う円錐になっており，カーブでは高速時は遠心力で車両は外側に向かい，車輪径が異な

61

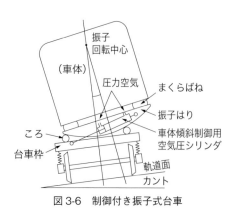
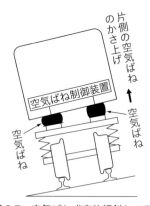

図3-6　制御付き振子式台車　　　　図3-7　空気ばね式車体傾斜システム

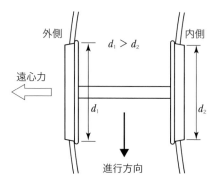

図3-8　車輪の曲がる仕組み

ることによる．低速時は，車輪の走行方向と車輪の向いている方向に角度（アタック角）があり，その角度に比例する力が働き，車輪は曲線外側の方向へ移動する．なお，車輪の縁にはレールからの脱線を防止するためにフランジがあるが，フランジをレールと接触させてカーブを曲がることはほとんどなく，通常は車輪径の差を利用して曲がっている．

3. 駆動装置

　駆動装置は，つり掛式と台車装荷式に分類される．つり掛式は主電動機の一部を直接動輪軸で支持し，トルクは歯車で直接動輪軸に伝える方式で，主に電気機関車に用いられている．

　台車装荷式は主電動機を台車枠に装荷する方式で，歯車の軸とモータの軸は走行による振動でズレが生じ，ズレを吸収する「継手」が必要となる．主電動機軸

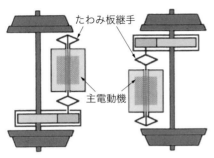
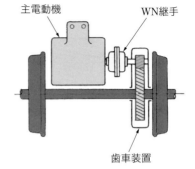

図 3-9　中空軸式平行カルダン式駆動装置　　　図 3-10　WN継手式平行カルダン式駆動装置

(a) WN継手　　　　　　(b) TD継手

図 3-11　継手の構造[12]

と歯車の間に可とう継手を設ける平行カルダン方式と，電動機と車軸を直角に配置して傘歯車を用いる直角カルダン式がある．**図 3-9** は在来線の直流電動機車に多用されてきたカルダン軸の両側にたわみ板を取り付けた中空軸式平行カルダン式駆動装置である．

また，**図 3-10** に示すように，2組の外歯車と内歯車からなる WN（Westinghouse Nuttall）継手が中実回転子電動機の新幹線電車に使用され，その小形化に伴い在来線にも用いられるようになった．

さらに，在来線の電車では誘導電動機化とともに，中実回転子軸主電動機に WN継手に代わる平板形たわみ板継手である TD（Twin Disc）継手も使用されている．

図 3-11 は WN継手と TD継手の構造である．

電気鉄道では，架線から電力を受け，レールが帰線となっている．このため，モータを通った電流は，車軸の接地装置を通して車輪からレールに流して軸受の電食を防止している．

63

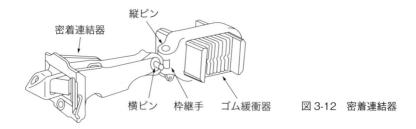

図 3-12 密着連結器

4. 連結器

連結器には，車両を連結する機械連結器と，電気回路を連結する電気連結器がある．さらに，機械連結器部に発生する力を緩和する緩衝器がある．

図 3-12 に電車で主に使用されている密着連結器を示す．

3 電気車の電気回路

1. 電気回路の構成

電気回路は図 3-13 に示すように次の 3 種類からなる．

(1) 主回路

架線から電気を取り入れ，モータを駆動するための回路を指し，パンタグラフ，遮断器，主抵抗器，VVVF（Variable Voltage Variable Frequency：可変電圧可変周波数）インバータ，主電動機などがある．交流電車や交直流電車にはさらに主変圧器，整流回路が加わる．

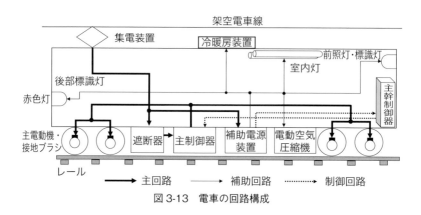

図 3-13 電車の回路構成

(2) 制御回路

　進行方向や加減速を制御するために，モータに与える電圧や電流を制御する回路を指し，進行方向の指令線，加減速の指令線のほか，遮断器・VVVFインバータの制御装置なども含まれる．

(3) 補助回路

　冷暖房や電灯など乗客へのサービス機器の回路や戸閉め回路，ブレーキ用のコンプレッサの回路などがある．

2. 主電動機

　主電動機には，

　ⅰ) 速度制御が容易で，起動や勾配で大きな引張力が出せること

　ⅱ) 並列運転のときの不平衡が小さいこと

　ⅲ) 電源電圧や負荷の急変に強いこと

などが要求される．

　従来は電気車の特性に適した直流電動機を使用していた．しかし，今日では半導体電力技術の進歩により速度制御が容易にできるようになったことから，小形軽量で保全の容易な誘導電動機が主流になっている．

　さらに，永久磁石同期電動機が用いられるようになっている．

(1) 直流電動機

　直流直巻電動機（図 3-14）は，電機子と界磁が直列になっており，界磁電流は電機子電流に等しいので，磁束 Φ〔Wb〕が電流 I_a〔A〕に比例する範囲では，逆起電力 E_t〔V〕およびトルク τ〔N·m〕は，回転数を n〔min^{-1}〕とすると，

$$E_t = k_1 I_a n \tag{3.1}$$
$$\tau = k_2 I_a^2 \tag{3.2}$$

で表され，起動時のトルクが大きく，電気車に適しており，広く採用されていた．また，直流複巻電動機は，直巻界磁を弱め，分巻界磁を強めることで起電力を高

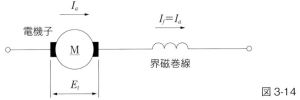

図 3-14　直流直巻電動機

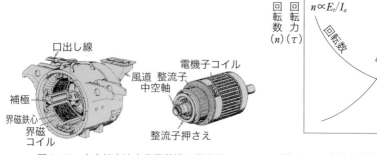

図 3-15　中空軸直流直巻電動機の構造例　　図 3-16　直流直巻電動機の特性

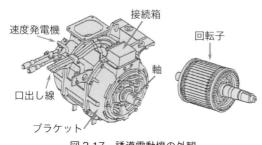

図 3-17　誘導電動機の外観

めて容易に電力を回生できることから，直流電車に用いられている例がある．

　直流電動機を交流電気鉄道の整流器形電気車に用いる場合は，渦電流による発熱や，変圧器起電力による整流悪化が生じるため，脈流を平滑する対策や特殊構造の電動機が採用される．

　図 3-15 に中空軸直流直巻電動機の構造例，**図 3-16** にその特性を示す．

(2) 誘導電動機

　インバータ技術の進展で，電圧や周波数を容易に変えられるようになり，小形で保全の容易な誘導電動機が使用されるようになっている．

　図 3-17 は電車用誘導電動機の外観であり，一般に電車は 4 極，電気機関車は 6 極を用いる．

　誘導電動機の電源（インバータ）電圧を V〔V〕，周波数を f〔Hz〕，すべりを s，すべり周波数を f_s，極数を p，回転子電流を I〔A〕とすると，回転数 n〔min^{-1}〕，およびトルク τ〔N·m〕は，次式で表される．

$$n = \frac{120(1-s)f}{p} = \frac{120}{p}(f-f_s) \tag{3.3}$$

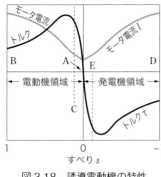

図 3-18 誘導電動機の特性

図 3-19 IPM 回転子（6 極の例）

$$\tau = k_3 \Phi I = k_4 (\frac{V}{f}) I = k_5 (\frac{V}{f})^2 f_s \tag{3.4}$$

　誘導電動機の特性は図 3-18 のようであり，力行時は A～C の領域で，すべりは 1～2.5% で使用する．一方，ブレーキ時は，A～E の領域で使用する．

　また，一定電圧で周波数だけを変化させると，速度は上昇するが，磁束が減少してトルクも減少する．このため，電源電圧と周波数の比 (V/f) を一定に保ちながら周波数を変化させる方式を用いている．

(3) 永久磁石同期電動機[13]

　同期電動機と同様の構成で，界磁極を永久磁石に置き換えて回転子としている交流機である．パワーエレクトロニクスの発展により，大きなトルクを広い速度範囲でコントロールすることが可能になり，さらに，1980 年代に入って Nd-Fe-B（ネオジム系）の強力な磁石が登場して開発が盛んになっている．

　回転子には表面磁石形（SPM：Surface Permanent Model）と埋込磁石形（IPM：Interior Permanent Model）の 2 種類があり，可変速用には図 3-19 の IPM 形が多く用いられる．

　速度に比例した誘起起電力が発生し，すべりがないため，インバータ 1 台に同期電動機 1 台の個別制御である．電動機の効率は，直流電動機が約 0.9，誘導電動機が 0.9～0.92 に対して，同期電動機は 0.95～0.97 で高い．力率は誘導電動機が 0.85 に対して，同期電動機は基本的に 1 としている．

図 3-20　菱形パンタグラフ

図 3-21　下枠交差形パンタグラフ

図 3-22　シングルアーム形パンタグラフ

図 3-23　新幹線用パンタグラフと低騒音がいし

3. 集電装置と遮断器

(1) パンタグラフ

　電車の屋根上に取り付けられ，架線（架空電車線）から電車に電力を取り入れる装置である．パンタグラフには，十分な集電容量が求められるほかに，架線の高さが変わっても架線を押し付ける力が変わらないことや，架線から離線しない追従性，高速で走行しても騒音を出しにくい低騒音性も求められる．

　従来は，図 3-20 の菱形や交流電車用に図 3-21 の下枠交差形が用いられていたが，最近は，小形軽量な図 3-22 のシングルアーム形が普及してきている．

　シングルアーム形は，使用できる架線の高さの幅が広いほか，アームが少ないため風切り音が減り，構造が簡単で部品が少ないことにより省メンテナンス化が図られている．また，可動部分が軽量であると，慣性が小さく，架線高さの変動があっても離線しにくいというメリットもある．

　新幹線では，風切り音対策のため図 3-23 のシングルアーム形の低騒音パンタグラフを用いるほか，パンタグラフカバーや，図 3-24 に示すように特別高圧母

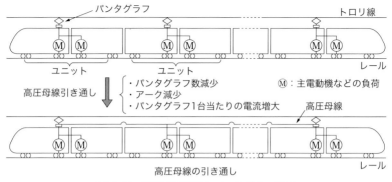

図 3-24 特別高圧母線とパンタグラフ削減

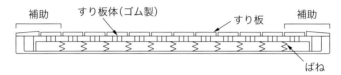

図 3-25 多分割すり板（東日本旅客鉄道（株）資料）

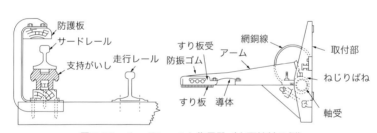

図 3-26 サードレールと集電靴（上面接触の例）

線でパンタグラフを引き通してパンタグラフ数を削減している．

さらに，1パンタグラフでの高速走行を可能にするため，すり板を10分割し，ゴム製のすり板体（多分割すり板）で連結して集電性能を向上させた，集電舟を用いたシングルアームパンタグラフの新幹線電車（E5系，E6系）がある（**図 3-25**）．

(2) 集電靴

地下鉄では，架線をトンネルの天井に引くと，トンネルの断面積が増え，建設コストが増えることから，**図 3-26** に示すように，走行用のレールの隣にき電用の第三軌条（サードレール）を敷設し，車両の台車側面に取り付けられた集電靴

から集電する方法が一部でとられている．

き電用のサードレールは走行用のレールや地面と近く，感電などの危険性が高いので，直流600Vまたは750Vのき電が一般的である．

(3) 車軸の接地装置

集電装置から電力を取り込み，電車を駆動した電力は，車輪を通してレールを流れて変電所へ戻る．車軸には軸受の電食防止のため接地ブラシがある．

(4) 遮断器

制御回路の指令により主回路の開閉を行うほかに，機器の故障時や電圧電流の異常時には回路を遮断して，主回路を架線と切り離し，主回路機器に過大な電圧電流がかかることを防止する装置である．

4. 主変換装置

(1) 電気車と半導体素子

パワーエレクトロニクスの進展によりシリコンダイオード素子が開発され，1960年に交直流電車の整流器に使用された．その後，電流のスイッチング作用を持つサイリスタが開発され，交流電車の位相制御や，直流電車のチョッパ制御に用いられた．

1980年代には，導通した電流の遮断が可能な自己消弧素子として，GTOサイリスタ（Gate Turn-Off thyristor）が開発され，チョッパ制御やインバータ制御に用いられた．

さらに1990年代には，損失が少なく，波形ひずみの少ない制御ができる自己消弧形のIGBT（Insulated Gate Bipolar Transistor：絶縁ゲートバイポーラトランジスタ）が開発され，主流になっている．図3-27にディスク形IGBT，図3-28にモジュール形IGBTの外観を示す．

図3-27　ディスク形IGBTの外観

図3-28　モジュール形IGBTの外観
　　　　（3.3kV・1.2kA）

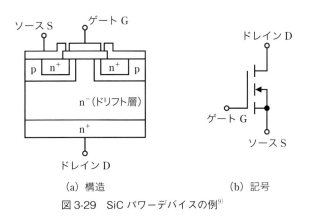

(a) 構造　　　　　　　　　　(b) 記号

図 3-29　SiC パワーデバイスの例[9]

　また，2010 年代には，Si（シリコン）を材料にした IGBT やダイオードに代わり，SiC（Silicon Carbide：シリコンカーバイド：炭化ケイ素）を材料にした MOSFET（金属酸化膜半導体電界効果トランジスタ）や SBD（ショットキーバリアダイオード）の素子を利用することで，電流容量の増加によるモータの性能向上と，高耐熱化によるインバータの冷却装置の小形化・軽量化が可能となることから，鉄道車両での採用が始まっている．

　図 3-29 は，SiC パワーデバイスの一つであるプレーナゲート形 N チャネル縦形 MOSFET の接合構造と記号である．

(2) 直流電気車

　パンタグラフにより架線から取り込まれた電気は，主電動機に指令どおりの電流が流れるように制御装置で電圧の調整が行われた後，主電動機に電力が供給される．

　以前は，直流電動機を使用し直列に接続された抵抗値を変えることで電圧を調整する「抵抗制御」や，複数の電動機の「直並列制御」，さらに「チョッパ制御」であったが，最近は，誘導電動機を使用しインバータで電圧を調整する「VVVF インバータ制御」が主流になってきている．図 3-30 は VVVF インバータの外観である．

(3) 交流電気車

　パンタグラフで集電された電力は変圧器で降圧されて，整流器で直流に変換される．

　以前は変圧器のタップを制御したり，サイリスタ位相制御を行って，直流電動機を駆動していた．最近は，変圧器二次電圧を PWM（Pulse Width Modulation）

図3-30　VVVFインバータ

コンバータで直流の定電圧に変換し，VVVFインバータで三相交流に変換して誘導電動機を駆動する方式が主になっている．

5. 補助回路の装置

(1) 補助電源装置

車両で使用する冷房装置や室内灯などのサービス用の電力は，架線からの電力をもとに，三相交流440V（60Hzが一般的）をつくり使用している．以前は，MGがよく使われていたが，現在はSIVが主流となってきている．出力は100kVA～160kVA程度が多く，冷房需要により大出力化されてきた．

また，補助電源装置でつくられた三相交流440Vから，変圧して交流100V（室内灯等），整流して直流100V（制御回路，戸閉回路，バッテリ等）に変換され，使用されている．

① MG（Motor Generator：電動発電機）

MGはモータと発電機が同軸上で組み合わされたもので，架線からの電力でモータを回転させ，この回転力で発電を行う．モータにも発電機にも整流子やブラシがあり，定期的なメンテナンスが必要である．

② SIV（Static InVerter：静止形変換装置）

SIVは架線からの電力をインバータ装置で三相交流に変換している．MGがモータにより回転する発電機であったのに対し，SIVはインバータであり，可動部がないことから静止形とされ，VVVFインバータ同様にメンテナンスが少なくて済む．

VVVFインバータとの違いは，電圧と周波数を一定（constant）としたCVCF（一定電圧一定周波数）の制御を行っているところにある．動作原理が同じため，

図 3-31　コンプレッサ（スクリュー式）

SIV が故障した際には VVVF インバータを電圧と周波数を一定の CVCF で運転し，補助回路の停電を防ぐ方法も使用されている．

(2) コンプレッサ（電動空気圧縮機）

電車には，電気のほかに空気も多く使用されている．主なものとして，車両を止めるブレーキや車体の振動を防ぐ空気バネのほか，戸閉め装置，パンタグラフの下降に圧縮空気を使用している．電車は車両にコンプレッサ（**図 3-31**）を積んで，この圧縮空気をつくっている．

以前はピストンで空気を圧縮していたが，動作時に振動が大きいことから，最近ではスクリュー式の採用が進んでいる．スクリュー式は回転により連続的に空気を圧縮するため，圧力に脈動が少ないという利点がある．

(3) 空調装置

電車の冷房装置は屋根の上に取り付けられている．1 両当たり 20 kW 程度の冷房装置が付いており，家庭用の約 20 倍の出力である．一方，暖房装置は腰掛下や冷房装置内に設置されている．

(4) 車内灯

車内の電灯は AC100 V や，AC254 V（三相交流 440 V から単相を取り出す）で動作している．ただし，架線の停電時にも最低限度車内を照らせるように，車両に積んだ DC100 V の電源で点灯する予備灯も使用されている．

(5) ド　ア

ドアの開閉は，従来は空気の圧力でシリンダを動かすことが多かった．ドアの開閉時に空気の漏れる音がするのはこのためである．

また，最近の新型の電車は，モータでドアを開閉しているものもある．

電車はすべてのドアが閉まらないと発車できず，走行中には開けない仕組みになっていて，一つでもドアが開くと運転台の表示灯が消え，運転士に知らされる．

▌6. 車両の情報制御システム

車両情報制御システムは，列車内に設置された伝送ネットワークを活用し，機器の監視だけでなく機器の制御も行う．

例えば，①モニタリングシステムとして，運転台から伝送路を介して各機器に指令を送信し，逆に機器からは機器の動作状態を，伝送路を介して運転台のモニタに表示する．双方向通信により，列車の運行や快適性，メンテナンス性が向上し，重要なシステムとなっている．これは列車内伝送系 TCN（Train Communication Network）とも呼ばれ，走行制御，ドア開閉，空調制御，画像・音声案内などを統合し，列車内外のデータ処理，通信，監視，制御を行う．

以降では，鉄道車両の情報制御システムのシステム構成と主な機能について説明する．なお，鉄道事業者やメーカーごとに設計が異なるため，紹介するものとは異なる例も存在する．

②また，映像監視システムなどその技術の進歩やニーズの拡大に伴い，最近の鉄道車両では，モニタリング機能とともに，運行情報など乗務員支援機能，車両検査機能，案内放送などのサービス機能，および制御機能などをあわせ持つ，車両情報制御システムの用途も広がっている．

（1）システム構成

車両情報制御システムのシステム構成例を図 3-32 に示す．先頭車には中央装置と端末装置が，中間車には端末装置が置かれ，装置間は伝送路で接続されている．中央装置には，運転席のモニタ表示器やマスコン，車掌スイッチ等が接続され，運転士・車掌に必要な情報を表示し，操作信号を受信する．端末装置は車両内に搭載された VVVF 制御インバータやブレーキ制御装置（BCU：Brake Control Unit），戸閉装置，空調装置などに接続され，これらの装置への動作指令を送るとともに，装置から返送される状態情報を受け取り，中央装置へ伝送する．

（2）制御伝送

運転士のマスコン操作に応じて編成内の VVVF や BCU に対し，動作指令を送る．力行・ブレーキを編成単位で管理することにより，効率的な回生ブレーキ動作のため編成内の車両のブレーキ力を車両ごとに調整することもできる．また，車掌スイッチからのドア開閉指令をもとに各車両のドアの開閉を指令する機能な

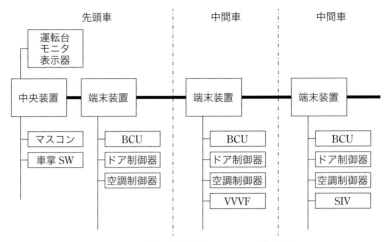

図 3-32 車両情報制御システムの構成例

どもある.なお,非常ブレーキの指令やドア開の許可信号などは伝送を使用せずに,従来の DC100V による「引き通し線」を使用していることがある.

(3) 状態監視伝送

制御伝送による各機器の動作状態を監視し,伝送系を通じて運転台のモニタに状態を表示させることができる.例えば,各車両のドアの開閉状態や客室の温度,ブレーキ装置の動作状態などが挙げられる.また,機器故障などの異常時には異常発生前後の機器状態の記録を行い,異常発生を乗務員に知らせる機能などもある.さらに,制御伝送と状態監視伝送を組み合わせた自動試験機能がある.車両の車庫からの出発前の点検や,定期検査などにおいて,自動的にドアなどの各機器に動作指令を送り,その動作状態を監視,合否判定,記録することで,検査を自動化している.このほかに,蓄積したデータをもとに CBM(状態基準保全)を行っている例もある.

(4) サービス伝送

旅客向けの情報提供システムで,車両の前面,側面の LED の行先表示や,車内のドアの上や貫通路・通路の上に LED 表示器を設置して,行先や次の駅の案内,カラーモニタを設置して行先,次の駅の案内,運行情報のほか,ニュースや天気予報,広告等の映像情報などを提供している.このほかにも,車内放送システムでは,車内に設置したスピーカーで乗務員のマイクによる放送や,自動放送での案内放送などが行われている(「第 11 章 **1** 2.」参照).

第4章 電気車の制御

1 直流電気車の制御方式

電気鉄道は速度範囲が広く，けん引質量が変化する，線路条件により所要けん引力が変化するなどの特徴がある．これに対して，一定の加速度で滑らかに起動し，所要の均衡速度で走行する必要がある．

このような条件を満たすものとして，長く直流電動機が使用されてきたが，今日ではパワーエレクトロニクス技術の進展により容易に速度制御ができるようになり，軽量で保守が容易な誘導電動機が主になっている．さらに最近では永久磁石同期電動機も使用されている．直流電動機駆動の電車では最高速度付近における電動機の回転数は $3\,500\,\mathrm{min}^{-1}$ 程度であるのに対し，誘導電動機駆動の電車では $5\,200\,\mathrm{min}^{-1}$ 程度となり，高加速運転や高速運転が可能になった．

直流電動機の制御には，抵抗制御，直並列制御，チョッパ制御，および界磁制御が用いられる．誘導電動機や永久磁石同期電動機の制御には，インバータ制御が用いられる．

1. 抵抗・直並列制御

電車の起動時，主電動機に過大な電流が流れるのを防止するため，主電動機回路（主回路）に抵抗を挿入し，適切な電流値となるように制限する．速度の上昇とともに逆起電力によって電流値は低下するので，低下量に応じて抵抗値を下げていく．また，起動時には主電動機を直列に接続し，加速に応じて直並列，さらに並列に回路を組み替えて主電動機の端子電圧を高めて電流を増大させる．

図 4-1 は主電動機 2 個による抵抗・直並列制御の原理である．

2. 界磁制御

抵抗・直並列制御が終了した速度域では，これ以上電流値を増やすことはでき

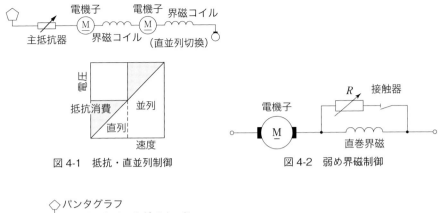

図 4-1　抵抗・直並列制御　　　図 4-2　弱め界磁制御

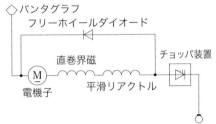

図 4-3　電機子チョッパ制御

ない．そこで，図 4-2 のように界磁コイルに分路を設けて界磁電流を分流させる弱め界磁制御を行う．

　界磁電流の減少は磁束の減少，さらには逆起電力の減少へとつながっていき，結果的には，電機子電流が増加して回転力の増加となり，電車はさらに加速することが可能となる．

3. チョッパ制御

　抵抗・直並列制御・弱め界磁制御は主回路に可動接点部品が多く，保守に手間がかかる点や加速に使用するエネルギーの多くを抵抗器でロスしているなど，非効率的な面を持っている．

　こうした欠点を解消するため，電力用半導体を用い，直流電圧と電流を高速かつ高頻度でオン・オフ（チョップ）することによって電車の加速をコントロールする方法がチョッパ制御である．チョッパ制御には電圧制御性が良いこと，連続制御ができること，大幅に無接点化ができること，停止直前まで回生ブレーキが有効などの優れた特徴がある．

　半導体素子には当初サイリスタを用いたが，サイリスタはいったん導通すると

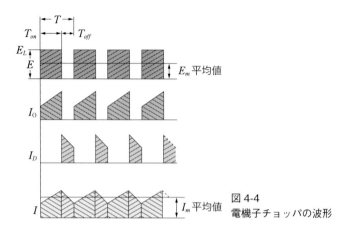

図 4-4
電機子チョッパの波形

電流を遮断できないため,導通中のサイリスタに逆電流を流して消弧する転流回路を必要とした.その後,電流を遮断できる自己消弧形のGTOサイリスタ（Gate Turn-Off thyristor）が開発され,電気車の制御は大きく進歩した.

(1) 電機子チョッパ

電機子チョッパは,直流直巻電動機とチョッパ装置を直列に接続した方式である.

図 4-3 は電機子チョッパ回路構成,図 4-4 は電圧・電流波形である.ここで,E は電源電圧,E_L はチョッパ装置負荷側の電圧,I_O は架線から流れ込む電流,I_D はフリーホイールダイオードを通して循環する電流,I は主電動機電機子電流である.

負荷側の電圧平均値を E_m,α を通流率とすれば次式のようになり,負荷電圧を連続的に制御できる.

$$E_m = \alpha E \tag{4.1}$$

$$\alpha = \frac{T_{on}}{T_{on} + T_{off}} \tag{4.2}$$

回生ブレーキ時には主回路を切り換えて主電動機を直流直巻発電機とし,チョッパを昇圧チョッパとして動作させる.

電機子チョッパは,駅間が短く発進・停止が頻繁である通勤電車や地下鉄車両などに採用される.図 4-5 は 6000 系直流地下鉄電車である.

(2) 界磁チョッパ

界磁チョッパは図 4-6 に示すように,直流複巻電動機の分巻界磁をチョッパ装

図 4-5
東京メトロ 6000 系直流 1 500 V 地下鉄電車
（常磐線）（電機子チョッパ制御）

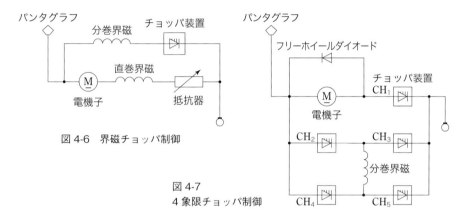

図 4-6　界磁チョッパ制御

図 4-7
4 象限チョッパ制御

置で制御する方式で，電機子チョッパに比較して経済的で軽量化できる．分巻界磁を強めると電機子電流が正から負に転換し，架線に電流が流れ出て，力行と回生の制御が容易である．

界磁チョッパは，駅間が長く高速走行する時間の長い近郊通勤車両などに採用されている．

(3) 4 象限チョッパ

4 象限チョッパは図 4-7 のように，電機子と界磁を独立したチョッパで制御する方式である．

電気車の速度制御はもちろん，「前進力行」「前進ブレーキ」「後進力行」「後進ブレーキ」の四つの運転モードの切り換えが界磁チョッパの制御で連続かつ円滑に行える．

4 象限チョッパは，チョッパ制御の最終形態といえるものであり，GTO サイリスタによって抵抗器および可動接点部品の大幅な削減を実現した．

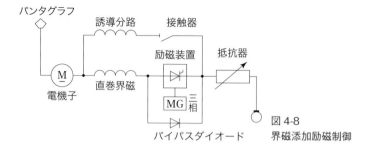

図 4-8 界磁添加励磁制御

図 4-9 山手線 205 系通勤形直流電車（界磁添加励磁制御）

4. 界磁添加励磁制御

1980 年代，当時の国鉄は通勤電車を中心に電機子チョッパ車への置き換えを進めていたが，東海道線のように発進・停止が頻繁ではない近郊電車では，電機子チョッパの優位性は薄れてしまう．そこで，界磁チョッパの特徴を生かし，低コストで省エネルギーを実現できるシステムとして，界磁添加励磁制御が開発された．

図 4-8 に示すように，力行時は誘導分路の接触器は開の状態とし，電機子電流をバイパスダイオードを通して流す．弱め界磁や回生ブレーキ時には，誘導分路の接触器を閉にして，補助電源装置 MG を用いた励磁装置により電機子電流と独立に界磁を連続的に制御する．

図 4-9 は 205 系通勤形直流電車である．

5. 誘導電動機の VVVF インバータ制御[12]

パワーエレクトロニクスの進展とともに，インバータで誘導電動機を制御する方式が電気車にも用いられるようになった．誘導電動機を使用することで，①整流子やブラシがないことで，省メンテナンス，②主電動機が小形・軽量・堅牢などのメリットがある．

図 4-10
中央線（東京）
E233 系通勤形直流電車
（VVVF 制御・誘導電動機駆動）

さらに，電動機の高速回転が可能になり，通勤電車の高速化や新幹線の高速化が実現した．

図 4-10 は E233 系通勤形直流電車である．

(1) VVVF インバータ装置

誘導電動機の回転数は電源周波数 f とすべりによって定まる．電動機のトルクは，電動機電圧 V と電源周波数との比の 2 乗に比例するので，可変電圧可変周波数（VVVF：Variable Voltage Variable Frequency）制御インバータを用いて V/f を一定に保てば（V/f 一定制御），トルクは一定になる（「第 3 章 (3.4) 式」参照）．

VVVF インバータ装置は，**図 4-11** に示すように，電力用半導体とダイオードが並列に接続されたモジュール 3 組（U，V，W 相）で構成されており，電力用半導体のオン・オフにより電気回路を切り換え，直流を三相交流に逆変換する．

半導体素子は GTO サイリスタを用いた 2 レベルインバータの時代を経て，現在は高速でオン・オフが可能な IGBT（Insulated Gate Bipolar Transistor）素子を用いたり，さらに IGBT を 2 段直列に接続することで電圧を 2 段階に加圧して波形改善を行う 3 レベルインバータが主になっており，電力変換器の低損失化や波形ひずみの軽減が図られている．

(2) VVVF 制御

図 4-12 は 6 個の半導体素子をスイッチに置き換え，誘導電動機の固定子巻線を表した主回路のモデルである．

このモデル回路をもとに，**図 4-13** のような導通タイムチャートに従って切り換えると，誘導電動機の固定子巻線には直流電源から 6 パターンで電力が供給される．この結果，線間電圧として表現すると，大きさが E_S で位相差が 120° の正弦波になる．

実際には幅の異なる矩形波が並ぶように制御して，正弦波に近似させる制御を

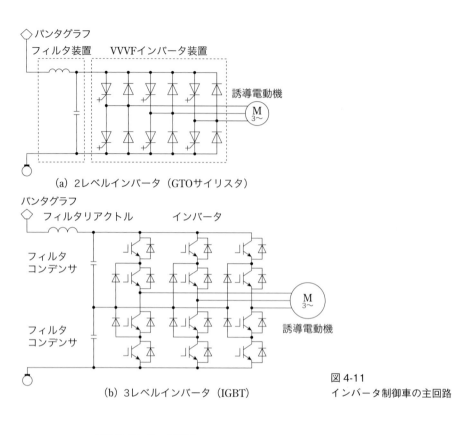

(a) 2レベルインバータ（GTOサイリスタ）

(b) 3レベルインバータ（IGBT）

図 4-11 インバータ制御車の主回路

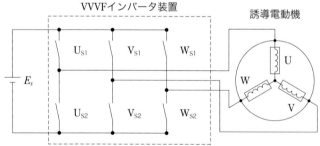

図 4-12 主回路概略モデル

行っている（「図 4-14 U-V 間電圧」参照）．

① 2レベル制御波形

図 4-14 は正弦波変調による 2 レベルの PWM（Pulse Width Modulation）方式であり，キャリア三角波と基準電圧波形を比較してスイッチング素子をオン・オフして，矩形波状の三相交流電圧に逆変換している．

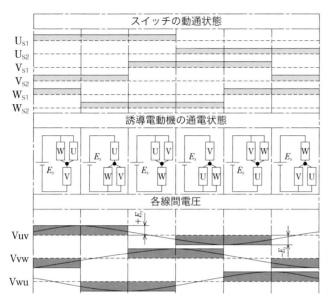

図 4-13 スイッチング動作と三相交流の発生

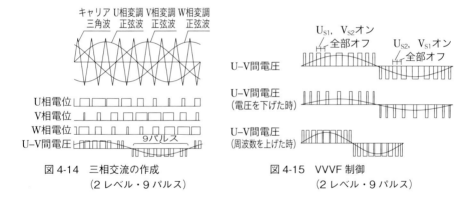

図 4-14 三相交流の作成
（2 レベル・9 パルス）

図 4-15 VVVF 制御
（2 レベル・9 パルス）

図 4-15 は可変電圧・可変周波数の動作原理であり，電圧を可変にするには矩形波の幅を変化させて行い，周波数を変化させるには変調正弦波の周波数を変えることで行う．

インバータ周波数は最高速度で 170 Hz 程度であり，インバータ制御によれば回路の接続を切り換えることなく，回生ブレーキをかけることができる．

② 3 レベル制御波形

3 レベル制御ではさらに矩形波のパルスが上積みされて 2 段階の矩形波にな

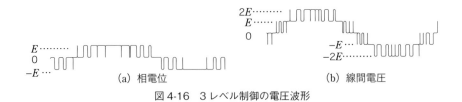

図 4-16　3レベル制御の電圧波形

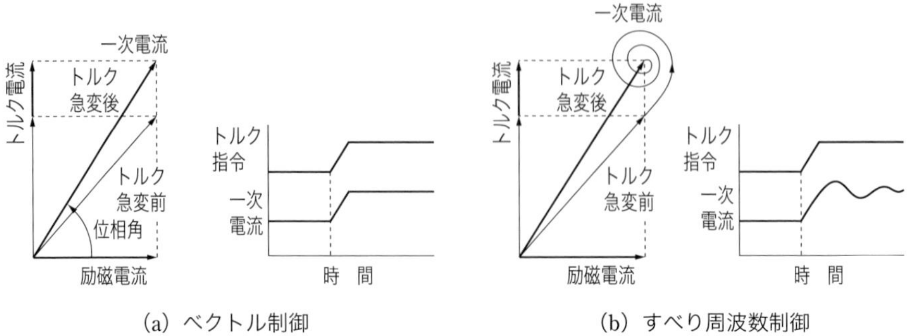

(a) ベクトル制御　　　　　　　　(b) すべり周波数制御

図 4-17　トルク急変時の制御

り，図 4-16 に示すように，波形はより正弦波に近似する．
(3) トルク急変時の電動機トルク制御

　電動機制御の方法には，V/f 一定・すべり周波数制御と，ベクトル制御が用いられている．

　ベクトル制御は電動機電流を磁束を発生する電流成分と，90°位相のトルクに寄与するトルク電流成分に分けて，励磁電流を一定に保ちながらトルク指令に対応したトルク電流を制御する方式である．すべり周波数制御に比べ，トルク変化に対して応答性が良く，制御精度も向上する．図 4-17 はトルク急変時のトルク制御方法の比較である．

6. 永久磁石同期電動機の VVVF 制御

　永久磁石同期電動機の制御には，電圧形 VVVF インバータとトルク制御にベクトル制御の組み合わせが行われる．界磁は永久磁石のため，車両の速度に比例して誘起電圧が増大する．そこで，高速域ではベクトル制御における磁束ベクトル上の励磁電流を負の電流に制御し，弱め磁束制御を行う．

　一方，インバータ停止時に弱め磁束電流が流し込めなくなった場合の電動機電圧上昇と，インバータ短絡故障時に電動機の誘起電圧による短絡電流が流れ続け

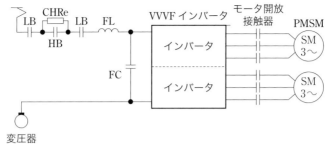

LB：断流器　HB：高速度遮断器　CHRe：充電抵抗器
図 4-18　2in1 形 VVVF インバータ駆動回路の構成

図 4-19
東京メトロ 16000 系直流電車（常磐線）
（VVVF 制御・永久磁石同期電動機駆動）

ないように，インバータの出力側に開放用接触器が設置される．車輪側には径差があり，同期電動機にはすべりがない．このため，1台の同期電動機に1台のインバータを用いる必要がある．

　図 4-18 は 2in1 形の永久磁石同期電動機（PMSM）駆動回路の構成である．図 4-19 は東京メトロの 16000 系永久磁石同期電動機駆動電車である．

7. 主な直流電気車の諸元例

　表 4-1 に制御方式別の主な通勤電車の諸元例を示す．チョッパ制御以降，回生ブレーキが使用されている．最近の新製される電車はVVVFインバータ制御誘導電動機駆動方式および永久磁石同期電動機駆動方式であり，編成質量も軽くなり，省エネルギー化が図られている．

表 4-1　直流通勤電車の諸元例

形式	国鉄			JR		東京メトロ
	103 系	201 系	205 系	209 系	E231 系	13000 系
M/T 比	6M4T	6M4T	6M4T（5T）	4M6T	4M6T	7M
編成質量 （自重）〔t〕	363.1 （100％）	376 （103.6％）	294.5 （81.1％）	240.7 （66.2％）	255 （70.2％）	239.1 （65.8％）
車体	鋼製	鋼製	ステンレス鋼	ステンレス鋼	ステンレス鋼	アルミ製
定格出力〔kW〕	880×3 unit	1 200×3 unit	960×3 unit	760×3 unit	760×3 unit	
歯数比	6.07	5.6	6.07	7.07	7.07	7.79
最高速度 〔km/h〕	100	100	100	110	120	110
主電動機形式 定格出力〔kW〕	直流 MT55 110	直流 MT60 150	直流 MT61 120	誘導 MT68 95	誘導 MT73 95	同期 PMSM 205
力行制御方式	抵抗制御	電機子チョッパ制御	界磁添加励磁制御	3 レベル VVVF インバータ制御	3 レベル VVVF インバータ制御	2 レベル VVVF SiC-MOSFET
ブレーキ方式	発電ブレーキ 併用電磁直通 空気ブレーキ	回生ブレーキ 併用電磁直通 空気ブレーキ	回生ブレーキ併 用電気指令式 空気ブレーキ	回生ブレーキ併 用電気指令式 空気ブレーキ	回生ブレーキ併 用電気指令式 空気ブレーキ	回生ブレーキ併 用電気指令式 空気ブレーキ
製造初年	1964	1979	1985	1991	2000	2016
主な線区	首都圏	中央線	山手線	京浜東北線	中央・総武線緩行	日比谷線

〈注〉投入線区は当初の例

2　交流電気車の制御

　交流電気車の制御方式の代表的なものには，整流器式と PWM コンバータ式がある（PWM コンバータは PWM 整流器ともいう）．

　整流器式には，主変圧器で降圧した交流を整流器で直流に変換して直流電動機を駆動する方式と，さらに VVVF インバータを用いて誘導電動機を駆動する方式がある．整流器式の速度制御法としては変圧器の一次側または二次側でタップを切り換えて電圧を制御する方式と，サイリスタの位相制御で連続的に電圧を制御する方式がある．

　PWM コンバータ式は，PWM 変調方式のコンバータで交流電圧を直流定電圧に変換し，中間コンデンサで VVVF インバータと連結して誘導電動機を駆動する方式である．

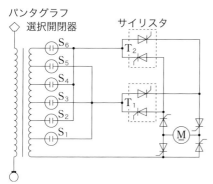

図 4-20　タップ間連続電圧制御

図 4-21　津軽海峡線 ED79 形 交流電気機関車
　　　　　快速（海峡）
　　　　　（低圧タップ電圧連続制御）

1. 変圧器タップ制御

　タップ制御は，単巻変圧器にタップを設けたタップ変圧器と降圧変圧器から構成される高圧タップ制御方式と，変圧器の二次側にタップを設けた低圧タップ制御方式がある．

　最初の新幹線電車である 0 系電車は，低圧タップ制御で，タップ切り換え時にタップ間に短絡電流が流れるのを限流リアクトルで制限している．16 両編成で，標準電圧 25 kV・最大電流 960 A・力率 0.8 である．その後，新幹線電車の最大電流は 1 000 A に抑えられている．

　電気機関車では，限流リアクトルに代わってサイリスタ（または磁気増幅器）を用いて位相制御でタップ間電圧を連続的に制御し，ノッチ数の増加と切換器の単純化を図ったタップ間連続電圧制御方式がある．図 4-20 はサイリスタを用いた場合であり，電力回生が可能である．

　図 4-21 は青函トンネル用の ED79 形電気機関車である．標準電圧交流 20 kV，出力は 1 900 kW で，高速客車 500 t けん引時の交流側電流は，均衡速度で 140 A，起動加速時で 210 A，力率 0.95 程度である．下り勾配の抑速回生時は 80 A で，力率 −0.6 程度である．

2. サイリスタ位相制御

(1) サイリスタ・ダイオード混合ブリッジ

　整流回路がダイオードとサイリスタで構成されたものを「サイリスタ・ダイオード混合ブリッジ」という．

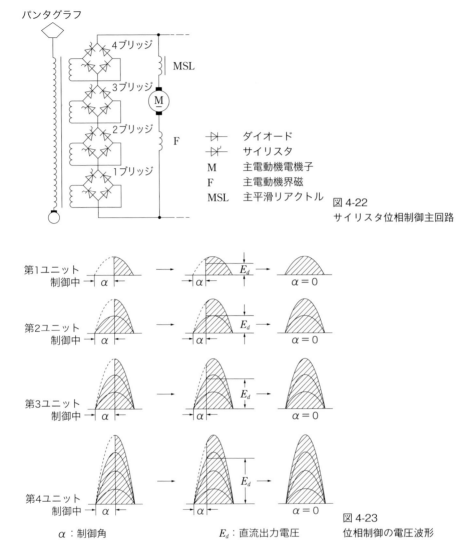

図 4-22 サイリスタ位相制御主回路

図 4-23 位相制御の電圧波形

電源電圧を E_p，整流器の制御角を α とすると，出力電圧 E_d は次式になる．

$$E_d = \frac{\sqrt{2}\,E_p}{\pi}(1+\cos\alpha) \tag{4.3}$$

単一のブリッジでは位相制御に伴い力率の低下と波形ひずみが大きくなるため，一般に主変圧器巻線を4分割にして4ユニットとし，巻線に基本整流回路を設けて縦続接続し，第1のブリッジから順次位相制御して積み上げている．主回

図 4-24
200 系新幹線電車
(サイリスタ・ダイオード混合ブリッジ制御)

路接続例を図 4-22 に，整流器の出力電圧波形を図 4-23 に示す．

サイリスタブリッジの数が少ないと入力側では力率の低下・高調波の増加となり，出力側では電圧の脈流分が増加するなどが発生する．

東北・上越新幹線では，開業時，図 4-24 に示す 200 系と呼ばれるサイリスタ位相制御の新製車が投入された．この 200 系車両では主変圧器を不等 6 分割 (1：1：2：2：2：2) として，電圧比 1 の巻線のブリッジを位相制御とし，他の巻線はオン・オフ制御としたバーニア制御と呼ばれる位相制御方式を採用し，二次巻線の 6 分割ブリッジが事実上 10 分割ブリッジに相当する位相制御を実現した．

その後，1985 年に東海道・山陽新幹線に導入された「2 階建て新幹線」と呼ばれる 100 系新幹線電車では，製造コスト削減のため一般的な 4 段構成のサイリスタ・ダイオード混合ブリッジが採用された．新幹線電車は，標準電圧交流 25 kV，16 両編成で最大電流 1 000 A，力率 0.7〜0.8 程度である．

(2) サイリスタ純ブリッジ

ブリッジがすべてサイリスタで構成されたものを「サイリスタ純ブリッジ」といい，交流と直流に変換することができる．

力行の場合は，整流器は正の出力電圧を出し，主電動機の誘起電圧との差で直流電流を流す．

回生の場合は，負の出力電圧を出し，界磁の方向を変えて，他励発電機となる主電動機の発電電圧との差により，力行時と同じ方向の電流を流す．回生時はサイリスタの転流のため転流余裕角を必要とし，最小進み角 (β_{min}) でサイリスタを点弧する必要があり，力率が低下する．

図 4-25 はサイリスタ純ブリッジの電圧・電流波形である．ブリッジは高調波

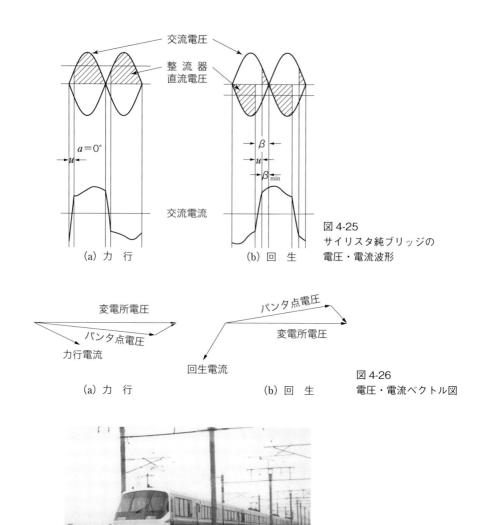

図 4-25 サイリスタ純ブリッジの電圧・電流波形

図 4-26 電圧・電流ベクトル図

図 4-27 長崎線 783 系 特急形交流電車（サイリスタ純ブリッジ制御）

低減と力率改善のため一般に 4 段縦続接続で用いる．また，制御角をアームごとに個別に制御する非対称制御を用いることが多い．

図 4-26 は基本波ベクトル図であり，力率は力行時が 0.7～0.8，回生時が －0.4～－0.5 程度である．

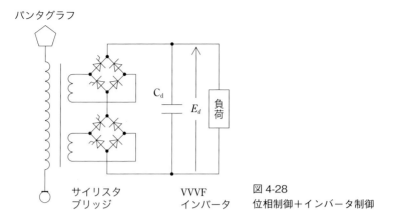

図 4-28 位相制御＋インバータ制御

　図 4-27 は JR 九州の 783 系特急電車であり，標準電圧交流 20 kV，4 両当たり力行時は最大電流 120 A，平均力率 0.75，回生時は最大電流 80 A，力率 − 0.4 程度である．

(3) 位相制御＋インバータ制御

　直流電車では，VVVF インバータによる誘導電動機駆動方式が広く普及しているが，サイリスタ位相制御の交流電車においても「VVVF インバータ＋誘導電動機駆動」を採用することは可能である．図 4-28 において整流器出力が一定電圧となるように位相角を制御し，この後段に VVVF インバータ＋誘導電動機を配置する．一見，位相制御など不要で，ダイオード整流で十分と思われるが，交流電車の場合，パンタグラフから取り込む交流電圧は一般の商用電源よりはるかに変動が大きいため，この変動分を吸収するために位相制御を用いて変動のない直流電源としている．これ以降の VVVF インバータ・誘導電動機の制御は，直流電車とまったく同じである．

　1990 年に JR 北海道で 785 系特急電車が登場している．

3. PWM コンバータ制御[12]

　直流電車で実用化された VVVF インバータ装置は，直流→三相交流変換動作だけでなく，三相交流→直流変換動作についても特に回路を組み替える必要もなく可能である．これを応用したものが PWM（Pulse Width Modulation：パルス幅変調）コンバータによる交流電車の制御である．VVVF インバータ装置は，交流側の入出力が可変電圧可変周波数の三相交流であるのに対して，コンバータ装

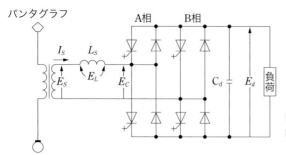

図 4-29
PWM コンバータの基本構成
（2 レベル制御，GTO サイリスタ）

置は交流側の入出力が定電圧定周波数（新幹線：25 kV, 50 または 60 Hz, 在来線：20 kV, 50 または 60 Hz）の単相交流となったものである．PWM コンバータと VVVF インバータは原理的には同一のものであり，区別のため PWM コンバータを架線側変換装置，VVVF インバータを電動機側変換装置と呼ぶこともある．1990 年に東海道新幹線で 300 系電車，1994 年に東北・上越新幹線で E1 系 2 階建て電車が登場した．

(1) 主回路構成

図 4-29 は，GTO サイリスタを用いた PWM コンバータの基本構成を示すものである．負荷には VVVF インバータおよび誘導電動機が接続されているものとする．パンタグラフより単相交流電力が供給され，その交流電力が PWM コンバータを介して直流電力に変換され，コンデンサ（C_d）に蓄えられる．負荷はこのコンデンサに蓄えられたエネルギーを消費しながら誘導電動機を駆動する．

PWM コンバータは，直流側のコンデンサ（C_d）の電圧 E_d が設定値より低い場合は，入力電流 I_S を増やすことで交流電源から供給される電力を増加させ，逆に設定値より高い場合には I_S を減少させる．

また，変圧器二次電圧を E_S，リアクトル（L_t：変圧器リアクタンスに相当）電圧を E_L，コンバータ入力電圧を E_C，コンバータ入力電流を I_S とすると，次式の関係で表される．

$$I_S = \frac{E_S - E_C}{j\omega L_t} = \frac{E_L}{j\omega L_t} \tag{4.4}$$

主変圧器二次電圧 E_S を基準にしたベクトル図を図 4-30 に示す．

力行時は，E_L の位相が $+90°$ になるように E_C のベクトルを制御して I_S と E_S を同相とし，力率 1 制御を行う．回生時は E_L の位相が $-90°$ になるように E_C のベクトルを制御して I_S と E_S を $-180°$ とし，力率 -1 で制御を行う．

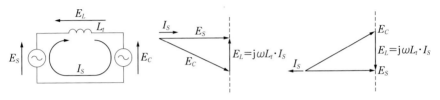

(a) 交流電源電圧基本波に対する等価回路　　(b) 力行時ベクトル図　　(c) 回生時ベクトル図

図 4-30　PWM コンバータの動作原理

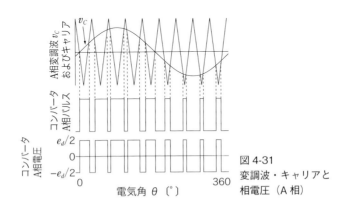

図 4-31　変調波・キャリアと相電圧（A 相）

　この結果，電源電圧と電源電流は同相となり，入力力率が 1 となる高い変換効率が実現できる．

　PWM コンバータ方式の電気車は，回生時に変電所が停電しても架線を通して他の力行車へ電力を供給することがあるので，フィルタコンデンサの電圧上昇や，架線の過電圧・低電圧，周波数の低下などを検出することで変電所の停電を検知して，車両のコンバータを瞬時に停止している．

　新幹線の架線電圧は，最高 30 kV，標準 25 kV，最低 22.5 kV，瞬時最低 20 kV である（「第 7 章 ❹ 2.(1) 表 7-7」参照）．電車は，30〜25 kV は電力一定制御，25〜22.5 kV は電力制限制御，22.5 kV 以下では変換装置をゲートオフとしている．20 kV は回転補機の限界電圧である．

　また，架線電圧低下時には，PWM コンバータを進み力率で運転することで，架線電圧低下を抑制する検討も行われている．

(2) PWM コンバータの運転

　GTO サイリスタを用いた PWM コンバータの代表的な変調方式について，図

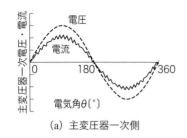

(a) 主変圧器一次側

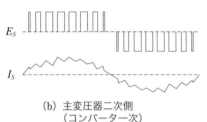

(b) 主変圧器二次側
（コンバータ一次）

図 4-32　PWM コンバータの交流側波形

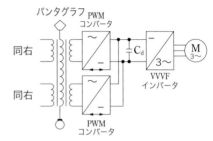

図 4-33　PWM コンバータの位相差運転

4-31 に A 相の変調波と搬送波および相電圧を示す．A 相と比べて B 相は変調波の位相が 180°異なる．変調波と三角波キャリアの大小をそれぞれ比較して PWM パルスを得る．e_d はフィルタコンデンサ電圧であり，コンバータ入力電圧は A 相と B 相の出力電圧の差になるので，図 4-32 のような波形になる．

(3) 波形ひずみの軽減

PWM コンバータでは主変圧器の一次電流にリプル成分が発生し，電流波形がひずむことになり，ひずみ（高調波）成分がパンタグラフや車輪を通じて架線やレールに流れ込み，電力供給系統や信号・通信系統などに影響を及ぼすことになる．

そこで，図 4-33 に示すように，同一編成内の 4 組の PWM コンバータのキャリア位相を 45°ずつずらし（位相差運転），さらに編成全体としてひずみ成分を少しでもキャンセルするようにキャリアの位相を 90°/ユニット数だけずらす制御を行っている．

また最近では，使用するパワー半導体を GTO サイリスタから，高速でオン・オフが可能な IGBT へ切り換えることにより，キャリア周波数が 1 500 Hz 程度になり，電圧波形（E_S）の矩形波を細分化することが可能となった．さらに，図 4-34 に示すように IGBT を 2 段直列に接続（3 レベル制御）することで電圧を 2 段階に加圧することが可能となった．これにより，図 4-35 に示すように電圧・

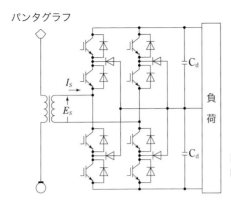

図 4-34
PWM コンバータの基本構成
（3 レベル制御，IGBT）

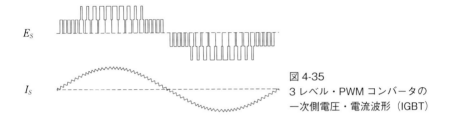

図 4-35
3 レベル・PWM コンバータの
一次側電圧・電流波形（IGBT）

電流波形とも格段に改善され，より正弦波に近い形となった．

こうした改良の背景には，1994 年 10 月に当時の通産省資源エネルギー庁より通達された「高調波抑制対策ガイドライン」が関連している．これは，半導体電力変換装置の普及に伴い，電力系統に重畳する高調波電流の増大を防ごうとするもので，IGBT を使用した PWM コンバータの開発もこのガイドラインに沿って進められたものである．今日では，新幹線・在来線とも，交流電化区間に導入される新製車両には，IGBT さらに SiC を使用した PWM コンバータが搭載されるようになった．

4. 電源周波数が異なる区間を走る電車[14]

日本の電力会社の周波数は，富士川〜軽井沢〜糸魚川のラインを挟んで，東側が 50 Hz，西側が 60 Hz に分かれている．新幹線電車がどのようにして異周波境界を通過しているかを述べる．

(1) 東海道新幹線

1964 年 10 月に開業した東海道新幹線は，電車を 60 Hz 専用車としており，50

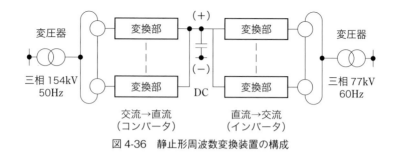

図 4-36　静止形周波数変換装置の構成

Hz 区間である東京電力管内の 2 箇所に，回転形の三相同期電動機（10 極）と三相同期発電機（12 極）を直結した周波数変換装置を設置．毎分 600 回転で 50 Hz を 60 Hz に変換して，全線を 60 Hz の電力に統一している．

その後，1990 年に PWM コンバータと VVVF インバータを用いて誘導電動機を駆動する 300 系新幹線電車が開発された．周波数変換装置についても同様に，半導体電力変換装置であるコンバータで 50 Hz を直流に，さらにインバータで直流を交流 60 Hz に変換する静止形周波数変換装置が開発され，2003 年から回転形周波数変換装置と並列運転を行っている．

図 4-36 は静止形周波数変換装置の構成である．

(2) 北陸新幹線

北陸新幹線の電車は 300 系電車と同様にインバータ電車（E2 系電車，E7/W7 系電車）であり，車体も以前より軽量化された．主変圧器は 50/60 Hz 両用で，電力変換装置や補助機器も 50/60 Hz のいずれの周波数にも追随できるようになっている．また，信号の ATC はデジタル方式で，車上受信器は 50/60 Hz 周波数対応であり，周波数切り替えを自動的に行っている．

すなわち，電車は 50/60 Hz 両用車両で，地上の電力は電力会社の周波数に従って 50 Hz と 60 Hz でき電している．なお，地上の 50 Hz と 60 Hz の突き合わせ箇所では，異なる周波数の電流が相手方のレール区間に流れて ATC に妨害を与えないように，切替セクションと同一箇所でレールを絶縁するとともに，BT と電力用同軸ケーブルを用いてレール電流を吸い上げている．レール絶縁部はサイリスタスイッチで車両通過側を ON にしている．

5. 交直流電気車の速度制御

交直流電気車は，交流を変圧器と整流器により直流に変換し，直流電気車と同

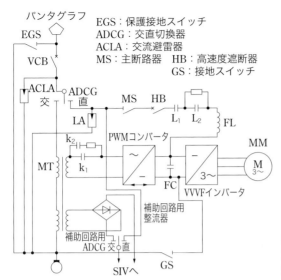

図 4-37 PWM コンバータ方式の交直流電気車の主回路概要

図 4-38 常磐線 E657 系電車 特急ひたち

様の方法により主電動機を駆動する．直流区間では，切換スイッチで直流回路へ接続する．

図 4-37 は PWM コンバータ方式の交直流電気車の主回路の概要である．

図 4-38 に PWM コンバータ＋VVVF インバータ制御の交直流電車として，E657 系電車特急ひたちを示す．

6. 主な交流電気車の諸元例

(1) 在来線の電車

表 4-2 に制御方式別の主な JR 在来線電車の諸元例を示す．サイリスタ純ブ

表 4-2　国鉄・JR 在来線電車の諸元例

形式	交流専用				交直流
	717 系	721 系	783 系	883 系	E531 系
M/T 比	2M1T(2M)	2M1T	3M2T	3M4T	4M6T
編成質量(自重)〔t〕	117.6	134.9	180.0	264.3	347.0
車体	鋼製	ステンレス鋼	ステンレス鋼	ステンレス鋼	ステンレス鋼
定格出力〔kW〕	860	1 200	1 800	2 280	2 240
歯数比	4.21	4.82	3.95	4.83	6.06
最高速度〔km/h〕	110	130	130	130	130
主電動機形式 定格出力〔kW〕	直流 MT54 120	直流 MT61 150	直流 MT61 150	誘導 MT402K 190	誘導 MT75 140
力行制御方式	シリコン整流器 抵抗制御	混合ブリッジ 整流器式	純ブリッジ 整流器式	混合ブリッジ ＋VVVF 制御	PWM コンバータ ＋VVVF 制御
ブレーキ方式	電気ブレーキ 併用電磁直通 空気ブレーキ	発電ブレーキ 併用電気指令 式空気ブレー キ	回生ブレーキ 併用電気指令 式空気ブレー キ	発電ブレーキ 併用電気指令 式空気ブレー キ	回生ブレー キ併用電気指令 式空気ブレー キ
製造初年	1983	1988	1987	1994	2005
主な線区	東北線・ 長崎線	千歳線・ 函館線	長崎線 (かもめ)	日豊線 (にちりん)	常磐線

リッジ制御以降，回生ブレーキが使用されている．最近の新製される電車は VVVF インバータ制御誘導電動機駆動方式であり，編成質量も軽くなり，省エネルギー化が図られている．

(2) 新幹線電車

　表 4-3 に制御方式別の主な新幹線電車の諸元例を示す．PWM コンバータ (整流器) ＋VVVF インバータによる誘導電動機駆動以降，編成質量も軽くなり，回生ブレーキが使用されて省エネルギー化および高速化が図られている．

　2007 年 7 月から営業運転されている N700 系電車では，外側空気バネを上昇させることにより車体を内軌側に 1° 傾斜させて，半径 2 500 m の曲線でも最高速度 270 km/h で走行でき，東京～新大阪間を 5 分短縮して最速の電車で 2 時間 25 分で結んでいる．次いで，2020 年 3 月のダイヤ改正で，N700 系電車は N700A 系電車に統一されて 285 km/h 運転を行っている．

　さらに，2020 年 7 月から東海道・山陽新幹線で営業開始した N700S (Supreme) 系電車では，電力変換装置に SiC を用いて小形・軽量化を図ってい

表 4-3　新幹線電車の諸元例[*1]

形式	0系	100系	300系	E4系	N700系	E5系	N700S系[15]
M/T比	16M	12M4T	10M6T	4M4T	14M2T	8M2T	14M2T
編成質量(自重)[t]	895	848	642	428	700(定員)	455	
車体	鋼製	鋼製	アルミ製	2階建アルミ製	アルミ製	アルミ製	アルミ製
編成定員[人]	1 285	1 285	1 323	817	1 323	731	1 323
定格出力[kW]	11 840	11 040	12 000	6 720	17 080	9 600	17 080
歯数比	2.17	2.41	2.96	3.63	2.79	2.645	
車輪径[mm]	910	910	860	910	860	860	
最高速度[km/h]	220	東海道 220 山陽 230	270	240	東海道 270 山陽 300	東北 320	東海道 280 山陽 300
主電動機出力[kW]	直流 185 連続	直流 230 連続	誘導 300 連続	誘導 420	誘導 305 1時間	誘導 300 1時間	誘導 305 6極1時間
力行制御方式	低圧タップ制御・シリコン整流器	サイリスタ位相制御整流器	2レベルPWMコンバータ+インバータ(GTO)	3レベルPWMコンバータ+インバータ(IGBT)	3レベルPWMコンバータ+インバータ(IGBT)	3レベルPWMコンバータ+インバータ(IGBT)	3レベルPWMコンバータ+インバータ(SiC)
ブレーキ方式	発電ブレーキ併用電磁直通空気ブレーキ	発電ブレーキ併用電気指令式空気ブレーキ,渦電流式ディスクブレーキ(T車)	回生ブレーキ併用電気指令式空気ブレーキ,渦電流式ディスクブレーキ(T車)	回生ブレーキ併用電気指令式空気ブレーキ	回生ブレーキ併用電気指令式空気ブレーキ	回生ブレーキ併用電気指令式空気ブレーキ	回生ブレーキ併用電気指令式空気ブレーキ
製造初年	1964	1985	1990	1997	2005	2010	2020

[*1] 電気学会編「付表 4.6 新幹線電車の諸元例」『最新電気鉄道工学(三訂版)』コロナ社, p.346, 2017年8月

図 4-39
N700S系新幹線電車
(東海旅客鉄道(株)提供)

る．また，高速鉄道では初のバッテリ自走システムを搭載して，架線停電時には非常走行用リチウムイオン電池を用いて旅客の避難が容易な場所まで自力走行を可能にしている[15]．

図 4-39 は N700S 系新幹線電車である．

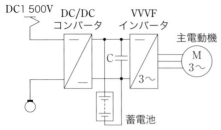
図 4-40　直流用蓄電池電車の構成

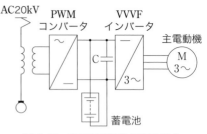
図 4-41　交流用蓄電池電車の構成

3　蓄電池搭載車両の制御

1. 各種蓄電池搭載車両

　鉄道は，非電化路線では主にディーゼルエンジンで駆動する機関車や気動車が走行しているが，車両に搭載されたエンジンから振動・騒音・排気ガスが発生する．これに対して最近は，リチウムイオン電池の大容量化が進み，蓄電池を搭載した車両が出現している[16]．

(1) 蓄電池電車

　電化区間でパンタグラフにより集電して，蓄電地にエネルギーを蓄えて，非電化区間では蓄電池に蓄えられたエネルギーで走行する方式である．

　蓄電池電車は直流 1 500 V と交流 20 kV 方式があり，図 4-40 は直流 1 500 V 用，図 4-41 は交流 20 kV 用の構成例である．直流用（図 4-40）では JR 東日本の EV-E301 系（烏山線），交流用（図 4-41）では BEC819 系電車などが実用化されている．

　航続距離は蓄電池の搭載量によって制限されるため，長距離無充電の走行には適しておらず，国内では主に 20〜30 km 程度の区間で使用されている．

(2) 非常走行用蓄電池搭載車両

　電車に蓄電池を搭載しており，架線停電時に電車が駅間で停止した場合でも，蓄電池に蓄えたエネルギーで最寄りの駅など避難できる場所まで自走できる車両である．

　JR 東海 315 系電車，東京メトロ銀座線 1000 系電車や，東海道・山陽新幹線 N700S 系電車，および西九州新幹線 N700S 系 8000 番台（図 4-42）などがある．

(3) ディーゼル・蓄電池ハイブリッド車両

　ディーゼルエンジンで発電した電力や，ブレーキ時の回生電力を蓄電池に貯蔵することができ，この電力で交流電動機を駆動する．蓄電池のアシストによりエ

図 4-42
西九州新幹線 N700S 系 8000 番台

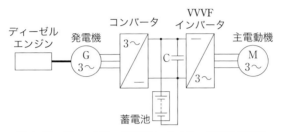

図 4-43　ディーゼル・蓄電池ハイブリッド車両の構成

図 4-44
YC1 系蓄電池ハイブリッド車両

ンジンの熱効率向上を図り，脱炭素化に寄与する．

　自動車のハイブリッド方式には，エンジンで発電した電力を蓄電池に蓄えて，その電力で電動機を駆動して走る「シリーズ方式」と，エンジンと電動機のそれぞれが車輪に動力を伝える「パラレル方式」，両方の技術を組み合わせた「シリーズ・パラレル方式」などがあるが，鉄道車両の場合は「シリーズ方式」が一般的である．

　図 4-43 はシリーズ方式で，JR 東日本のキハ E200 形，JR 東海の HC85 系，JR

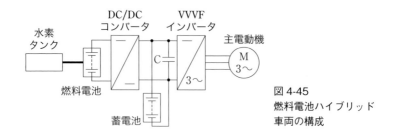

図 4-45 燃料電池ハイブリッド車両の構成

九州の YC1 系などがあり，図 4-44 は JR 九州 YC1 系蓄電池ハイブリッド車両である．車両に軽油を燃料として搭載しているため，航続距離が蓄電池電車よりも長い．

(4) 燃料電池ハイブリッド車両

燃料電池ハイブリッド車両は，鉄道車両の動力源として水素を燃料とする燃料電池を採用し，車載したバッテリーとともに駆動用モータに電力を供給するハイブリッド車両である（図 4-45）．ディーゼルハイブリッド車両のエンジンと発電機に代わり，燃料電池が水素と酸素を反応させて電気エネルギーを発生させる装置である．

水素から電気への発電効率が 40〜50％ と高効率であり，排出されるものは水蒸気のみであることから，環境への負荷が低いとされている．国内では試験車両として，鉄道総研が R291，JR 東日本が FV-E991 系（愛称 HYBARI）を開発しており，海外ではフランスの鉄道メーカー ALSTOM が iLint を営業用車両として開発した．

2. 蓄電池の充電方法

蓄電池の充電には，
① 架線から走行中にパンタグラフで電力を受電して充電する
② 駅などに急速充電装置を設置して，停車中にパンタグラフや集電装置で電力を受電する
③ 地上に給電ケーブル，車両床下に集電コイルを配置して，数 kHz の高周波でワイヤレス集電を行う

などの方法がある．

図4-46　鉄道車両のブレーキ方式

4　ブレーキ制御

1.　ブレーキの方式

　鉄道車両のブレーキ方式には，車輪とレール間の摩擦力（粘着力）を利用する粘着方式とレールと車体間に直接作用させる非粘着方式がある．図4-46に鉄道車両に使用されるブレーキ方式を示す．

　粘着方式のブレーキは，車輪にブレーキシューを押し当てて車輪の回転を止める機械ブレーキ方式と，車輪に接続する電気機器を発電機として作用させてその電磁力を利用する電気ブレーキ方式に区別できる．非粘着方式のブレーキは，レール等の地上構造物と走行する車体（台車）に直接ブレーキ力を作用させるもので，リニア地下鉄（都営地下鉄大江戸線など）で採用されている．レール方式の非粘着ブレーキに関しては，ヨーロッパでの実用例はあるが，日本では採用されていない．

2.　機械ブレーキ[12]

(1) 基礎ブレーキ装置

　台車に取り付けられ，空気圧や油圧によってブレーキシリンダで生じた力により，制輪子やブレーキライニングを回転面に押し付けてブレーキ力を発生させる装置を基礎ブレーキ装置といい，機械ブレーキともいう．

　機械ブレーキは主に踏面ブレーキとディスクブレーキの2種類がある．踏面ブレーキは図4-47（下部）のように車輪の踏面に制輪子を押し付けることで摩擦力を発生させる．ディスクブレーキは図4-48のように，車軸または車輪面に取り付けられたブレーキディスクにブレーキライニングを押し付けることで摩擦力を発生させて車両を停止させている．

103

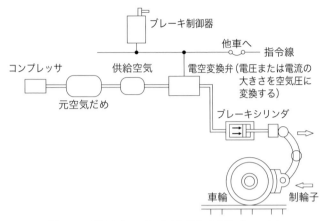

図 4-47 踏面ブレーキ（電気指令式空気ブレーキ）

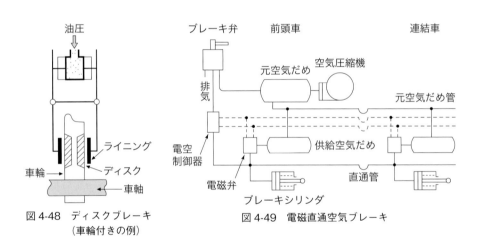

図 4-48 ディスクブレーキ（車輪付きの例）

図 4-49 電磁直通空気ブレーキ

　JR 在来線では，電動車が車輪踏面ブレーキ，付随車が車軸付きディスクブレーキ，新幹線では車輪付きディスクブレーキが用いられている．

(2) 空気ブレーキ

　列車にはコンプレッサと圧縮空気を貯めたタンクが搭載され，このタンクから空気配管を通して，車輪に取り付けられたブレーキシリンダに空気を送り，その空気圧でブレーキライニングが車輪に押し付けられ，ブレーキ力をつくっている．

　列車は多数の車両を連結しているため，①空気管を車両に引き通し，空気圧の上昇や減圧によりブレーキシリンダを制御する空気管圧力制御方式や，②ブレーキ指令を電気的に行う電気指令式空気ブレーキなどが用いられる．

空気管圧力制御方式には，ブレーキ管の圧力空気を排気してブレーキをかける自動空気ブレーキや，電磁弁で直通管の圧力を制御してブレーキを作動させる電磁直通空気ブレーキ（**図4-49**）がある．電磁直通空気ブレーキは1957年の101系電車から用いられるようになった．

その後，より応答性が速く，電気ブレーキとの協調に優れた方式として，ブレーキ指令をすべて電気とした電気指令式空気ブレーキ（図4-47の上部）が開発された．

最近の回生ブレーキ付きの電車では，後者の電気指令式空気ブレーキが採用されている．

機械ブレーキは必ず2系統以上用意されていて，一方が故障しても残りの一方でブレーキ力は確保される．また列車が分離した場合は，それぞれの車両でブレーキがかかるようになっている．

3. 電気ブレーキ

主電動機を発電機として働かせることで停止時の運動エネルギーを電気エネルギーに変換してブレーキとして利用することができ，これを電気ブレーキという．電気ブレーキの使用により，機械ブレーキの使用頻度が下がり，制輪子やブレーキライニングの交換費用などが節約できる．

従来の電気ブレーキでは，速度が低くなるとブレーキ力が弱くなることや，安定したブレーキがかけられなくなることがあったことから，極低速域では電気ブレーキを止め空気ブレーキに切り換えていたが，最近では停車まで安定して電気ブレーキを使用できる純電気ブレーキも採用されている．

鉄道用の電気ブレーキとしては，主に発電ブレーキと回生ブレーキの2方式がある．

(1) 発電ブレーキ

発電ブレーキは主に抵抗制御車で使用される方法で，発電した電気を車両に搭載されている抵抗器に流し，電気エネルギーを熱エネルギーとして放散する方式である．

(2) 回生ブレーキ

回生ブレーキも主電動機を発電機として利用することは同じであるが，**図4-50**に示すように，発生させた電力を，パンタグラフから架線を通じて，近くを走るほかの電車に供給し，電力を再利用している．

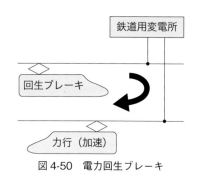
図4-50 電力回生ブレーキ

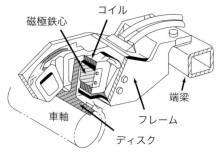
図4-51 渦電流式ディスクブレーキ

　回生ブレーキでは，ブレーキ装置摩耗部品の交換費用だけでなく，車両の軽量化や省エネルギーなど，メリットは多い．

　① 直流電気鉄道では，電車のパンタ電圧を架線電圧より高くして電気エネルギーを架線に戻すが，ほかの電車が消費しなければブレーキ力として作用せず，回生ブレーキは失効する．

　電車の運行本数が多い大都市近郊，または，通勤時間帯においては，ほぼ確実に回生ブレーキは正常に作用するが，近年では地方の閑散線区にもインバータ制御車をはじめとする回生ブレーキ搭載車が進出するようになり，回生ブレーキが作用しない回生失効現象が発生する機会が増えている．

　そこで，余剰となった電気エネルギーを抵抗器で消費する回生・発電ブレーキ併用方式を採用して回生失効を防止する車両もある．また，制御応答の優れた主電動機のベクトル制御により，回生ブレーキを最適に制御して回生失効を大幅に低減することも可能となった．

　また，変電所に回生インバータを設置して交流に変換し高圧回路で使用する装置や，電力貯蔵装置を用いることも行われるようになった．

　② 一方，交流電気鉄道では，電車の位相を進めて（サイリスタ制御車は約110°，PWM制御車は約180°）架線に電気エネルギーを戻す．ほかに力行車がいなければ，電気エネルギーはき電用変圧器を通して電源へ供給される．この場合，電源へ供給される電力量は計量されない．

(3) 渦電流式ブレーキ

　渦電流を用いて，車輪のディスクやレールに作用させるブレーキである．図4-51は渦電流式ディスクブレーキであり，主電動機がなく回生ブレーキの効かない300系新幹線電車の付随車などに用いられる．

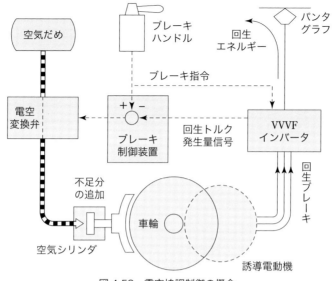

図 4-52　電空協調制御の概念

4. 電空協調制御

　電車が装備している電気ブレーキは，主電動機を搭載している車両で作用し，未搭載車は機械ブレーキのみである．しかし，VVVF インバータ車の進展により，必要とされるブレーキ力をまず電気ブレーキ（回生ブレーキ）ですべて賄い，なお不足する分のみ機械ブレーキで補うブレーキ制御方式が標準的になった．

　こうした電気ブレーキの不足分を機械ブレーキが自動的に補足し，常に最適なブレーキ力を維持することを電空協調制御（図 4-52）という．ブレーキのかけ始めや停止間際には，制御の特性上，電気ブレーキが作用しない期間があるため，この時点においても電空協調制御が行われている．

第5章　列車運転

1　電気車の速度制御

　列車を選定するには，列車を投入する線区と列車種別があり，次いで輸送人員，所用運転時分，編成両数，加速度・減速度，最高速度などを選定し，速度-引張力特性や速度-ブレーキ力特性が決定される．

　力行指令およびブレーキ指令が段階的に制御される各段をノッチという．運転士は必要とする速度などに応じて，ノッチを進段したり，ブレーキ操作を行う．

　図 5-1 は JR 在来線特急車両の運転席の例であり，運転台上面の左にはワンハンドルマスコン（手前に倒すと力行，奥に倒すとブレーキ），前面の計器類は中央に速度計，左に圧力計，右にはモニタなどを配置している．

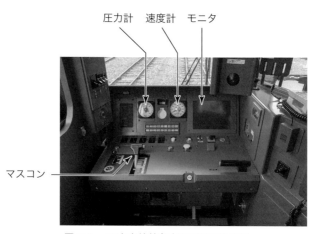

図 5-1　JR 在来線特急車両の運転席の例
（東海旅客鉄道（株）提供）

2 列車運転における基本性能

1. 引張力性能

(1) 速度と引張力

引張力には車輪とレール間の粘着力による粘着引張力,加速するため引張力を一定とする起動引張力,モータ特性や歯数比により定まる特性引張力に分類され,図5-2のように表される.

(2) 動輪周引張力

主電動機のトルクが動輪の周りに表れる引張力を動輪周引張力という.電気車が電動機1台当たり f_d 〔N〕の周引張力で,速度 v 〔km/h〕で運転されているときに,1秒間になす仕事すなわち出力 P は,

$$P = f_d \times v \times 1\,000/3\,600 \, \text{〔N·m/s〕}$$
$$= f_d \times v/3\,600 \, \text{〔kW〕} \tag{5.1}$$

で表される.

電動機の個数 N 個,歯車の動力伝達効率 η_d とすると,電気車の電気的出力 P_m 〔kW〕との関係は次式で表される. Nf_d は N 個当たり周引張力 F_d である.

$$P_m = Nf_d \times v/(3\,600 \times \eta_d) \, \text{〔kW〕} \tag{5.2}$$

動力伝達効率は使用状況で異なるが,電気機関車の定格付近で97%程度である.電動機入力 P_i は,電動機効率を η_m(約0.9)とすると,次式で表される.

$$P_i = Nf_d \times v/(3\,600 \times \eta_d \times \eta_m) \, \text{〔kW〕} \tag{5.3}$$

誘導電動機の場合に,一次電流に換算するときは力率として約0.85を考慮する.

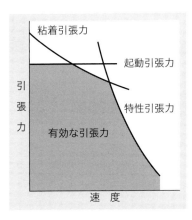

図5-2
各種引張力

(3) 粘着引張力

粘着引張力を上回る引張力の領域では空転が発生する．粘着引張力は次式で算出される．

$$T_a = 9\,800\mu W_d \tag{5.4}$$

ここで，T_a：粘着引張力〔N〕，

μ：粘着係数，

W_d：動輪上質量〔t〕

低速時における粘着係数の例を**表 5-1**に示す．

運転計画に用いる力行時の粘着係数は，現車試験結果などから，次式を用いている．

① 在来線電車

$$\mu = 0.245 \times \frac{1 + 0.05v}{1 + 0.1v} \tag{5.5}$$

② 新幹線電車

$$\mu = \frac{13.6}{85 + v} \tag{5.6}$$

(4) 主電動機による速度と引張力[12]

横軸に電動機電流，縦軸に引張力および速度をとったノッチ曲線として，直流電動機駆動電車の例を**図 5-3**に，最近主として使用されている，VVVFインバータ制御による誘導電動機駆動の通勤電車（力行）の例を**図 5-4**に示す[17]．

限流値 150 A（A点）とし，5ノッチ起動を行う．

① 定引張力特性（V/f一定）：電圧が 0 から最大電圧まで直線的に増加し，電流一定で，速度はAから2ノッチの交点Bまで上昇する．このときの速度 30 km/h，速度-インバータ周波数約 50 Hz，引張力-インバータ周波数 50 Hz と限流値 150 A の交点 b より左に 174 kN．

表 5-1　粘着係数の例

レール状態	粘着係数	
	普　通	散　砂
乾　燥	$0.25 \sim 0.30$	$0.35 \sim 0.40$
湿　潤	$0.18 \sim 0.20$	$0.22 \sim 0.25$
雪・油	0.10	0.15

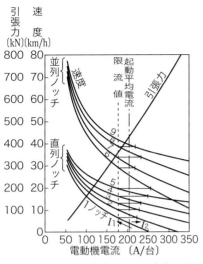

図 5-3　直流電動機車のノッチ曲線の例　　図 5-4　インバータ車のノッチ曲線の例

② 定出力特性（CVVF特性）：電圧が最大電圧一定，電流も一定で，5ノッチの交点Dまで移行する．このときの速度67 km/h，速度-インバータ周波数約110 Hz，引張力-インバータ周波数110 Hzと限流値の交点dより左に81 kN．

③ 特性領域（CVVF特性）：電圧が最大電圧一定で，電流は5ノッチ曲線に従って減少する．5ノッチ曲線上で速度を高め，90 km/hではF点となり，速度-インバータ周波数はf点の144 Hzである．引張力はf点より左に47 kNである．

さらに，ノッチ曲線から速度-引張力特性が求まる．**図 5-5**に直流電動機駆動の例を示す．**図 5-6**は誘導電動機駆動の例であり，既存の電気車と併結運転をすることがあるので，直流電動機駆動と特性を合わせている．

図 5-7は，インバータ制御車における回生時の速度-ブレーキ力特性の例である．高速域では特性領域または定電力領域である．普通鉄道用電車の場合，定トルク領域を広く設定している．

(5) 主電動機回転数と列車速度

主電動機回転数 n と列車速度 v の関係は，次式で表される．

$$n = 1\,000\,Gv/(60\pi D) \ [\mathrm{min}^{-1}] \tag{5.7}$$

ここで，G：歯数比，

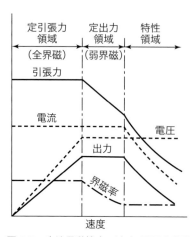

図5-5 直流電動機車の速度-引張力特性

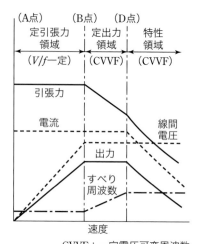

図5-6 インバータ車の速度-引張力特性

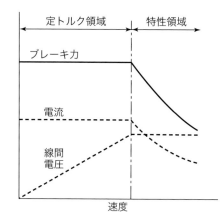

図5-7 インバータ車の
速度-ブレーキ力特性（回生）

D：駆動輪直径〔m〕

VVVFインバータ制御による誘導電動機駆動方式の周波数と極数の関係は次式で表される.

$$f_{inv} = f_r + f_s \,〔\text{Hz}〕 \tag{5.8}$$

$$n = 120 \times f_r / p \,〔\text{min}^{-1}〕 \tag{5.9}$$

ここで, f_{inv}：インバータ周波数,
　　　　f_r：電動機回転周波数,
　　　　f_s：すべり周波数,

表 5-2　列車速度と電動機回転数の例

電車の種類	列車速度〔km/h〕	電動機回転数〔min^{-1}〕	歯数比	インバータ周波数〔Hz〕
通　勤	100	4 576	7.07	157
新幹線	270	5 142	2.96	173

p：極数（極対数は $p/2$）

　電車の場合，電動機の極数は 4 としており，通勤電車および新幹線の最高速度における，インバータ周波数と電動機回転数の関係の一例を**表 5-2** に示す．

▌2. 列車抵抗

　列車の起動または走行により発生する抵抗を列車抵抗という．

（1）出発抵抗

　停車している列車が動き出すときに発生するもので，車軸と軸受が直接接触するための摩擦抵抗である．**図 5-8** に示すように列車が動き出すと急激に小さくなり，3km/h 程度で最小になり，それを超えると走行抵抗に移行する．

　列車全体の出発抵抗 R_s は次式で表され，軸受の種類や停車時間で異なるが，ころ軸受の車両で単位質量当たり，$r_s=29\text{N/t}$ 程度である．

$$R_s = r_s \times W〔\text{N}〕 \tag{5.10}$$

　ここで，r_s：単位質量当たりの出発抵抗〔N/t〕，

　　　　　W：列車質量（定員乗車）〔t〕

（2）走行抵抗

　走行抵抗は，車軸と軸受の摩擦抵抗，車輪とレール間の転がり摩擦抵抗，車両の動揺によって生じる各種摩擦抵抗，およびほぼ速度の 2 乗に比例する走行抵抗からなり，全走行抵抗 R_r は次式で表される．

$$R_r = 9.8 \{(a+bv)W + cv^2\} 〔\text{N}〕 \tag{5.11}$$

　JR では実験結果から各車両に対して定数を定めており，在来線の例を**表 5-3** に示す．

　新幹線では，車両により走行抵抗が大幅に異なるため，形式別の走行抵抗を**図 5-9** に示す．

　東海道新幹線で比較すると，各列車の最高速度での走行抵抗がいずれも 100 kN でほぼ等しく，高速化とともに軽量化や空気抵抗の減少の努力がなされてい

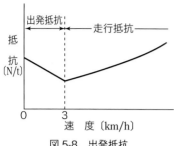

図 5-8 出発抵抗

表 5-3 JR 在来線の走行抵抗係数例

車両種別		a	b	c
電気機関車	力行	1.72	0.0084	0.0369
	惰行	2.37	0.0073	0.0369
電車(電動車)	力行	1.32	0.0164	$0.028 + 0.0078(n-1)$
客　車		1.74	0.0069	$0.000313\,W$
貨　車		0.94	0.0012	$0.00024\,W$

n：編成両数

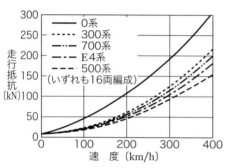

図 5-9 新幹線の走行抵抗（明かり区間）

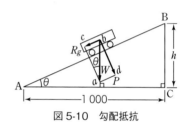

図 5-10 勾配抵抗

ることがわかる.

(3) 勾配抵抗

　列車が勾配区間を上がるときの重力による抵抗を勾配抵抗という．**図 5-10** において，勾配抵抗 R_g は次式で表される．

$$R_g = bc = \frac{BC}{AB} \times ab = 9.8W\sin\theta \, [\mathrm{N}] \tag{5.12}$$

　勾配の角度が小さいときは $\sin\theta = \tan\theta$ とみなすことができ，千分率で表した勾配量を $h\,[‰]$ とすれば，

$$R_g = 9.8(\pm h)W \, [\mathrm{N}] \tag{5.13}$$

となる．ここで，h の符号は上り勾配が正，下り勾配が負である．

(4) 曲線抵抗

　列車が曲線を通過する場合に，車輪とレール間の摩擦力によって生じる抵抗であり，曲線半径が小さいほど大きくなる．

　曲線抵抗 R_c の実験式として次式があり，JR 在来線（狭軌）では $K = 800$ を用いている．

$$R_C = 9.8KW/C \text{ [N]} \tag{5.14}$$

ここで，C：曲線半径 [m]

新幹線（標準軌）では $K=600$ を用いるが，半径が大きいため曲線抵抗は小さい．

(5) トンネル抵抗

列車がトンネル内を通過するとき，空気との摩擦により抵抗が増大する．ほかの走行抵抗に比較して複雑で，定量的に把握するのは難しいが，トンネル抵抗として，JR在来線では，単線トンネルでは 19.6 N/t，複線トンネルでは 9.8 N/t を加算している．

3. ブレーキ性能

ブレーキ性能とは，列車を抑速，減速，または停止させる能力をいい，速度とブレーキ距離あるいは減速度で示す．

普通鉄道（JR在来線，民鉄）では非常ブレーキ時には 600 m 以下で停止することが必要である．新幹線では速度帯別の減速度が定められており，230 km/h を超える場合は 1.5 km/h/s であり，速度が低くなるに従い減速度は大きくなり，70 km/h 以下では 3.4 km/h/s としている．

制動距離の目安は速度を v [km/h] として，およそ $v^2/20$ [m] で表される．

(1) ブレーキ率

機械ブレーキを使用して列車を減速する場合のブレーキ力と粘着力について，図 5-11 の関係を考える．車輪と制輪子間のブレーキ力 B_a と，接触面に作用する力 F は次式になる．

$$B_a = f_b \times P \text{ [kN]} \tag{5.15}$$

$$F = 9.8 \times \mu \times W \text{ [kN]} \tag{5.16}$$

ここで，μ：車輪踏面とレールの粘着係数，
　　　　f_b：制輪子摩擦係数，

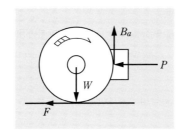

図 5-11
ブレーキ力と粘着力

P：制輪子押付力〔kN〕,

W：列車質量〔t〕

ブレーキ力が粘着力よりも大きい場合は，車輪は滑走してブレーキ効果が相殺され，さらに車輪踏面にフラットが生じるため，$B_a \leq F$ の関係が必要である.

したがって，

$$P/(9.8W) \leq \mu/f_b \tag{5.17}$$

の関係が成立する. この $P/(9.8W)$ をブレーキ率といい，電気機関車で約 60〜85％，電動車で約 80〜95％，付随車で約 90％ 程度と小さくしている.

(2) ブレーキ時の粘着力

ブレーキ時における粘着力 B_b は力行と同様にして，次式が求まる.

$$B_b = 9\,800\mu_b W_b \text{〔N〕} \tag{5.18}$$

ここで，μ_b：ブレーキ時の粘着係数,

W_b：ブレーキ軸上質量〔t〕

μ_b は現車試験結果などから次の値を用いている.

① 在来線電車

$$\mu_b = \frac{0.2}{1 + 0.0059v}$$

② 新幹線電車

$$\mu_b = \frac{13.6}{85 + v}$$

3 運転線図と運動方程式[12), 18)]

1. 運転線図

列車の運転状態を図示するには，速度-時間曲線，速度-距離曲線，および時間-距離曲線などがある.

(1) 普通鉄道（JR 在来線，民鉄）

図 5-12 は速度-時間曲線の例である. また，図 5-13 は抵抗制御車の速度・電流-時間特性，図 5-14 はチョッパ制御車またはインバータ制御車の速度・電流-時間特性である.

速度-時間曲線において，各部分は次の状態を示している.

① 始動部分（a → b）

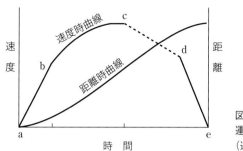

図 5-12
運転線図
(速度–時間曲線)

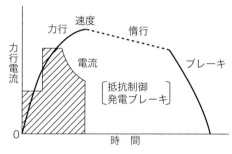

図 5-13
速度・電流–時間特性
(抵抗制御車)

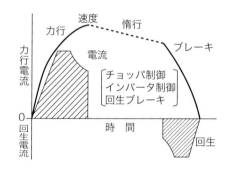

図 5-14
速度・電流–時間特性
(チョッパ制御車・インバータ制御車)

停止している列車が電動機の制御によって加速する部分.

② 自由走行部分 (b → c)

主電動機の特性に従って力行する部分で,加速度が漸減する特性加速,加速度が零となり定速度力行する均衡速度がある.

③ 惰行部分 (c → d)

動力の供給が断たれ,速度が漸減する部分.

④ ブレーキ部分 (d → e)

ブレーキが作用し,速度が急速に低下して停止する部分.

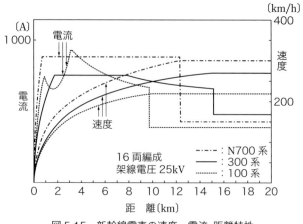

図 5-15 新幹線電車の速度・電流-距離特性

(2) 新幹線

図 5-15 は新幹線電車起動時の速度・電流-距離特性である[9) より改変].

新幹線電車は加速電流が大きく，その後，最大電流の 1/2 程度の電流で一定走行している．

2. 運動方程式

(1) 加速力

列車の引張力と列車抵抗の関係を図 5-16 に示す．引張力と列車抵抗の差が加速力（または減速力）となる．

車両の直線加速部分を加速させるために必要な加速力 f_a は，運動の第二法則から質量に加速度を乗じて求まる．

$$f_a = 1\,000\,W\alpha = 277.8\,WA\,[\mathrm{N}] \tag{5.19}$$

ここで，α：加速度 $(\mathrm{m/s^2})$，

A：加速度 $(\mathrm{km/h/s})$

列車を加速させる場合，直線加速度のほかに回転部分の回転加速度を必要とし，x を慣性係数とすると，全体の加速力 F_a は次式となる．

$$F_a = 277.8(1+x)WA\,[\mathrm{N}] \tag{5.20}$$

ここで，慣性係数は，

JR 在来線電車：0.09，

新幹線電車：0.05，

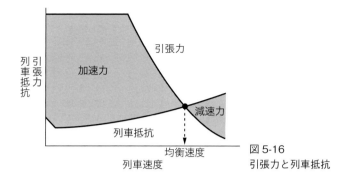

図 5-16 引張力と列車抵抗

機関車列車：0.06

(2) 列車の走行状態

引張力を T〔N〕，全列車抵抗を R〔N〕とすれば，総加速力 F〔N〕は次式で表される．

$$F = T - R \text{〔N〕} \tag{5.21}$$

この式で，$F>0$ のとき加速，$F=0$ のとき等速運転，$F<0$ のとき減速する．
単位質量当たりの加速力 f〔N/t〕は，次式で表される．

$$f = \frac{F}{W} = \frac{T-R}{W} \text{〔N/t〕} \tag{5.22}$$

図 5-17 は加速力・ブレーキ力曲線であり，列車の運転性能を示す基本として，速度-距離曲線の作成，起動加速度の検討などに用いられる．

列車の扱いには力行のほかに，惰行およびブレーキの状態があり，速度変化の面からは，加速，均衡，および減速に分けられる．

ここで，F_d を引張力（周引張力），F_b をブレーキ力とすると，$T=F_d-F_b$ で表され，図 5-12 の速度-時間曲線に対応して，次の関係式が得られる．

① 加速部分

引張力：$F_d = F_a + R$ (5.23)

加速度：$A = \dfrac{F_d - R}{277.8(1+x)W}$ (5.24)

② 均衡速度部分

引張力：$F_d = R$ (5.25)

③ 惰行部分

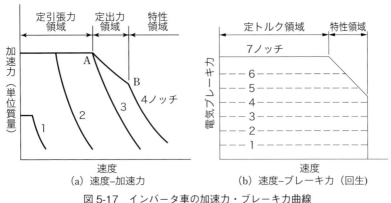

図 5-17　インバータ車の加速力・ブレーキ力曲線

$$減速度：D = \frac{R}{277.8(1+x)W} \tag{5.26}$$

④ ブレーキ部分

$$制動度：D = \frac{F_b + R}{277.8(1+x)W} \tag{5.27}$$

$$減速力：F_D = F_b + R \tag{5.28}$$

4　列車の電力消費

1. 電車の1次電流の算出[17]

　直流電車のVVVFインバータによる誘導電動機駆動方式について，誘導電動機電圧と電流から，一次側（パンタ点）電流を求める．図 5-18 は，直流1 500 V・VVVFインバータ制御・誘導電動機駆動による電車の主回路構成である．

　VVVFインバータの交流側電圧は，全電圧出力波形（1パルスモード）をフーリエ級数展開して，基本波について実効値換算（$\times 1/\sqrt{2}$）とすると次式となる．

$$V = \frac{4}{\pi} \times V_P \sin\left(\frac{\theta}{2}\right) \times \frac{1}{\sqrt{2}} = \frac{\sqrt{6} \times V_P}{\pi} = 0.78 V_P, \quad \theta = 120° \tag{5.29}$$

ここで，V_P：フィルタコンデンサ電圧（架線電圧）

　直流1 500 V方式の場合の交流側電圧は最大1 170 Vであるが，実際にはフィルタリアクトル装置などでの電圧降下があり，約94％の1 100 Vになる．

　電車の引張力となるインバータ交流側の有効電力は，インバータの交流側電圧

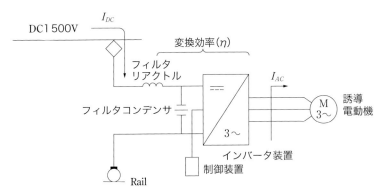

図 5-18　直流 1 500 V・インバータ制御方式電車の主回路構成

を V，誘導電動機の電流を I_{AC}，電動機の力率を $\cos\theta_m$ とすると，

$$P_{AC} = \sqrt{3}\,VI_{AC}\cos\theta_m = \sqrt{3} \times 1\,100 \times I_{AC} \times \cos\theta_m\,[\mathrm{kW}] \tag{5.30}$$

で表される．

　次に，インバータ交流側有効電力と直流電力が等しいと考えて，一次電流を求める．誘導電動機を流れる無効電力は，インバータ装置との間で循環して一次電流には表れない．

① 力行の場合は，インバータの変換効率を $\eta_{inv}=0.97$ とすると，直流側の電力と等しくなり，直流電圧を V_p とすると，直流側電流 I_{DC} と交流側電流 I_{AC} の関係は次式となる．

$$\left.\begin{aligned}I_{DC} &= \frac{\sqrt{3}\times V\cos\theta_m}{V_P\times\eta_{inv}}\times I_{AC} = \frac{\sqrt{3}\times 1\,100\times 0.85}{1\,500\times 0.97}\times I_{AC}\\ &= I_{AC}/\eta = I_{AC}/0.9\,(\mathrm{A})\end{aligned}\right\} \tag{5.31}$$

すなわち，直流側電流の最大値は，誘導電動機電流を総合変換効率 η で除して求まる．総合変換効率 η は，実測または各要素を推定して計算により求め，0.9 程度である．

一次側の公称電圧は 1 500 V でも，設計には 1 350 V を用いる民鉄もある．

例えば，10 両編成の電車の最大運転電流は，電動機 1 台の限流値を 150 A，4M6T（電動機 16 台），最高電圧 1 100 V（定出力領域）とすると，最大電動機電流は $I_{AC}=150\times 16=2\,400\,\mathrm{A}$ となり，直流側運転電流は $I_{DC}=I_{AC}/\eta$ $(0.9)=2\,667\,\mathrm{A}$ となる．

パンタ点電流は，補機電流として，

$$210\,\text{kVA} \times 2\,\text{台} \times \text{力率}(0.9) \times \text{使用効率}(0.7)/1\,500\,\text{V}$$

$$= 177\,\text{A} \tag{5.32}$$

を加算して，10 両編成の全電車電流は 2 884 A になる．

② 回生ブレーキの場合は，次式とする．

$$I_{DC} = I_{AC}\eta_R \tag{5.33}$$

η_R は線区の状況で異なり，設計に用いる直流電圧が 1 500 V の場合は 0.9，設計に用いる直流電圧が 1 650 V，交流側電圧が 1 300 V の場合は 0.84 である．

2. 電力消費率

列車の運転電力 P_W は，前述の電流-時間曲線を時分割して求めることができる．

$$P_W = \sum \frac{I_{n1} + I_{n2}}{2} \frac{t_{n2} - t_{n1}}{3\,600} \frac{E}{1\,000} \ \text{〔kW·h〕} \tag{5.34}$$

ここで，E：電車線電圧〔V〕，

$\qquad I_n$：始動して t_n 秒後の電気車電流〔A〕

一般に，列車がある区間を走行した場合，列車質量 1 t 当たり，列車距離 1 km 当たりの電力消費量を電力消費率〔Wh/(t·km)〕という．

電力消費率は，通勤電車区間で 39～60，近郊電車区間で 32～47，新幹線電車で 40～60 程度である．

3. 変電所の所用出力[18]

電気鉄道は急激な負荷変動を伴うものであり，変電所設備はこの負荷変動に耐える必要がある．

変電所の 1 時間出力 y は，電力消費率に，所定の時間中に変電所き電区間内を走行する列車数，列車の質量を乗じ，さらに走行キロを乗じれば概算できる．

変電所の 1 時間出力 y と瞬時最大電力 z は，統計的に次式で表されることが知られている．

$$z = y + C\sqrt{y} \tag{5.35}$$

ここで，$C = k\sqrt{I_m}$ で表され，I_m は 1 列車の最大電流で類似線区から推定する．

図 5-19 は旧国鉄変電所のラッシュ時間帯における 3 カ月平均の C の例であり，$k = 1.7$ で表される．回生車を含むと，k はさらに 1.3 倍程度になるとされている．

鉄道変電所の過負荷防止のため，ノッチ制限を行うことがある．

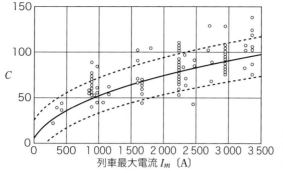

図 5-19 列車最大電流と C （直流力行）の例

4. 運転電力シミュレーション

列車の運転電力を推定して電源への影響やき電回路の電圧降下などを求めることは，電力設備の設計や車両機器の性能が十分発揮できるかなどの検討に用いられてきた．

各種の運転電力シミュレータが開発されているが，一般にパソコンを用いて，
① 車両形式から車両性能を計算する．
② 線路条件から速度-走行抵抗・加速力を求め，運動方程式から運転曲線を作成する．
③ 列車ダイヤに基づいてき電回路の計算を行い，運転電力・き電回路の電圧や電流を求める．

き電回路電圧が変化すると車両性能も変化するが，計算を簡単にすることと，列車ダイヤなどによる誤差が多いことから，一般にはフィードバック計算は行っていない．

5 列車計画

1. 運転時隔

輸送需要に応じて列車を設定することを列車計画という．

列車計画では，運転曲線図に書かれた速度で走行できるようにするのが基本である．このためには，先行列車と後続列車の間隔を一定に保たなければならない．この間隔を時間で表したものを運転時隔といい，運転時隔が小さいほど列車設定本数が多くなり，輸送量が増大する．

図 5-20 は運転時隔曲線の例である．運転時隔は運転速度，信号設備，停車時

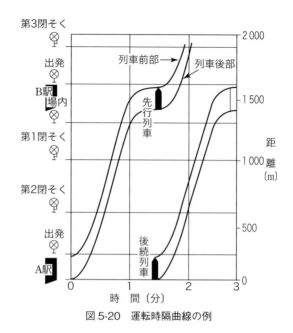

図 5-20　運転時隔曲線の例

間，列車長などにより変化する．運転時隔曲線は，列車運行図表（列車ダイヤ）作成の基本になる．

列車計画を最終的に図で表したものが，列車ダイヤである．

2. 運転速度

運転速度は，その速度で1時間に走行する距離で表している．

運転速度には，平均速度，表定速度，および最高速度がある．

① 平均速度

ある運転区間の距離を，停車時分を除いた走行時分で除した速度である．

② 表定速度

ある運転区間の距離を，停車時分を含めた運転時分で除した速度である．一般に，列車ダイヤに示される運転時分に相当する．

③ 最高速度

運転中の列車が線路の状態または車両の性能により出しうる速度の最大値をいう．

第6章 電車線路

1 電車線路方式

1. 各種集電方式

　電気車への集電システムは，地上の電車線と車上の集電装置で構成される．日本における最初の電車運転は1895年の京都電気鉄道で，集電システムは直接ちょう架式とトロリポールで，帰線はレールに並行して別に負き電線が張られていた．

　その後の一時期，架空複線式が用いられたが，1911年の電気事業法施行に伴う電気工事規程で，帰線にレールを用いることが許容された．さらに高速化や集電容量の増大に伴って，1914年に京浜線東京〜品川においてコンパウンドカテナリとパンタグラフで，1915年に京浜線品川〜桜木町においてシンプルカテナリとパンタグラフで運転され，今日の形態が構築された．

　集電機構の相違により，電車線路方式を大別すると以下のようになる．

① 一般には架空単線式が用いられ，パンタグラフ，ビューゲルなどで集電し，レールを帰線にしている．

② 架空複線式は電車線路の構造が複雑であり，電圧も高くできない．現在では，トロリバスなど，わずかに用いられる．

③ サードレール式は軌道側面に設けた導電レールから，集電靴で集電する方式である．一部の地下鉄で用いられている．

④ 剛体複線式はモノレールや新交通システムに使用される方式で，軌道桁に複数の導電レールを設け，特殊な集電装置で集電する．車両がゴムタイヤ式のため，駅停車時には接地装置で，プラットホームと車両を同一電位にしている．

　なお本稿では，一般に用いられる架空単線式について述べる．

125

2. 架空単線式電車線路

電車線路で広く用いられている方式で，多くの種類があり，線区の運転条件に応じて最適な方式を採用している．

(1) カテナリちょう架方式

最も広く用いられている方式で，線区の運転条件に応じて最適なちょう架方式を採用している．

図 6-1 に各種ちょう架方式を示す．

一般に直流電気鉄道ではシンプルカテナリ方式，またはツインシンプルカテナリ方式が用いられている．最近では，き電線とちょう架線を兼ねた，き電ちょう架式（feeder messenger）架線が用いられることが多くなっている．

交流電気鉄道では，普通鉄道（在来鉄道）ではシンプルカテナリ方式が用いられている．新幹線では，主に張力を大きくしたヘビーコンパウンドカテナリ方式が多く用いられてきたが，今日ではシンプルカテナリ方式も用いられるようになった．また，新幹線における 200 km/h を超えるような高速区間の運転に適した方式として，高張力架線方式が用いられている．

(2) 剛体ちょう架方式

図 6-2 に示すように，トンネルなどの天井にアルミニウム合金，鋼などの導体

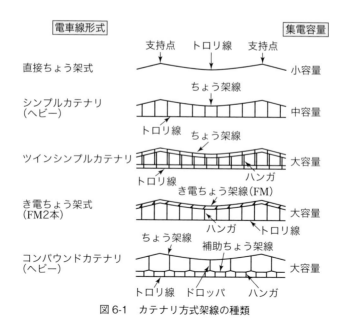

図 6-1　カテナリ方式架線の種類

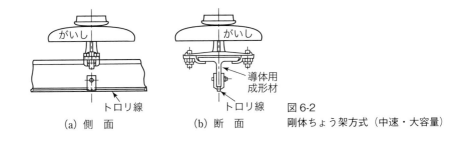
図 6-2 剛体ちょう架方式（中速・大容量）

用成形材をがいしにより支持し，その下面にトロリ線をイヤーにより支持する方式であり，支持点間隔は 7m 以下としている．剛体ちょう架方式ではトロリ線は弾性が少なく，高速では離線を生じやすく，原則として最高速度が 90 km/h 以下とされている．

反面，トロリ線断線のおそれがなく，トンネル断面も小さくできる．

剛体ちょう架方式は，カテナリちょう架方式の郊外鉄道と直通運転する地下鉄で用いられているが，普通（在来）鉄道の狭小トンネル用電車線としても用いられている．

2　カテナリ式電車線路の構成

1. 電車線路の基本構成

(1) 標準構成

架空電車線路について，直流き電方式の標準構成を図 6-3 に，交流 AT き電方式（新幹線）の標準構成を図 6-4 に示す．

電車線路は，トロリ線，ちょう架線，金具類，がいし，き電線，支持物，帰線，および各種の付属設備から構成されている．

一般に，ちょう架線とトロリ線から構成される線路を電車線，き電線や帰線を含む全体構成を電車線路と呼んでいる．

(2) 支持物

① 電　柱

電柱は電車線路に作用する風圧荷重や地震荷重に対して必要な強度を有すること，安価であること，腐食・劣化対策などの保守が容易であること，などが求められる．

電柱には木柱（直流電気鉄道のみ），コンクリート柱，鋼管柱，鉄柱などがある．

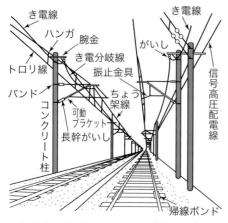
図6-3 カテナリちょう架方式電車線路の標準構成（普通〈在来〉鉄道，直流き電方式）

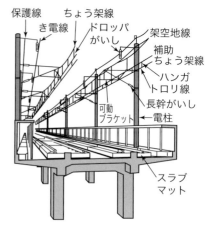
図6-4 カテナリちょう架方式電車線路の標準構成（新幹線交流ATき電方式）

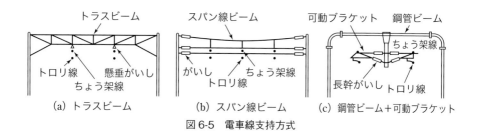
図6-5 電車線支持方式

最近では，地震荷重に強い，鋼管柱が主に用いられている．

電柱の間隔は一般に50m程度であり，曲線区間などでは短縮される．

② ビーム

電車線路の支持方式には図6-5に示すように，トラスビーム，スパン線ビーム，鋼管ビームおよび可動ビーム（可動ブラケット）がある．

ⅰ）トラスビームは，鋼材（トラス）または鋼管を用いて，門形に構成されたビームである．最近，トラスビームに代わり，鋼管ビームの採用も増えている．

ⅱ）線路両側の電柱に，1〜3段に架設された線状支持物をスパン線ビームという．路面電車に広く使用されているが，一般の鉄道では，停車場構内の側線に使用される場合がある．

iii） ブラケットは架線を支持する腕金全体を指し，可動ブラケットは電柱との接合部を中心として自由に回転し，架線の移動に追随できる構造である．最近の幹線鉄道では，可動ブラケット方式が広く採用されている．

iv） 鋼管ビームを用いて，き電線とちょう架線を兼ねたき電ちょう架線とし，配電線は線路脇のトラフに納めて支持物から電線の添架を減らした，景観に配慮した電車線が実用化されている．

▌2. 電線類

(1) き電線・ちょう架線

表 6-1 に電車線路用各種電線の使用例を示す．

直流き電回路，および交流 AT き電回路ではき電線が，交流 BT き電回路では負き電線が全線に布設される．き電線には，架空送電線用硬銅より線（PH：Power Hard），または硬アルミより線が用いられる．

一般に，シンプルおよびコンパウンドカテナリ方式のちょう架線には亜鉛めっき鋼より線が，新幹線の高速用シンプル架線や在来線のき電ちょう架式架線のちょう架線には硬銅より線が，コンパウンドカテナリ架線の補助ちょう架線には硬銅より線が用いられる．

(2) トロリ線

トロリ線（trolley wire：米，contact wire：英）は電気車の集電装置と直接接触して電気車に電力を供給する電線であり，導電率が高いこと，抗張力が大きいこと，耐熱性が良いこと，耐摩耗性が良いことなどが必要な条件である．材質は一般に硬銅が用いられるが，特に耐熱性が必要な場合には銀入り銅トロリ線が用

表 6-1　電車線路用各種電線の例

種　別	材　質	断面積〔mm²〕
き電線	硬銅より線 硬アルミより線	325, 200 510, 300, 200
負き電線	硬銅より線 硬アルミより線	125, 100 300, 200, 95
ちょう架線	亜鉛めっき鋼より線 硬銅より線	180, 135, 90 200, 150
補助ちょう架線	硬銅より線 亜鉛めっき鋼より線	150, 100 90

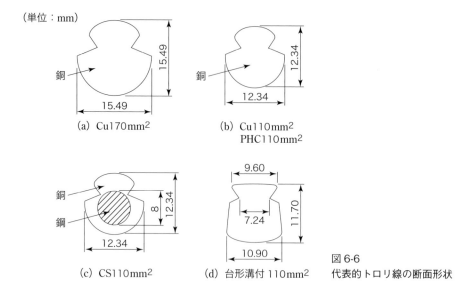

図 6-6 代表的トロリ線の断面形状

いられる．最近では，耐摩耗性に優れたすず（Sn）入り銅，析出強化銅合金（PHC：Precipitation Hardened Copper alloy）トロリ線などが開発されている．また，新幹線の高速区間用トロリ線として銅に鋼心を入れた高張力の CS トロリ線が開発されたが，その後 PHC トロリ線などに代わっている．

図 6-6 は主なトロリ線の形状であり，一般に円形溝付きトロリ線（Groove Trolley：GT）がカテナリ架線に用いられ，台形溝付きトロリ線が剛体ちょう架方式架線に用いられる．トロリ線の断面積は，例えば円形溝付きの場合，85 mm^2，110 mm^2，130 mm^2 および 170 mm^2 である．

(3) 架線の構成例

直流電気鉄道では，例えば，ちょう架線に St 90 mm^2，トロリ線に Cu 110 mm^2 が用いられる．最近はちょう架線にき電線を兼ねて PH 356 mm^2×2 条，トロリ線に GT-Sn 170 mm^2 などを用いた，き電ちょう架線が使用されている．

交流電気鉄道の普通鉄道（在来鉄道）用のヘビーシンプル，および新幹線用のヘビーコンパウンド，SNN ヘビーシンプル，整備新幹線用の PHC（CS）シンプル架線の線種は，**表 6-2** に示すとおりである[19]．

表6-2 交流電気鉄道の架線構成例

架線方式		線種[mm²]	張力[kN]	架高[mm]
ヘビーシンプル	M T	St 135 GT 110	19.6 9.8	960
ヘビーコンパウンド	M AM T	St 180 PH 150 GT 170	24.5 14.7 14.7	1 500
高張力PHC(CS)シンプル	M T	PH 150 PHC(CS)110	19.6 19.6	960
PHCヘビーシンプル	M T	PH 200 PHC 130	31.36 22.54	1 500
SNNヘビーシンプル	M T	PH 200 SNN 170	24.5 24.5	950

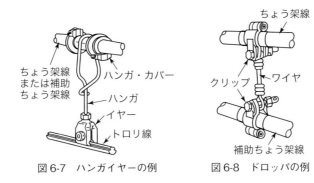

図6-7 ハンガイヤーの例　　図6-8 ドロッパの例

3. 架線金具

(1) ハンガイヤー

　トロリ線をちょう架線，または補助ちょう架線につる金具であり，ハンガ間隔は5mを標準にしている．

　図6-7にその例を示す．

　架線内の循環電流の防止などのために，ハンガ部に絶縁材を用いるか，がいしを挿入して，トロリ線とちょう架線を絶縁した絶縁ハンガを用いることがある．

(2) ドロッパ

　補助ちょう架線をちょう架線につるす金具であり，外観例を図6-8に示す．

(3) 曲線引き金具と振止金具

　曲線引き金具は曲線区間の横張力に対し，トロリ線の偏位を保持する金具であ

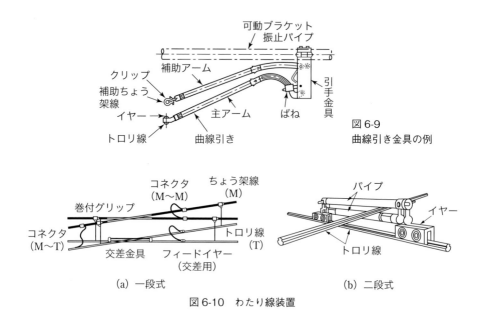

図 6-9 曲線引き金具の例

図 6-10 わたり線装置

る．パンタグラフの傾斜を考慮して，アームの形状は一般に弓形が多い．

振止金具はトロリ線の横流れに対し，その偏位を正確に保持するための金具で，トロリ線にジグザグ偏位をつける役目も兼ねている．

図 6-9 に曲線引き金具を示す．

(4) その他の金具

① フィードイヤーは，き電線からトロリ線に電力を供給する金具をいう．
② コネクタは，トロリ線相互またはちょう架線とトロリ線を電気的に接続する金具をいう．
③ ダブルイヤーは，トロリ線にトロリ線を沿わせて接続する金具をいう．

4. わたり線装置

線路の交差するポイント箇所では電車線も交差させる必要があり，図 6-10 に示すように，2組のカテナリ架線が1個の交差金具で機械的にコネクタで電気的に接続される．

交差する2条のトロリ線相互の位置関係を保つために，取り付ける金具を交差金具という．

交差金具は普通鉄道（在来鉄道）では一段式が使用され，新幹線で二段式が使

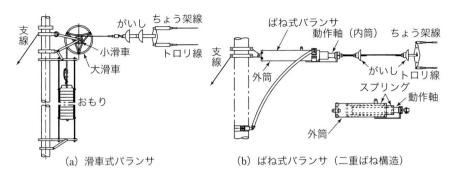

(a) 滑車式バランサ　　　　　(b) ばね式バランサ（二重ばね構造）

図 6-11　自動張力調整装置

用されている．

　また，交差式わたり線装置では，交差金具が本線通過パンタグラフに対して硬点となるため，本線トロリ線と側線トロリ線が交差しない無交差式わたり線装置が開発され，多くの新幹線で実用化されている．

5. 自動張力調整装置

　トロリ線は外気の変化や負荷電流による発熱により伸縮する．そのため，たるみが発生して集電状況が悪化し，トロリ線の摩耗を異常に促進したり，逆に高い張力になって断線に至るおそれもあるので，張力を自動的に調整する装置を用いる．

　自動張力調整装置の代表的なものに，図 6-11 に示す滑車式バランサとばね式バランサがあり，一般に，普通鉄道（在来鉄道）や新幹線などの引留区間長が原則 1 600 m（片側 800 m）のときに滑車式バランサが，長さ 600 m（片側 300 m）以下の側線および，わたり線でばね式バランサが用いられていた．

　最近では，二重ばねや三重ばね化により 800 m 区間でも用いられるようになり，新幹線や都市区間にも用いられている．

　例えば，トロリ線の張力は，普通鉄道（在来鉄道）が 9.8 kN（1 tf），新幹線が 19.6 kN（2 tf）程度であり，ちょう架線も同程度の張力としている．

　このほかに，自動張力調整装置と組み合わせたり，短区間で用いる手動張力調整装置として，ワイヤターンバックルや調整用ストラップなどがある．

6. 電車線路がいし

　電車線路は例えば標準電圧として，直流 1 500 V，交流 20 kV または交流 25 kV

の高い電圧が加圧されるため，がいしで絶縁している．

(1) 直流1 500 V 電車線路

　直流区間のがいしは，汚損および雷サージを対象にして雷インパルス耐電圧の向上を図り，懸垂がいしは180 mmを2個連化し，可動ブラケットに用いる長幹がいしは6ヒダを使用している．

(2) 交流電車線路

　交流電車線路の最高電圧は普通鉄道（在来鉄道）が22 kV，新幹線が30 kVである．

　がいし汚損の管理目標値は塩分付着量0.1 mg/cm^{2}としており，250 mm懸垂がいしの汚損耐電圧は，がいしメーカーの実験では3個連で25.8 kV，4個連で34.5 kV，5個連で43.0 kVである．

　このことから，汚損区分によって異なるが，普通鉄道（在来鉄道）で250 mm懸垂がいしが3〜4個連，新幹線が4〜5個連としている．

　可動ブラケットは，長幹がいしを用いている．

(3) ポリマがいし

　最近では，心材にガラス繊維強化プラスチック（FRP：Fiber Reinforced Plastics）を用いて，シリコーンゴムやエチレン酢酸ビニルゴム（EVA：Ethylene-Vinyl Acetate）などを外被とした軽量で汚損に強いポリマがいしが，き電線などで多く使用されるようになっている．

3　架線の布設

1. 架線の高さ・偏位・勾配

　電気車の安全な運行と良好な集電のため，例えばトロリ線の高さ，偏位および勾配に関して，「鉄道に関する技術上の基準を定める省令（および，その解釈基準）」で，基本事項が決められている．

(1) トロリ線のレール面上高さ

　① 普通鉄道（在来鉄道）では5 mを標準とし，直流では4.4 m以上，交流では4.57 m以上，踏切道で4.8 m以上，またはパンタグラフ折り畳み高さ＋0.4 m以上の高い方としている（以下省略：箇所により減じることができる）．

　② 新幹線では5 mを標準とし，4.8 m以上としている．

参考：トロリ線高さの上限は示していないが，パンタグラフの作用高さの上限

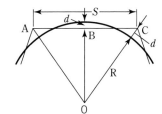

S：径間長
R：半径
d：偏位

図 6-12 曲線部のトロリ線偏位

（通常は 5 300 mm）があるので，それを考慮した高さになる．

なお，旧省令ではトロリ線の高さの上限は，普通鉄道（在来鉄道）は 5.4 m 以下，新幹線は 5.3 m 以下としていた．

(2) トロリ線の左右偏位

トロリ線のレール中心に対する片寄りを偏位といい，パンタグラフすり板が局部的に摩耗するのを防ぐために適度の左右偏位をつける必要がある．最大偏位は普通鉄道（在来鉄道）で 250 mm 以内，新幹線で 300 mm 以内としている．

曲線区間においては，トロリ線は図 6-12 のように架設され，

$$(R-d)^2 + (S/2)^2 = (R+d)^2$$

より，偏位は次式となる．

$$d = S^2/(16R) \tag{6.1}$$

(3) トロリ線の勾配

トロリ線のレール面に対する勾配は，その変更点でパンタグラフの離線が生じないように定められており，その値は以下のようである．

① 普通鉄道（在来鉄道）：50 km/h 超の区間は 5/1 000 以下，それ以外は 15/1 000 以下，側線は 20/1 000 以下

② 新幹線：本線は 3/1 000 以下，側線は 15/1 000 以下

2. ちょう架線の弛度とハンガイヤー長

一般に，架空電線の材質が一定で完全なたわみ性を有するとすれば，電線の支持点からの弛度 D [m] は次式で表される．

$$D = 9.8 w S^2/(8T) \tag{6.2}$$

ここで，w：電線の単位質量 [kg/m]，
S：支持点間距離 [m]，
T：電線の張力 [N]

である．

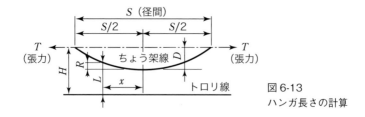

図6-13 ハンガ長さの計算

架線では，図6-13において，ちょう架線を近似的に放物線とみなし，両端の支持点高さが等しく，トロリ線を水平と考えると，ハンガイヤーの長さL〔m〕は次式で表される．

$$L = H - D + R$$
$$= H - \frac{9.8WS^2}{8T_0} + \frac{4.9Wx^2}{T_0} \quad (6.3)$$

ここで，H：架高〔m〕，R：x点における弛度〔m〕，
　　　　T_0：標準温度におけるちょう架線の張力〔N〕，
　　　　W：ちょう架線，トロリ線，およびハンガイヤーの質量を考慮した電線の単位質量〔kg/m〕

である．

4 区分装置

1. 区分装置の役割と種類

区分装置は電気的区分（セクション）と機械的区分（ジョイント）に分けられ，電気的かつ機械的に十分な強度が必要であり，区分装置の種類と使用区分は，表6-3のように表される．セクションは変電所やき電区分所の前，上下線のわたり，架線の引留め箇所などに用いられる．ジョイントは架線を数百から1500mの適切な長さに区切り，引留め箇所に用いられる．

2. エアセクションとエアジョイント

エアセクションは図6-14の在来線，および図6-15の新幹線のように構成され，架線の引留め箇所の平行部分における電線相互の離隔空間を絶縁に用いたもので，系統区分用に広く用いられる．電線間の標準離隔は普通鉄道（在来鉄道）が300mm，新幹線が500mmとしている．

表 6-3 電車線路の区分装置の種類と使用区分

区分装置	電気的区分				機械的区分
種別	エアセクション	セクションインシュレータ		デッドセクション	エアジョイント
絶縁物	空気	がいし	FRP	FRP	電気的接続
直流き電	本線区分	—	上下線・側線	交直区分	本線電車線
交流き電	本線区分 吸上変圧器	側線 同相	上下線 (異相)	異相区分	本線電車線

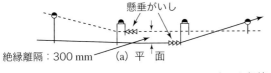

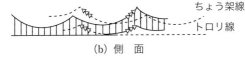

図 6-14 在来線のエアセクション

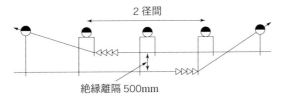

図 6-15 新幹線2径間エアセクション

エアセクションと同様の構成で,架線相互を機械的に区分し,電気的にはコネクタで接続する装置をエアジョイントと呼んでおり,架線相互の間隔は普通鉄道が 150 mm,新幹線が 300 mm としている.

3. FRP セクション

FRP を絶縁体とし,パンタグラフはその下面をしゅう動して通過する.

パンタグラフすり板が絶縁体に接触するか否かにより,接触形と非接触形があり,図 6-16 に一般に用いられる接触形の例を示す.

直流区間の駅構内や路面電車など,低速用に用いられる.

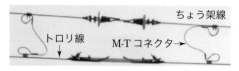

図 6-16 直流き電用 FRP セクション（接触形）

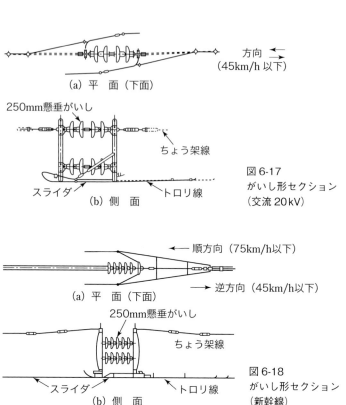

4. がいし形同相セクション

懸垂がいしを絶縁材とし，スライダをつけてパンタグラフが通過するようにしたものである．高速には適さず，交流区間の駅構内などに用いられる．

普通鉄道（在来鉄道）の交流 20 kV 用を図 6-17 に，新幹線の交流 25 kV 用を図 6-18 に示す．

許容列車速度は，普通鉄道（在来鉄道）用が 45 km/h，新幹線用が順方向 70 km/h，逆方向 45 km/h としている．

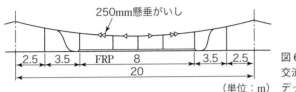

図 6-19 交流 20 kV 普通鉄道用デッドセクション
(単位：m)

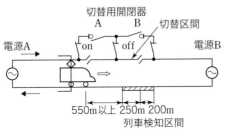 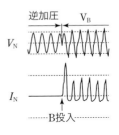

図 6-20 新幹線用異相切替方式

5. 異相セクション

交流電気鉄道では，変電所およびき電区分所前などでは異なった位相の電源が突き合わせになる．このため，異相セクションを設けて区分している．

(1) 普通鉄道（在来鉄道）

普通鉄道では，図 6-19 に示す FRP 製絶縁のデッドセクションを設けて，電気車はノッチオフで通過している．

(2) 新幹線

① 真空開閉器を用いた切替セクション

新幹線では 200 km/h 以上の高速運転のため，ノッチを入れたまま通過できるように，図 6-20 に示すように，2 組のエアセクションを設けて約 1 000～1 500 m の中間セクションを構成し，真空開閉器を用いた切替セクションにより，列車の進行方向の電源に切り替えている．切り替えは軌道回路からの列車条件と連動しており，切り替えに伴う停電時間は 300±50 ms である．

切替セクションでは車両補機からの逆加圧電圧が発生しており，開閉器 B が不連続な電圧位相で投入すると，車両主変圧器に値の大きな励磁突入電流が発生する．

② 静止形切替用開閉器

切替用開閉器は多頻度動作であり，メンテナンスに手間がかかるため，図 6-21 に示す静止形切替用開閉器の開発が進められ，2014 年から運行密度の高い

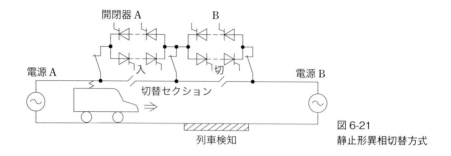

図 6-21 静止形異相切替方式

東海道新幹線などで順次実運用されている．高耐圧の電磁形サイリスタを直列接続しており，電流方式のゲートドライブで一斉に点弧している．

6. 交直セクション

　交流電化区間と直流電化区間との境界には，交直デッドセクションが設けられ，電気車はノッチオフし，走行中に電気回路を切り換えている．

　従来は乗務員が車上で切替操作を行っていたが，最新のつくばエクスプレスは地上からのトランスポンダ（信号）により自動的に切り替えている．

(1) 交流→直流

　電気車が交流回路のままで直流 1 500 V が加わった場合には，主変圧器と直列に接続されているヒューズが溶断して，主回路を遮断する．

図 6-22
交直セクション
（直流←交流）

この保護方式は単純であり，検出時間も不要であるので，セクションの絶縁部の長さは25mとしている．図6-22に交直セクションの外観を示す．

(2) 直流→交流

電気車が直流回路のままデッドセクションに冒進した場合は，架線電圧零を検出して車両の遮断器を開放して，交流区間に進入するようにしている．そこでアーク時間や遮断器開放などを考慮して，絶縁部の長さは45～60mとしている．

5　架線特性

1. トロリ線の押上がり

パンタグラフが通過するとき，トロリ線は押し上げられ，通過後は自由振動する．架線の押上げばね定数は，支持点付近は大きく，径間中央は小さいため，パンタグラフの軌跡は図6-23のようになる．

パンタグラフ軌跡の上下変動は小さいほうが集電特性は良いので，

① 架線の張力を上げて平均ばね定数を大きくする

② 高速区間では等価質量を小さくしてダンピング特性を与える

③ 径間中央を静的に支持点より下げるプレサグを採用する

などが行われる．

2. パンタグラフの離線

ある限界速度では，トロリ線の高さの変化や振動に，パンタグラフが追随できなくなり，パンタグラフが跳躍するようになる．このような現象を離線という．

また，トロリ線の急な勾配変化や，金具箇所などでの局部的な硬点，架線の張力が正常でない場合でも離線を生じる．

離線の程度は，ある一定区間の離線した距離，または時間をとって表している．

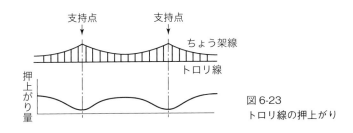

図6-23
トロリ線の押上がり

$$離線率 = \frac{一定区間の離線時間の集計}{一定区間の全走行時間} \tag{6.4}$$

　離線率は，例えば普通鉄道（在来鉄道）の直流区間では一般に3%以下に，交流区間では電流が小さく20%以下に抑えることが望ましい．新幹線では電流の大きさは直流と交流区間の間にあり，高速運転のため，交流区間と同程度になる．

　新幹線ではパンタグラフを特別高圧母線で結び，パンタグラフ数を減少して離線を軽減している（「第3章 **3** 3. (1)」参照）．

▌3. トロリ線の摩耗

(1) 摩耗の要因

　トロリ線はすり板でしゅう動されるため摩耗する．摩耗には電気的摩耗と機械的摩耗があり，相互に影響している．電気的摩耗はパンタグラフとトロリ線の不完全接触，または離線などに起因して発生するアークなどの電気的原因によって生じる．

　機械的摩耗はパンタグラフすり板とトロリ線の機械的摩耗や，衝撃により生じるもので，パンタグラフの押上げ力，すり板の材質および潤滑性の影響が大きいと考えられる．

(2) 摩耗限度

　トロリ線は安全率を考慮して，摩耗限度を管理している．トロリ線の安全率は，硬銅または銅合金トロリ線で2.2，それ以外は2.5としている．硬銅または銅合金トロリ線の摩耗限度を**表6-4**に示す．

(3) 波状摩耗

　トロリ線に規則的な間隔の波状に摩耗する現象が現れることがある．在来線直流き電区間の場合は電車の力行区間で発生しており，パンタグラフの高圧母線の

表6-4　トロリ線の摩耗限度の例

種　　別〔mm²〕	新幹線		普通(在来)鉄道	
	張力〔kN〕	摩耗限度〔mm〕	張力〔kN〕	摩耗限度〔mm〕
GT 110	14.7	10	9.8	7.5
GT 170	19.6	11.5	14.7	10
PHC 110	19.6	9.0	—	

引通しなどが行われる．新幹線の高速区間では約20cmのすり板間隔の摩耗であり，横巻トロリ線の使用，幅広すり板（40mm）の使用，2点接触の解消として1本舟体の導入が行われている．

4. トロリ線の温度上昇

電線の許容温度は，トロリ線が90℃，そのほかの裸電線が100℃としている．

トロリ線の温度上昇には，負荷電流と抵抗損による温度上昇と，トロリ線・すり板の接触抵抗と停車中の補機電流による温度上昇がある．

トロリ線の負荷電流による温度上昇 θ は，単位長さ（1cm）当たり，次式で表される．

$$Q_c \mathrm{d}t + I_T^2 r \mathrm{d}t = C_T \mathrm{d}\theta + A\theta \mathrm{d}t \tag{6.5}$$

ここで，Q_c：日射量（W/cm^2），I_T：トロリ線電流（A），r：トロリ線抵抗（Ω/cm），C_T：熱容量（J/K），A：熱放散係数（J/K）である．

式を解くと，I_{T0}，θ_0 を t_0(s)前の値として，温度上昇 θ は次式のように求められる．

$$\theta = \left(\theta_0 - \frac{I_{T0}^2 \cdot r + Q_c}{A}\right) \cdot \exp\left(\frac{-A \cdot t_0}{C_T}\right) + \frac{I_{T0}^2 \cdot r + Q_c}{A} \tag{6.6}$$

電気鉄道は変動負荷であり，列車風による冷却効果があることが一般の送電線の温度上昇と異なる点である．

5. 高速化と波動伝搬速度

新幹線の高速化により，パンタグラフが追随できない離線のほかに，列車速度が架線の横波の波動伝搬速度に近づくことによるトロリ線の押上げ量と離線の増加が顕著になってきた．

架線を張力 T〔N〕，単位長さ当たりの質量が ρ〔kg/m〕のほぼ水平な弦と仮定し，一定の大きさの集中荷重が弦に沿って一定速度で移動するとして，波動方程式を解く．波動伝搬速度 C〔m/s〕を，

$$C = \sqrt{T/\rho} \tag{6.7}$$

とし，トロリ線の鉛直方向の変位を求めると，集中荷重の速度が増し，波動伝搬速度に近づくと，弦が押上げ点で折れ曲がる現象が生じる．これが，電気車走行速度の限界と考えられる．

実際には走行速度とトロリ線の波動伝搬速度の比（無次元化速度）と離線率の

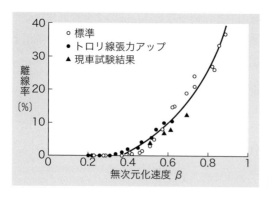

図 6-24 離線率の無次元化速度特性

表 6-5 トロリ線の波動伝搬速度の例[19]

トロリ線種別〔mm²〕	張力〔kN〕	線密度〔kg/m〕	波動伝搬速度〔km/h〕
GT 110	9.8	0.98	360
GT 170	14.7	1.51	355
GT-Sn-W 170	19.6	1.51	410
CS 110	19.6	0.94	522
PHC 110	19.6	0.98	509
PHC 130	22.54	1.14	507
SNN 170	24.5	—	459

関係は図 6-24 のようになり，走行速度は波動伝搬速度の 70％以下が望ましいとされている．

代表的なトロリ線の波動伝搬速度を表 6-5 に示す．

第7章 車両への電力供給

1 直流き電回路

1. 直流き電回路の構成

　直流き電回路は，図 7-1 に示すように，変電所で三相電力系統から受電し，変成器で適正な電圧に変換された直流電力を電気車へ供給する回路である．

　直流き電回路の変電所では高速度遮断器が用いられ，電気車へのき電や，事故時または作業時のき電停止やき電区分を行っている．電車線路では電圧降下や電流容量に対応したき電線が設けられ，隣接する変電所と結ばれて，通常は並列き電になっている．き電線は約 250 m ごとにトロリ線に接続されている．

　複線区間で変電所間隔が長い場合は，電圧降下救済のため，き電区分所やき電タイポストを設けて，上下線を結ぶ場合がある．

　最近は，景観を考慮して，鋼管ビームおよびき電線とちょう架線を兼ねた，き電ちょう架式架線が用いられることが多い（図 7-2）．

　変電所間隔は線路条件，電気車出力，運転条件，電源事情などによって異なり，例えば 1 500 V 方式の場合は，都市圏の幹線で 5 km 程度，亜幹線で 10 km

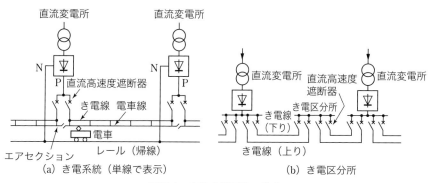

図 7-1　直流き電回路の構成

図7-2 景観を考慮した
き電ちょう架式架線

程度である.

2. 変電所前のエアセクション通過現象

　変電所前のエアセクションは，電車がエアセクションに停車してパンタグラフで短絡しても，電位差が小さければアークの発生はない．しかし，変電所が線路から離れていたり，エアセクションが変電所前に偏在することがあり，電車がパンタで短絡し，これに他の電車の負荷電流が加わると，トロリ線がジュール熱やアークなどにより溶断することがある．

　そこで，エアセクションの溶断を回避するため，一般に変電所前のセクション区間では電車が停車しないようにするとともに，万一停車しても溶断を防止する対策を行っている．図7-3はエアセクション箇所で停車してはならない区間を示すゾーン表示板であり，運転士に停止しないように知らせている．

図7-3 エアセクションを示す
ゾーン表示板

3. 線路定数と電圧降下

(1) 電車線路電圧

　電車線路の電圧は，「鉄道に関する技術上の基準を定める省令」第41条第5項，および省令の解説で，電車線路の標準（公称）電圧および許容電圧範囲を**表7-1**のように定めている．また，JR各社における許容電圧範囲については，旧国

表 7-1　電車線路の標準電圧と許容電圧範囲

種　別	標準〔V〕	最高〔V〕	最低〔V〕
省令の解説	1 500 750 600	1 800 900 720	1 000 500 400
旧国鉄	1 500	き電 1 650 回生 1 800	幹線 1 100 亜幹線 900

鉄で定められた値に基づいて独自に設定しているものが多い.

(2) 線路定数

　レールの抵抗率は銅の 11～13 倍程度であり，レール 1 条の電気抵抗は，レールの 1 m 当たりの質量を W〔kg〕とすると，

$$R = 1.47/W \ \text{〔Ω/km〕} \tag{7.1}$$

程度で表される.

　代表的なレールについて，直流抵抗と，レール 2 本で継目のレールボンド（CV1-110×2 条，25 m 間隔）を考慮した抵抗を表 7-2 に示す.

　直流き電回路の代表的な線路定数を表 7-3 に示す.　レールは 50 N・kg（き電ちょう架は 60 kg）とし，レールの大地漏れ電流は線路によって異なるが，一般に小さいため，漏れないとして計算したものである.

(3) 電圧降下[12]

　直流き電回路の電圧降下は，回路の抵抗分によって決まる.

　① 片送りき電

　図 7-4 の片送りき電について，任意の K 点における電圧降下の計算式は次式

表 7-2　レールの直流抵抗

種類〔kg〕	1 本の抵抗 〔Ω/km〕	2 本の並列 〔Ω/km〕
40N	0.0377	0.0201
50N	0.0316	0.0170
60	0.0271	0.0148

表 7-3　直流き電回路の線路定数

架線方式	架線構成〔mm²〕	抵抗値〔Ω/km〕
シンプル カテナリ	T：GT110 F：AL510×2	0.0409
コンパウンド カテナリ	T：GT170 AM：PH100 F：PH325×2	0.0366
ツインシンプル カテナリ	T：GT110×2 F：PH325×2	0.0377
き電ちょう架	T：GT170 F：PH356×2	0.0356

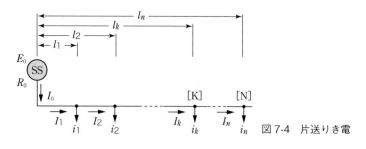

図7-4　片送りき電

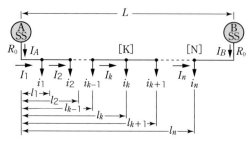

図7-5　並列き電

で表される.

$$\Delta V_k = R_0 I_0 + R\left[\sum_{j=1}^{k} i_j l_j + l_k \sum_{j=k+1}^{n} i_j\right] (V) \tag{7.2}$$

ここで，R：き電回路抵抗〔Ω/km〕,

　　　　R_0：変電所内部抵抗（0.03～0.06Ω）,

　　　　I_0：全負荷電流〔A〕

なお，$R_0 = \dfrac{\varepsilon \times E_0{}^2}{100 \times P}$ 〔Ω〕

　　　　ε：電圧変動率〔%〕, E_0：定格直流電圧〔kV〕, P：整流器容量〔MW〕

である.

② 並列き電

　図7-5の並列き電について，任意のK点における電圧降下の計算式は，変電所間隔をLとすれば，次式で表される.

$$\Delta V_k = R_0 I_A + R\left[\sum_{j=1}^{k-1} i_j l_j + I_k l_k\right] (V) \tag{7.3}$$

$$I_A = \sum_{j=1}^{k-1} i_j + I_k \text{〔A〕} \tag{7.4}$$

148

$$I_k = \left\{ (R_0 + RL) \sum_{j=k}^{n} i_j - R_0 \sum_{j=1}^{k-1} i_j - R \sum_{j=1}^{n} i_j l_j \right\} \times \frac{1}{2R_0 + RL} \ \text{〔A〕} \tag{7.5}$$

(4) 電圧降下対策

① 変電所の増強

変電所を設置して変電所間隔を短くし，電圧降下を低減する方法が一般的である．簡易な方式として，6.6 kV 高圧電源から受電し，最低電圧を確保する変電所補完装置がある．

変電所の送り出し電圧の変動を抑制する方法として，サイリスタ整流器や，1 500 V のシリコン整流器に 200 V のサイリスタ整流器を組み合わせた直流き電電圧補償装置（DCVR：DC substation Voltage Regulator）などがある．

② き電抵抗の低減

上下線をき電回路の中間で接続するき電区分所やタイポストの設置，き電線を太くしたり条数を増すことにより，き電抵抗を軽減する方式である．

③ エネルギーの貯蔵

軽負荷時にエネルギーを貯蔵して，負荷の多いときに放出する電力貯蔵装置として，フライホイールと電動発電機を組み合わせて電気エネルギーを機械エネルギーに変換するフライホイールポストが 1988 年に京浜急行電鉄で実用化されている．その後，老朽化に伴い 2023 年 5 月に運用を停止している．

また，エネルギー密度および出力密度が高く急速充電に適したリチウムイオン電池やニッケル水素電池などの二次電池や，繰返し充放電に適した電気二重層キャパシタにより，電圧降下補償や回生電力吸収を目的とした充放電設備（電力貯蔵装置）が変電所などに導入されている[20]．

図 7-6 はリチウムイオン電池の充放電の原理，図 7-7 は同蓄電池を使用した電力貯蔵装置の基本構成である．なお，ニッケル水素電池は，変換装置は用いず，き電線に直接接続しているが，発熱のため冷却を必要とする．

2 直流き電用変電所

1. 変電所の構成

直流変電所は，図 7-8 に示すように，受電設備，変成設備，高速度遮断器などから構成されている．JR の場合は，整流器用変圧器で交流 1 200 V に降圧し，シリコンダイオード整流器により標準電圧 1 500 V の直流に変換している．

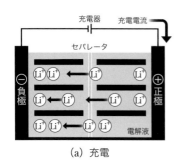 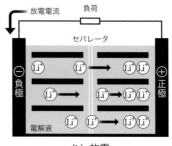

正極：$LiC_oO_2 \rightleftarrows Li_{1-x}\ C_oO_2 + xLi^+ + xe^-$

負極：$xLi^+ + xe^- + 6C \rightleftarrows Li_xC_6$

図7-6 リチウムイオン電池の充放電の原理

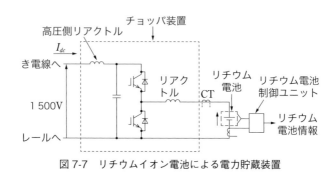

図7-7 リチウムイオン電池による電力貯蔵装置

受電側の故障保護は鉄道事業者により異なるが，高速度過電流継電器（50R），過電流継電器（51R），地絡過電流継電器（51GR），および不足電圧継電器（27R）などが用いられる．

整流器の内部故障に対しては，温度（26），圧力（63），直流逆流継電器（32）などで検出している．

2. 直流変成設備

(1) シリコンダイオード整流器の結線

交流から直流に変換する装置は，当初は回転変流機や水銀整流器が用いられてきたが，半導体技術の進歩に伴い，シリコンダイオード整流器（以下：シリコン整流器）が使用されるようになっている．

当初は三相全波整流器である6パルス方式が採用されていたが，1994年に当

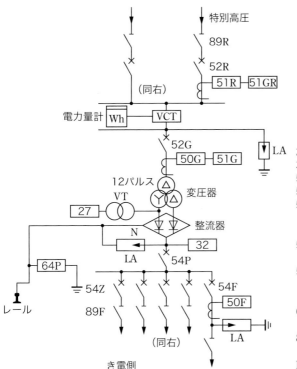

図 7-8　直流変電所結線例

時の通産省資源エネルギー庁から特定需要家への「高調波抑制対策ガイドライン」の通達により，契約電力当たりの流出高調波電流上限値が示されるとともに，これを超える場合は対策を講じることが必要になった．そこで高調波低減のため，30°位相差の6パルス方式を組み合わせた12パルス方式が用いられるようになっている．

　図 7-9 は12パルス（12相）シリコン整流器の結線である．結線別の交流側の電流波形は図 7-10 に示すようであり，6パルス変換器では第5調波，第7調波，第11調波…が発生するが，12パルス変換器では理論的には第5調波および第7調波は打ち消しあって発生せず，第11調波，第13調波…となり，高調波は低減する．

　鉄道の自営電源系では，整流器負荷が多いことから，第11調波，第13調波の低減を目的に，12パルス変換器の位相差を15°とした組み合わせ24パルスの採用が進められている．

151

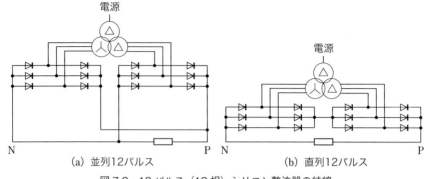

(a) 並列12パルス   (b) 直列12パルス

図7-9　12パルス（12相）シリコン整流器の結線

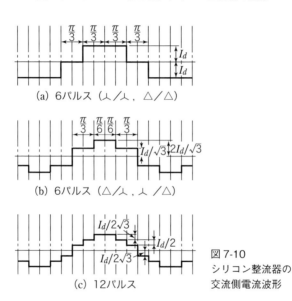

(a) 6パルス（Ｙ／Ｙ，△／△）

(b) 6パルス（△／Ｙ，Ｙ／△）

(c) 12パルス

図7-10
シリコン整流器の
交流側電流波形

　一方，東南アジアなどの海外では，都市交通に組み合わせ24パルス方式が数多く採用されている．

　また，直流側には整流リプルが発生するので，通信誘導対策として直流側にフィルタを設けてきたが，12パルスや24パルス整流器の採用でフィルタ構成を変えたり，省略されることもある．直流リアクトルについては，短絡電流の突進率を抑制する目的で残される場合がある．

(2) シリコン整流器の定格と素子構成

　シリコン整流器は負荷電流や短絡電流に対して十分な耐量を持つこととし，電気鉄道特有の変動負荷に対して，**表7-4**の定格を定めている．

シリコン整流器は素子を直並列に接続しており，直列数は開閉サージなどの過電圧で，並列数は最大負荷電流によって決定される．

整流器の冷却は，強制風冷から始まり，沸騰冷却やヒートパイプ式があるが，最近は地球環境に配慮して純水が使用されるようになり，多くの事業者で採用されている．また，4 000 kW以下の容量では，海外で主流の気中自冷式のシリコン整流器も使用されている．

図7-11は純水沸騰冷却式整流器の外観であり，常温で沸騰するように負圧にしている．図7-12は純水ヒートパイプ冷却の原理，図7-13はヒートパイプ式12パルスシリコン整流器の外観である．

表7-4　シリコン整流器の定格

定格	負荷条件
クラスD （D種）	定格電流で連続使用，その後150％で2時間，さらに300％で1分間
クラスE （E種）	定格電流で連続使用，その後120％で2時間，さらに300％で1分間
クラスS （S種）	クラスD，クラスE以外の特殊定格

（JEC-2410-2010 半導体電力変換装置ではクラスで表示）

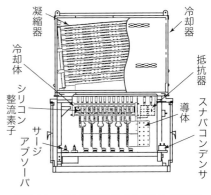

図7-11　純水沸騰冷却式シリコン整流器

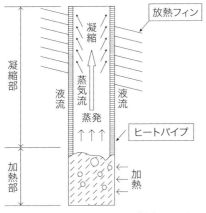

図7-12　純水ヒートパイプ冷却の原理

図7-13　ヒートパイプ冷却式シリコン整流器

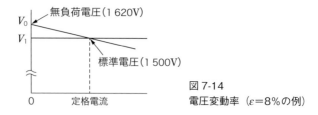

図 7-14 電圧変動率（ε＝8％の例）

(3) 電圧変動率

シリコン整流器の出力電圧の変動率 ε は，無負荷電圧 V_0 と，定格電流が流れたときの標準電圧 V_1 の割合で表し（**図 7-14**），次式となる．

$$\varepsilon = \frac{V_0 - V_1}{V_1} \times 100 \; [\%] \tag{7.6}$$

JR では 8％ が主で民鉄では 6％ 程度としているが，電圧降下対策や回生電力の有効利用の観点から，電圧変動率を見直すケースも出てきている．

3. 故障現象と直流高速度遮断器

(1) 直流き電回路の故障現象

直流き電回路は回路抵抗が小さいため，短絡故障による事故電流が大きく，回路のインダクタンスによる過渡現象中の電流が小さいうちに回路を遮断する必要がある．このため，ΔI 形故障選択継電器で故障を検出するとともに，直流高速度遮断器の自己遮断機能に電流増加率による選択特性を持たせているものもある．

図 7-15 は故障電流と遮断波形の例である．

き電電圧を E，き電回路の抵抗を R，インダクタンスを L とすると，

$$E = Ri + L(di/dt) \tag{7.7}$$

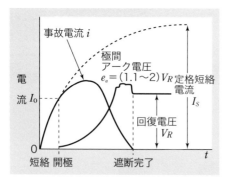

図 7-15 故障電流と遮断波形例

より，t秒後の電流iは次式で表される．

$$i = \frac{E}{R}\left\{1 - \exp\left[-\frac{R}{L}t\right]\right\} \text{〔A〕} \tag{7.8}$$

短絡した直後の電流曲線の傾きを最大電流増加率（突進率）といい，次式で表される．

$$\frac{\mathrm{d}i}{\mathrm{d}t} = \frac{E}{L} \text{〔A/s〕} \tag{7.9}$$

また，遮断しない場合に予想される最大電流を定格短絡電流（JEC 7152-1991では推定短絡電流）といい，次式で表される．

$$I_S = E/R \text{〔A〕} \tag{7.10}$$

(2) 直流高速度遮断器の規格

① 従来，国内の直流高速度遮断器の規格は，JEC 7152 および JEC 7153 に規定されていたが，2010 年に鉄道システムの国際化に対応する必要性から，2006 年に発効された IEC 61992-1 をもとにするとともに，従来の JEC 規格を包含した形で JIS E 2501-1 通則，JIS E 2501-2 直流遮断器が制定された．

JIS E 2501-2 の特性による種類として，交流遮断器と同様に開極時間および遮断時間の限度を示した H_1 と，カットオフ電流（遮断時の電流ピーク値）の限度を規定した H_2 がある．

H_1 は IEC に基づいたもので，H_2 が旧 JEC に基づいたものとなっている．

② 故障電流遮断の限度は遮断器の性能上，JIS E 2501-2010（IEC 61992 に準拠）で，定格短絡遮断容量（JEC 7192（1991）：定格遮断容量）に対する遮断性能について，**表 7-5** のように定められている．定格短絡遮断容量 50 kA の遮断器が一般的に使用されている．

定格短絡遮断容量は定格電圧および規定の回路条件（定格短絡電流，突進率）のもとに，規定の標準動作責務と動作状態に従って遮断しうる遮断容量の限度を

表 7-5　直流高速度遮断器の遮断性能（JIS E 2501-2010, IEC 61992 準拠）

定格短絡遮断容量〔kA〕	定格短絡電流〔kA〕	突進率（×10⁶A/s）	定格カットオフ電流〔kA〕	最大アーク電圧〔kV〕
20	20	1.5	15	4
50	50	3	25	4
75	75	10	50	4
100	100	10	55	4

いい，定格短絡電流（推定短絡電流最大値）をもって表している．また，規格では短絡電流の最大値は，整流器グループの定格電流と整流器用変圧器の％Xを考慮して次式で示されている．

$$短絡電流最大値 = \frac{定格電流}{変圧器の％X} \times \frac{2}{\sqrt{3}} \times 100 \, [A] \qquad (7.11)$$

例えば，1 500 V・6 000 kW・直流電圧変動率8%の整流器グループの場合は，定格電流4 000 A，％X＝12.5%程度であり，短絡電流最大値は約36 900 A になる．

(3) 高速度気中遮断器

高速度気中遮断器（HSCB：DC High Speed air Circuit Breaker）は接触子を投入する位置に保持する方式により，電磁石による電気保持式と永久磁石保持式や，ラッチによる機械式がある．電気保持式の構造を図7-16に示す．

開極時に発生したアークは，吹消コイルの磁力により消弧室内へ押し出され，アーク長の延伸と冷却効果により，アーク電圧が上昇して電流は遮断される．故障遮断が完了するまでの時間は電流の突進率や準拠規格により異なるが，概ね20 ms 程度である．

電気保持式高速度気中遮断器は，引外しコイルと並列に誘導分路があり，急激な電流増加に対しては，引外しコイルに流れる電流を大きくして設定した目盛値よりも早く遮断している（選択特性）．

(4) 高速度真空遮断器

高速度真空遮断器（HSVCB：DC High Speed Vacuum Circuit Breaker）は，直

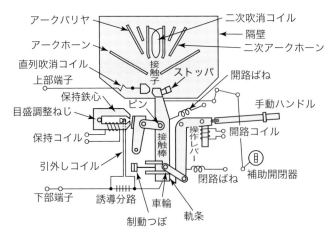

図7-16
高速度気中遮断器
（電気保持式）の構造

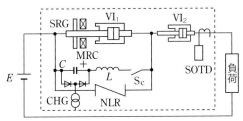

SRG　：ショートリング
SOTD　：静止形過電流引外し装置
MRC　：磁気反発コイル
VI$_1$,VI$_2$　：真空バルブ
NLR　：非直線抵抗
CHG　：充電器

図 7-17
高速度真空遮断器の構成
（回路分離用 VI$_2$ あり）

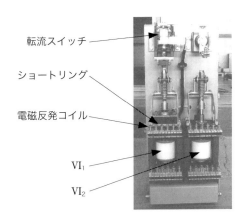

図 7-18
高速度真空遮断器の遮断機構
（VI$_1$：遮断部，VI$_2$：回路分離用）

流主回路に2つの真空バルブを用いており，**図 7-17** のような構成である．

　直流回路の異常電流を高速度で検知し，遮断用真空バルブ VI$_1$ を開状態にして転流コンデンサから 1～2 kHz の高周波の逆電流を流して電流零点で消弧し，主電流を転流コンデンサ回路に転流させ，酸化亜鉛非直線抵抗 NLR の限流作用により電流を遮断する．次いで直列の回路分離用 VI$_2$ を開放する．**図 7-18** に高速度真空遮断器の遮断部を示す．

　高速度真空遮断器の特徴は，低騒音，短時間遮断，小限流値である．

4. 直流き電回路の保護

(1) 保護システム

　き電回路で短絡や地絡事故が発生した場合には，遮断器によって速やかに故障

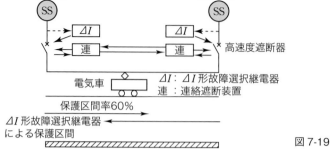

図 7-19
直流き電回路の保護方式

電流を遮断する必要がある.

当初の直流電気鉄道は，き電回路の故障保護を遮断器の自己遮断機能と選択特性だけで行っていたが，電気車の増加とともに事故電流と負荷電流の区別が難しくなり，1940年代後半から保護システムの研究が本格化し，ΔI形故障選択継電器や連絡遮断装置が開発された.

図 7-19 は一般的な保護方式の構成であり，事故時に連絡遮断装置で変電所相互を遮断するため，変電所の保護検出範囲は両変電所の中間点付近まででよい．変電所の保護範囲は電気車の遮断器までとしている．

また，短時間で回復する故障が多いため，10〜45秒後に電力指令の電力管理システムや変電所配電盤の連動により自動再閉路を行っている．並列き電の場合は，対向する変電所はさらに5秒遅れてき電する．

(2) ΔI 形故障選択継電器

ΔI 形故障選択継電器（50F）は，電気車の起動電流あるいはノッチ刻みによる電流変化に比べて，故障電流による電流変化が大きいことを利用して，電気車電流と故障電流を判別するものである．変電所前のセクションをパンタグラフが通過するときの電流変化や，回生車による負の電流変化で不要動作しないようにしている．

故障電流で動作し，負荷電流変化では動作しない電流値を整定値という．整定値の目安は，1列車最大電流の1/2程度にしており，負荷により異なるが，2 000〜2 500 A程度である．保護継電器はデジタル化されており，自己診断機能も有している．

① 電流検出の方式

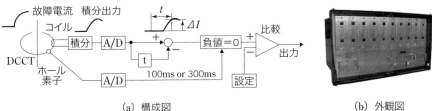

(a) 構成図　　　　　　　　　　(b) 外観図

図 7-20　電流方向判別形 ΔI 継電器

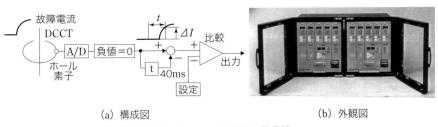

(a) 構成図　　　　　　　　　　(b) 外観図

図 7-21　ウインド形 ΔI 継電器

電流検出は DCCT（DC Current Transformer）を用いて行い，
 ⅰ）コイルと積分回路を組み合わせて出力し，さらに回生電流による負電流を0とみなす目的で，補助的にホール素子を使用する方式（**図 7-20** 電流方向判別形）
 ⅱ）ホール素子を用いて負電流を0とみなす方式（**図 7-21** ウインド形）がある．

② ΔI の検出

ΔI の検出は，上記のいずれの電流検出方式においても，正領域におけるき電電流の一定時間枠での増加量を ΔI とし，その値が設定値を超えた場合に故障と判別する．一定時間枠は，
 ⅰ）コイルと積分回路の組み合わせによる方式においては，線路定数を考慮して架空線区間で 100 ms，サードレール区間で 300 ms であり，
 ⅱ）ホール素子を用いた方式では 40 ms である．

(3) 変電所構内の地絡故障

① 64P

変電所構内で直流の地絡故障が発生したときに，変電所接地極の負極（帰線）に対する電圧上昇がある値以上になった場合に，直流接地故障と判断するのが，

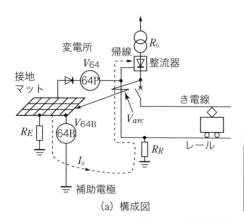

(a) 構成図　　(b) 外観図

構内構外判別

リレー	V_{64}	V_{64B}	種別
電圧	あり	あり	構内
	あり	なし	構外
	なし	なし	構外

図7-22　変電所構内地絡保護（64P）

地絡過電圧継電器（64P）である．

図7-22は変電所地絡故障と，地絡過電圧継電器の構成である．(b)は64Pの電極に加わる電圧を電源として用いる方式である．変電所構外のき電回路で故障が発生したときに基準電極であるレール電位が変動する場合があるので，最近では，電位傾度の影響しない箇所（例えば地中5m程度）に補助電極を設けた構内・構外判断機能付き継電器（64PB）が開発されている．

② 64GP

レールの漏れ抵抗が大きい線区の沿線において地絡事故が発生した場合，隣接する複数の変電所で64Pが共倒れ動作することがある．これを防ぐために，変電所の接地網とレール間に放電ギャップと微小抵抗を挿入した64GPが開発・実用化されている（図7-23）．

③ ゴムタイヤ式システムの変電所地絡故障（64D）

モノレールや新交通システムなどゴムタイヤシステムでは，帰線回路ががいしで絶縁されているため，通常の64Pでは複数の変電所において64Pが動作することが考えられる．

このため，64Pに並列に低抵抗を接続して電位を抑制し，電流動作形として地絡検出を行う方式（64D．図7-24）が用いられている．

④ 高圧機器盤の地絡故障検出（フレームリーケージ保護）

図7-25はフレームリーケージ保護の構成であり，整流器盤，直流き電盤（直流高速度遮断器盤）などの高圧機器が入っている筐体を絶縁床で浮かして，電線

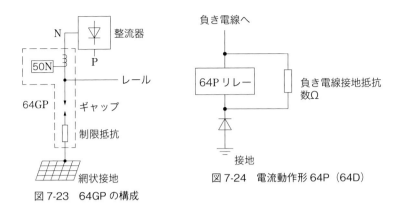

図 7-23　64GP の構成　　　図 7-24　電流動作形 64P（64D）

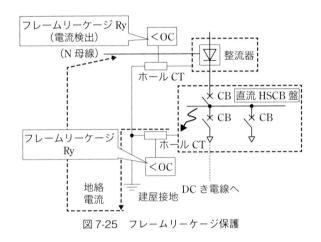

図 7-25　フレームリーケージ保護

でホール CT を経て建屋接地に接続している．継電器で地絡電流を検出して遮断器を開放している．海外で広く使用されており，日本でも一部に使用されている．

配電盤の床は，盤面から 1m 程度絶縁している．

(4) ギャップによる高抵抗地絡保護

き電線や電車線が支持物に接触したような高抵抗地絡故障（0.5Ω 程度以上）の場合，故障電流が小さく，負荷電流との判別が困難で，故障検出ができないことがある．この対策として，電柱バンドに約 1km ごとに連接線を張り，中間点でレールのインピーダンスボンド中性点との間に数百 V で放電する装置を接続している．

(5) 故障点標定装置

き電回路故障時に故障点を早急に発見することは，ダウンタイムの短縮に重要

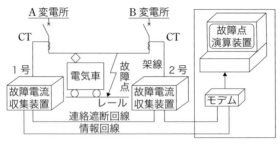

図 7-26　直流ロケータの基本構成

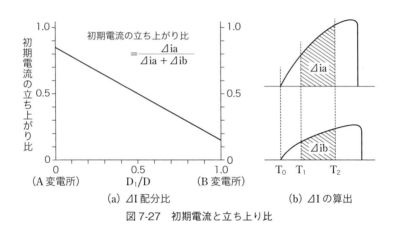

(a) ΔI 配分比　　　　(b) ΔI の算出

図 7-27　初期電流と立ち上り比

な要件である．直流き電回路は一般に変電所が並列であり，**図 7-26** に示すように，故障点の両側の変電所の故障電流情報を変電所情報計測収集装置から得て，故障点を演算している．

き電回路故障時の故障点のアーク電圧や故障点抵抗の影響を受けにくいインダクタンスを利用して，故障点を算出している．

① ΔI 配分比方式

初期電流の立ち上がりの比が，線路インダクタンス（L_1, L_2）に反比例することを利用して，距離を求める（**図 7-27**）．波形変化の影響を受けないように，微小時間の面積を求めている．

② インダクタンス配分比

初期電流の立ち上がりと，変電所の電圧から演算されたインダクタンスの比が，線路インダクタンスに比例することを利用している．インダクタンス比は，ΔI 配分比とは逆の関係になり，距離に対して右上がりになる．

表7-6　回生車に対応した直流き電システム

サイリスタ整流器	サイリスタインバータ	PWM整流器	サイリスタチョッパ抵抗
電源　変圧器　シリコン整流器 750V (−)　サイリスタ整流器 750V (+)	電源　変圧器　整流器　インバータ　6.6kV 高配負荷　き電回路	電源　力行 回生　高配負荷　PWM変換器　き電回路	整流器　トロリ線　変圧器　電源　GTOチョッパ　抵抗器　レール　回生電力吸収装置

③ パターンマッチング方式

　片送りき電方式，または並列き電区間の再閉路時の故障点標定方式である．故障点距離に関するパラメータをセットしておき，その組み合わせに関するシミュレーション波形と実際に計測した波形を比較して，近似している波形から距離を求める．

5. 回生車に対応した最新技術

　最近の電車は，停止時の機械エネルギーを電気エネルギーに変換して，ほかの電気車で消費して省エネルギー化を図っている．

　直流変電所では，さらに回生電力の失効対策や有効利用を図るために，**表7-6**に示すようにサイリスタ整流器で電圧一定制御を行って力行車へ電力を届きやすくしたり，サイリスタインバータで回生電力を交流に変換して駅で使用したりしている．また，PWM（Pulse Width Modulation）整流器は一組で整流と逆変換を行うことができる．

　サイリスタチョッパ抵抗は回生エネルギーを抵抗で消費する方式で，回生失効を防止できるが回生電力の有効利用はできない．

　回生電力の蓄積による省エネルギーや電圧降下対策として，電力貯蔵が注目されている（「第7章 **1** 3.（4）」参照）．

3　電食と電気防食

1. 直流電気鉄道による電食

　レールはまくらぎによって支持されており，漏れコンダクタンスを通して大地に結合し，負荷電流が流れるとレールに電位が発生するとともに，大地に漏れ電

流が流れる．

(1) レール電位

図 7-28 は片送りき電，図 7-29 は並列き電におけるレール電位分布のイメージである．

片送りき電では，負荷点のレールには正の電位が発生し，変電所点のレールには，負荷点と同値で負の電位が発生する．δ をレールの特性抵抗，α_R を減衰定数，l を変電所からの距離とすると次式になる．

$$V_Q = \frac{I\delta}{2}[1-\exp(-\alpha_R l)] \tag{7.12}$$

並列き電では，負荷点電位は片送りき電と同様であるが，変電所点のレール電位は両側の変電所からき電するため，値が約 1/2 で負の電位が発生する．

(2) 電　食

直流電気鉄道に近接してケーブル，水道管などの地中埋設金属体があると，図 7-30 に示すように，レールから流出した漏れ電流は，大地より抵抗の低い金属を通り，変電所付近で流出してレールに戻る．

金属体は地下水が電解質となり，陽極部にあたる電流の流出部分は腐食する．このような現象を電食といい，電食量 M はファラデーの法則に従い，次式の関係がある．

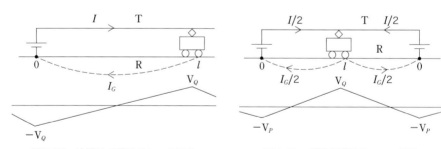

図 7-28　片送りき電時のレール電位　　図 7-29　並列き電時のレール電位

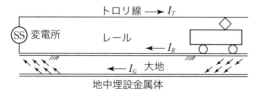

図 7-30
地中埋設金属体を
流れる漏れ電流

$$M = Zit \, [\text{g}] \tag{7.13}$$

ここで，Z：金属の電気化学当量（原子量/原子価）[g/C]，

i：通電電流 [A]，

t：通電時間 [s]

である．

例えば，鉄の場合は，$Z = 0.2894\,\text{mg/C}$ であり，1 Ah 当たりの電解量は 1.042 g である．

図 7-31 は電食の発生を示すメカニズムであり，電解液（水）中に電極を挿入して，直流電流を流した実験結果である．電流が流出する A（陽極）は著しい腐食（電食）が発生している．電流が流入する C（陰極）は，もとのまま（電気防食）である．一方，電源に接続していない B 電極は全体的にさびが発生（自然腐食）している．

日本では，「電気設備技術基準」第 54 条およびその「解釈」第 209 条（2011年）で，電食に関して規定している．

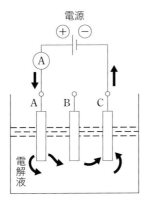

(a) 直流の通電回路

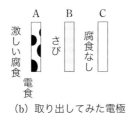

(b) 取り出してみた電極

図 7-31　直流電流による電食の発生

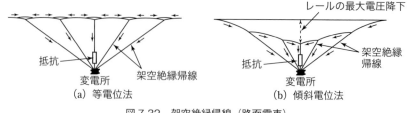

図 7-32　架空絶縁帰線（路面電車）

2. 電気鉄道の電食対策

電気鉄道側の電食対策としては，レールから大地への漏れ電流を小さくすることである．

このため，道床の排水を良くし，コンクリート道床を使用する，重軌条化やロングレール化により帰線抵抗を小さくする，変電所を増加して漏れ電流を減少するなどが行われる．

路面電車では，図 7-32 のように，架空絶縁帰線を設けて漏れ電流を少なくすることがある．

3. 埋設金属体の防食対策

直流電気鉄道との接近を避ける，埋設金属を絶縁物で覆う，金属管の接続部を絶縁する，金属体の外側に遮へい導体を置く，などの対策が行われている．

また，次のように，電流を電解液中から金属体に向かって流し，電食を防止することを電気防食という．

(1) 流電陽極法

自然腐食の防止を主目的とし，図 7-33 に示すように，陽極として地中埋設金属体より電位の低いマグネシウムなどの金属を地中に埋設し，両金属間の電位差を利用して，電食防止のための電流を供給する．

(2) 外部電源法

図 7-34 に示すように，直流電源を用いて，地中の接地電極を陽極として給電する方法である．陽極材料は，磁性酸化鉄，ケイ素鋳鉄，黒鉛などが用いられ，陽極にはバックフィルとして，黒鉛粉末，コークス粉末などを充填している．

(3) 排流法

地中金属体とレールを電気的に接続し，金属体に流れる電流を一括してレールに戻し，分散して流出するのを防ぐ方法である．直接排流法のほか，図 7-35 に

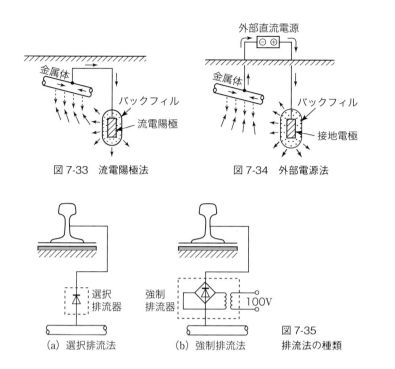

図 7-33 流電陽極法　　図 7-34 外部電源法

図 7-35 排流法の種類
(a) 選択排流法　(b) 強制排流法

示す選択排流法および強制排流法がある.

4　交流き電回路

1. 各種交流き電回路とその構成

　交流き電回路は，長距離・大容量の電力供給に適するため，地方幹線や新幹線の電気方式に用いられている.

　交流電気鉄道では，帰線電流の一部がレールから大地に漏れて，通信線に誘導障害を発生する．そこで，通信線で対策するとともに，き電回路でもレールに電流が流れる区間を限定している．

(1) BT き電方式

　吸上変圧器（BT：Booster Transformer，Boosting Transformer）は巻数比が 1：1 の電流変圧器である．BT き電方式は図 7-36 に示すように，約 4 km ごとにトロリ線にセクションを設けて BT を配置し，負き電線（NF：Negative Feeder）に帰線電流を吸い上げる構成であり，通信誘導軽減効果が大きい．

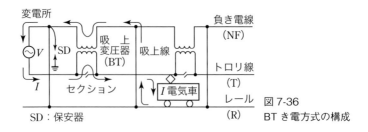

図 7-36 BT き電方式の構成
SD：保安器

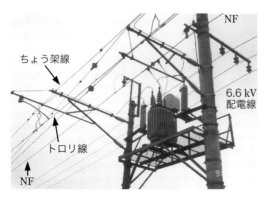

図 7-37 吸上変圧器 (22 kV, 64 kV・A)

　BT の負荷インピーダンスは吸上線間隔を D として，$Z=0.4D$〔Ω〕程度であり，$D=4$ km で BT の定格電流を 200 A とすると定格容量は 64 kV・A となり，この容量が広く用いられている．さらに，負荷の増加により定格電流 300 A，定格容量 144 kV・A の BT が用いられている．図 7-37 に BT（64 kV・A）の外観を示す．

　BT の一次電流が定格値を超えると鉄心が飽和して，実質的に定格電流の 2 倍くらいから吸上効果が減少し，き電回路故障時には吸上効果はほとんどなくなる．

　BT セクションを電気車のパンタグラフが通過するときに，NF の電圧降下が BT の端子に表れるため，BT セクションにアークが発生する．このため，負荷電流に制限があり，NF に直列コンデンサを挿入して NF 回路のリアクタンスを小さくするなどの対策を行っている（後述の図 7-47 参照）．

(2) AT き電方式

　単巻変圧器（AT：Auto-Transformer）は二つの巻線が共通部分を有する変圧器であり，共通部分を分路巻線，線路に直列になる部分を直列巻線という．各巻線の容量を自己容量，線路に電力を供給できる容量を線路容量という．

図 7-38
単巻変圧器
(60 kV/30 kV，7.5 MV・A)

ATき電方式では巻数比を1:1としており，自己容量の2倍が線路容量になる．ATの定格（自己）容量は，在来鉄道が1〜5 MV・A，新幹線が5，7.5または10 MV・Aを用いている．ATのインピーダンスは，二次端子から見た中性点換算で0.45Ω以下と小さくしている．図7-38に新幹線用AT（7.5 MV・A）の外観を示す．

ATき電方式は図7-39に示すように，変電所のき電電圧を電車線路電圧の2倍としてトロリ線と，き電線に接続し，線路に沿って約10 kmごとに配置されたATにより電車線路電圧に降圧して，電気車に電力を供給する方式である．

レールに流れる電流は負荷の両側のATに吸い上がり，通信誘導は軽減する．日本では，直流電気鉄道が併走していることや通信誘導軽減の面からレールを非接地としており，地絡故障を考慮して変電所などAT中性点を放電装置（SD：Surge Discharger，または，GP：Grounding fault Protective discharger）を通して接地している．東海道新幹線では，さらに三巻線変圧器を用いて中性点をレールに接続し，変電所き電側の絶縁強度を電車線の電圧クラスに低減している．

き電電圧が電車線電圧の2倍であることから，き電電流が1/2となり，電圧降下が小さく，変電所間隔を長くできる．さらに，集電上の弱点も少なく，大電力の供給に適している．このため，現在の交流き電方式の標準方式として用いられている．

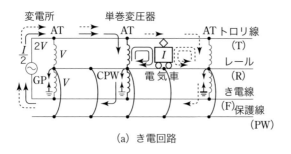

(a) き電回路

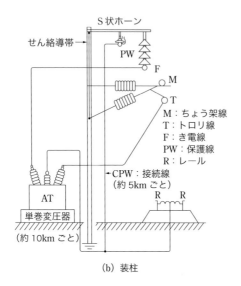

(b) 装柱

図 7-39
AT き電方式の構成

(3) 同軸ケーブルき電方式

同軸電力ケーブルは，例えば 600 mm^2 の往復インピーダンスは 0.09 Ω/km ∠ 48.2°(50 Hz) と小さく，静電容量は 0.24 μF/km と大きい特性がある．

同軸ケーブルき電方式は，**図 7-40** に示すように，同軸電力ケーブルを線路に沿って布設し，数 km ごとに同軸ケーブルの内部導体をトロリ線に，外部導体をレールに接続する方式である．

同軸ケーブルは往復インピーダンスが架空電車線路に比べて 1 桁小さいため，負荷電流は同軸ケーブルに分流し，AT き電方式と同様の通信誘導抑制効果がある．一方，内外導体間の静電容量が大きいため，電源側インダクタンスとの共振による高調波拡大現象の抑制のため，高次フィルタの設置が必要になる場合がある．

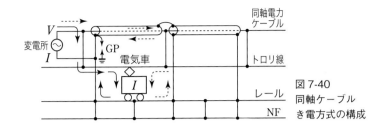

図 7-40 同軸ケーブルき電方式の構成

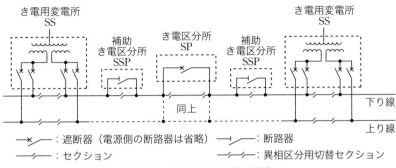

図 7-41 新幹線き電回路の構成

用地の狭隘な東海道新幹線および東北新幹線の東京地区に用いられている．

(4) き電回路構成

交流き電回路の基本的な構成を**図 7-41**に示す．鉄道沿線にき電用変電所（SS：Substation），き電区分所（SP：Sectioning Post）および補助き電区分所（SSP：Sub-Sectioning Post）が設けられている．また，き電区分をせずにATのみがある箇所を変圧ポスト（ATP：AT Post）という．

き電区分所で異なる変電所の電力を突き合わせる方式を突き合わせき電といい，上下線は一般に変電所，およびき電区分所で結ばれている．

変電所間隔は，在来鉄道ではBTき電方式が30〜50 km，ATき電方式が60〜110 km，新幹線ではATき電方式が20〜60 km程度である．

(5) 車両基地き電方式

電留線など小規模な電車基地へのき電は，本線から同相セクションで分岐，あるいは変電所から基地専用線を設けて電力を供給している．本線から電留線へは電位差が発生する場合は，アーク対策として抵抗セクションを用いることが多い．**図 7-42**は車両基地き電の例である．

車両基地の規模が大きい新幹線では，専用の基地変電所を設けて単相電力でき

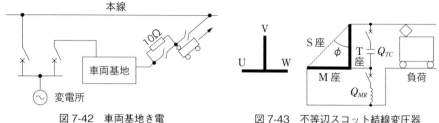

図7-42 車両基地き電   図7-43 不等辺スコット結線変圧器

電することが多い．**図7-43**は三相を単相電力に変換する不等辺スコット結線変圧器である．補償容量としてのリアクトルやコンデンサは不平衡の程度により設けない場合や，コンデンサのみを設ける場合がある．

車両基地から本線への回送線（引込線）には切替セクションを設けている．

▎2. 線路定数と電圧降下

(1) 電車線路電圧

電気鉄道では負荷変動が大きく，移動するため，比較的大きな電圧変動を許容している．**表7-7**にJRにおける電車線路電圧の許容値を示す．

新幹線ではPWM制御電車の導入により，力率1で回生時に電圧が上昇するため，き電電圧を最高電圧より若干下げてき電する場合がある．

(2) 線路定数[21]

交流き電回路では，大地に密着しているレールを使用しているため，大地帰路インピーダンスを用いて算出する．大地帰路インピーダンスは，いわゆるCarson-Pollaczekの式（**表7-8**）が最も実測に合うとされ，広く用いられている．

また，レールは鉄であるため，交流電流に対して強い表皮効果を受け，レール内電流はその周辺に集まるので，商用周波数における内部インピーダンスはTrueblood-Wascheckの実測値から換算している（**表7-9**）．

レールの外部インピーダンスは，外周と同じ円周を持つ等価円柱を考え，その半径をr_eとして求める．左右のレール間の相互インピーダンスは，レール間の距離を新幹線は1.51 m，在来線（狭軌）を1.13 mとして求める．これより，左右レールの合成インピーダンスは$Z_R = (Z_S + Z_M)/2$として求める．

ここでは，各種き電回路について，線路インピーダンスの計算結果例を示す．

① BTき電回路

BTき電回路のインピーダンスは**図7-44**に示すようであり，電車線（T）-レー

表 7-7　電車線路電圧の許容変動範囲

種　別	在来線〔kV〕	新幹線〔kV〕
最　　高	22	30
標　　準	20	25
最　　低	16（17）	22.5
瞬時最低		20

（　）は主要線区

表 7-8　架空電線の大地帰路インピーダンス計算式

インピーダンス種別			計　算　式	単　位	備　　考
自己インピーダンス（Z_S）	内部インピーダンス（Z_I）	抵　抗 R	$R = \dfrac{1}{58} \cdot \dfrac{100}{C} \cdot \dfrac{1\,000}{S}$ $\cdot [1 + \alpha(T - 20)]$	〔Ω/km〕	S：導体断面積〔mm²〕 C：導電率〔％〕 T：温度〔℃〕 α：抵抗温度係数 L：インダクタンス〔H〕
		リアクタンス $X = \omega L$	$L = \dfrac{1}{2}\mu_S \times 10^{-4}$	〔H/km〕	μ_S：導体の比透磁率 　　硬銅, アルミ 1, 鉄 100 $\omega：2\pi f,\ f$：周波数〔Hz〕
	外部インピーダンス（Z_O）		$Z_\mathrm{O} = \left[\omega\left(\dfrac{\pi}{2} - \dfrac{4X}{3\sqrt{2}}\right) + \mathrm{j}\omega\left(2\log \cdot \dfrac{4h}{\gamma \cdot r \cdot X} + \dfrac{4X}{3\sqrt{2}} + 1\right) \right] \times 10^{-4}$	〔Ω/km〕	r：導体半径〔m〕 h：地表から導体までの 　　高さ〔m〕 $X：4\pi h\sqrt{20\sigma f} \times 10^{-4}$ σ：大地導電率〔S/m〕 　　一般に $\sigma = 0.1 \sim$ 　　$0.001\,\mathrm{S/m}$※1
相互インピーダンス（Z_M）			$Z_\mathrm{M} = \Bigg\{ \omega\left[\dfrac{\pi}{2} - \dfrac{4X'}{3\sqrt{2}}(h_1 + h_2)\right]$ $+ \mathrm{j}\omega\Bigg[2\log\dfrac{2}{\gamma \cdot X'\sqrt{b^2 + (h_1 - h_2)^2}}$ $+ \dfrac{4X'}{3\sqrt{2}}(h_1 + h_2) + 1\Bigg] \Bigg\} \times 10^{-4}$	〔Ω/km〕	f：周波数〔Hz〕 γ：1.7811（Bessel の定数） h_1, h_2：導体 1, 2 の地表面 　　　　からの高さ〔m〕 b：導体 1, 2 の水平距離 　〔m〕 $X'：2\pi\sqrt{20\sigma f} \times 10^{-4}$ $Z_\mathrm{S}：R + \mathrm{j}\omega L + Z_\mathrm{O}$〔Ω/km〕 架線の合成※2

※1　σ：0.1 S/m（粘土）〜0.001 S/m（砂利）程度

※2　架線の合成　$Z = \dfrac{Z_m Z_t - Z_{mt}^2}{Z_m + Z_t - 2Z_{mt}}$

Z_m（ちょう架線）, Z_t（トロリ線）：自己インピーダンス
Z_{mt}：相互インピーダンス

第 7 章　車両への電力供給

173

表7-9 レール1本分の内部インピーダンス

種類〔kg〕	等価半径 r_e〔m〕	レール電流 I〔A/本〕	内部インピーダンス Z_l〔Ω/km〕 50 Hz	60 Hz
50	0.0939	50	0.117 + j 0.131	0.129 + j 0.148
		100	0.134 + j 0.141	0.143 + j 0.158
		200	0.169 + j 0.165	0.176 + j 0.192
		500	0.277 + j 0.204	0.308 + j 0.226
60	0.105	50	0.1036 + j 0.1169	0.1134 + j 0.1320
		100	0.1152 + j 0.1237	0.1267 + j 0.1397
		200	0.1435 + j 0.1435	0.1571 + j 0.1621
		500	0.2423 + j 0.1805	0.2657 + j 0.2039

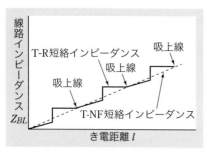

図7-44　BTき電方式の線路インピーダンス

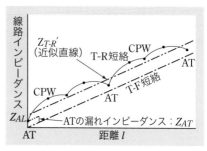

図7-45　ATき電方式の線路インピーダンス

ル（R）短絡は階段状に，電車線-NF短絡は直線状になる．

② ATき電回路

ATき電回路のインピーダンスは**図7-45**に示すようであり，電車線-レール短絡はAT点を節として凸状に，電車線-き電線（F）短絡は直線状になる．

電圧降下の計算に用いるのはT-R短絡インピーダンスであり，ATの漏れインピーダンスを Z_{AT}〔Ω〕，変電所からの距離を l〔km〕として，平均的な値は次式程度になる．

$$Z_{T-R}' = 2Z_{AT} + Z_{T-F}l \quad 〔Ω〕 \tag{7.14}$$

③ 線路インピーダンスの概数

表7-10に，各種き電回路の線路インピーダンスの簡易計算例を示す．

BTき電回路はT-NF短絡，ATき電回路はT-F短絡で変電所き電電圧換算で示している．

表 7-10 交流き電回路の線路インピーダンス例

き電方式	線 区	周波数〔Hz〕	Z〔Ω/km〕	電車線構成
BT き電	在来線	50	$0.275 + \mathrm{j}\,0.793$	M：St 135 mm^2
		60	$0.276 + \mathrm{j}\,0.952$	T：Cu 110 mm^2　　NF：Al 200 mm^2
AT き電 (Z_{T-F})	新幹線 (60 kV 系)	50	$0.152 + \mathrm{j}\,0.602$	M：St 180 mm^2　　　T：Cu 170 mm^2
		60	$0.162 + \mathrm{j}\,0.768$	AM：PH 150 mm^2　F：Al 300 mm^2
		50	$0.173 + \mathrm{j}\,0.602$	M：PH 150 mm^2
		60	$0.174 + \mathrm{j}\,0.722$	T：CS 110 mm^2　　F：Al 300 mm^2
	在来線 (44 kV 系)	50	$0.444 + \mathrm{j}\,0.704$	M：St 90 mm^2
		60	$0.452 + \mathrm{j}\,0.856$	T：Cu 110 mm^2　　F：Al 95 mm^2

(3) 電圧降下と対策

① 変電所のインピーダンス

電源のインピーダンスは，き電（基準）電圧を V〔kV〕，受電点の短絡容量を P_S〔MV·A〕，％インピーダンスを％Z_0〔％〕，％Z_0 の基準容量を P_B〔MV·A〕とすると，次式で表される．

$$Z_0 = \frac{V^2}{P_S} = \frac{(\%Z_0/100)\,V^2}{P_B} \ \text{〔Ω〕} \tag{7.15}$$

単相インピーダンスは，$2Z_0$ になる．

き電用変圧器は三相二相変換を行っており，き電側単相基準インピーダンスで，％Z_T を変圧器のパーセントインピーダンス〔％〕，P_T を三相の容量〔MV·A〕として次式で表される．

$$Z_T = \frac{(\%Z_T/100)\,V^2}{P_T/2} \ \text{〔Ω〕} \tag{7.16}$$

以上より，変電所のインピーダンスは，

$$Z = 2Z_0 + Z_T = R_0 + \mathrm{j}X_0 \tag{7.17}$$

となる．

② 電圧降下

交流き電回路は一般に単独き電であり，**図 7-46** の等価回路で考える．

電源電圧を V_0，電車線路の単位長さ当たりのインピーダンスを $R+\mathrm{j}X$〔Ω〕，変電所から見たそれぞれの負荷の電流を I_j〔A〕，力率角を θ，距離を l_j〔km〕とすると，k 番目の負荷電圧は，おおよそ次式で表される．

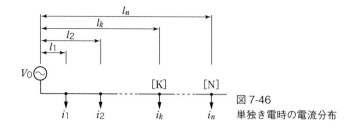

図 7-46
単独き電時の電流分布

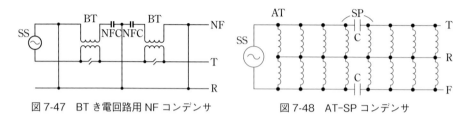

図 7-47 BT き電回路用 NF コンデンサ　　図 7-48 AT-SP コンデンサ

$$V_k = V_0 - \bigl[(R_0 + jX_0)(\cos\theta - j\sin\theta)\sum_{j=1}^{n} i_j$$
$$+ (R + jX)(\cos\theta - j\sin\theta)\Bigl(\sum_{j=1}^{k} i_j l_j + l_k \sum_{j=k+1}^{n} i_j\Bigr)\bigr] \text{[V]} \qquad (7.18)$$

③ 電圧降下対策

電圧降下が許容電圧よりも大きい線区では，電圧降下対策が行われる．

ⅰ) 直列コンデンサ

直列コンデンサにより回路のリアクタンスを補償する方式である．変電所でスコット結線変圧器のリアクタンスを補償する場合がある．

線路では，**図 7-47** に示すように，BT き電回路の NF に直列にコンデンサを挿入して，線路リアクタンスの約 80% を補償する場合がある．

NF 回路のリアクタンスが小さくなるので，BT セクションのアーク消弧にも効果がある．

AT き電回路では，トロリ線とき電線のインピーダンスを同程度にして，T・F 回線電流の平衡を図っている．したがって，き電回路に直列コンデンサを挿入することはできない．そこで，**図 7-48** に示すように，き電回路の長い在来線で延長き電回路用に，き電区分所で T 相と F 相にそれぞれ直列コンデンサを挿入してリアクタンスを平衡化して用いている．

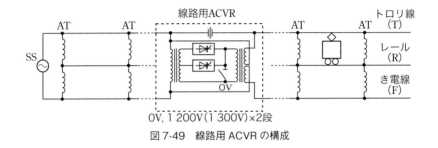

図 7-49　線路用 ACVR の構成

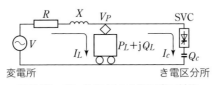

図 7-50　SP-SVC による電圧降下対策

ⅱ）架線電圧補償装置

　AT き電回路では，直列コンデンサの使用は制約されるので，図 7-49 のように，変圧器のタップをサイリスタで高速切り替えを行う線路用 ACVR（AC line Voltage Regulator）が用いられることがある．1 段で 1 200 V 程度が補償される．

ⅲ）静止形無効電力補償装置

　負荷力率を改善し，追随性の良い静止形無効電力補償装置（SVC：Static Var Compensator）を，末端のき電区分所に設置してき電回路の電圧降下を補償する場合がある．

　図 7-50 は SP-SVC による電圧降下補償であり，電圧降下は次式のように改善される．

$$\Delta V = P_L R + (Q_L - Q_C) X \tag{7.19}$$

サイリスタスイッチによる段制御と，サイリスタ位相制御による連続制御がある．

　図 7-51 に，段制御方式 SVC の外観例と構成を示す．

　高力率の PWM 制御電車の投入により，き電距離の短い新幹線では電圧降下対策用の SP-SVC は用いられなくなっており，き電回路が長く特急電車が走行する在来線の一部に段制御方式 SP-SVC が用いられている[13]．

(a) 外観

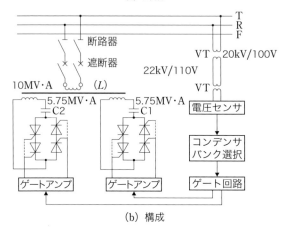

(b) 構成

図 7-51
段制御方式 SP-SVC
(22 kV, 5 MV・A×2, 50 Hz)

5 交流き電用変電所

1. 変電所の構成

(1) き電用変電所と変圧器

　電気鉄道は単相負荷のため，交流き電用変電所では，一般に電力会社から三相電力を受電して，三相二相変換変圧器で 90° 位相差の 2 組の単相電力に変換している．

　図 7-52 は在来鉄道用変電所の構成例，図 7-53 は外観である．

　① き電用変圧器

　き電用変圧器は，当初は受電電圧 66〜154 kV の特別高圧系統から受電する，

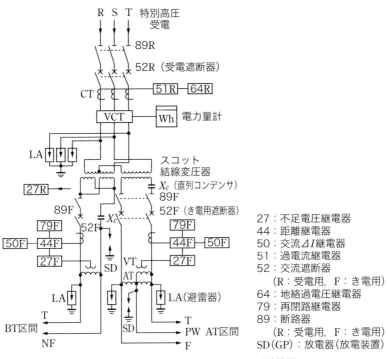

図 7-52　JR 在来線交流き電用変電所結線図

図 7-53　JR 在来線交流き電用変電所の例

図 7-54 のスコット結線変圧器が用いられた．

その後，き電距離を長くできる AT き電方式が開発され，受電電圧 187〜275 kV の超高圧系統用として，中性点直接接地可能な図 7-55 の変形ウッドブリッジ結線変圧器が開発され，主に新幹線で用いられている．

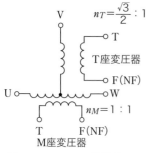
図7-54　スコット結線変圧器

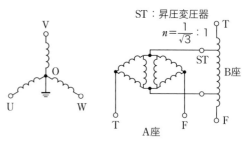
図7-55　変形ウッドブリッジ結線変圧器

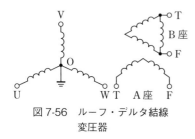
図7-56　ルーフ・デルタ結線変圧器

図7-57　ルーフ・デルタ結線変圧器
（275kV/60kV×2，40MV・A）
（鉄道・運輸機構　提供）

さらに，き電側の結線を簡単にしたルーフ・デルタ結線変圧器（図7-56）が開発され，変形ウッドブリッジ結線変圧器に代わって2010年に実用化された．

図7-57に新幹線用超高圧変圧器の外観を示す．

図7-58はスコット結線変圧器の負荷ベクトル図である．

M座とT座の負荷電流が平衡すれば，三相側でも電流が平衡することがわかる．変形ウッドブリッジ結線およびルーフ・デルタ結線の場合も同様である．

変圧器の容量は，在来鉄道が6～60MV・A，新幹線が30～200MV・A程度である．

なお，ATき電回路でこれらの変圧器を使用する場合，変形ウッドブリッジ結線変圧器はATを接続してもき電側の中性点は移動しない．一方，スコット結線変圧器やルーフ・デルタ結線変圧器はAT接続の有無によって，き電側の中性点が移動するので注意が必要である．

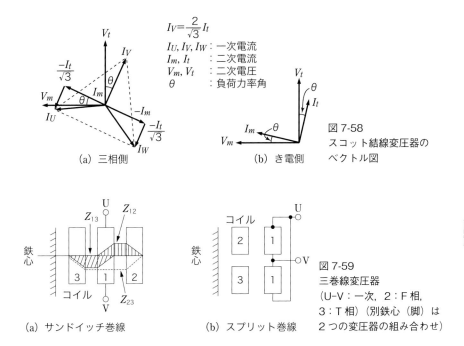

図 7-58 スコット結線変圧器のベクトル図

図 7-59 三巻線変圧器 (U-V：一次，2：F相，3：T相) (別鉄心 (脚) は2つの変圧器の組み合わせ)

② 三巻線スコット結線変圧器

東海道新幹線では1984～1991年に行われた，き電設備のAT化に伴い，スコット結線変圧器を三巻線変圧器（**図7-59**）として，中性点をレールに接続している．これにより，き電側の絶縁強度を電車線路と同様の30kVに低減している．

(2) 遮断器

特別高圧用の遮断器にはSF_6ガスを用いたガス遮断器や真空遮断器がある．

遮断器の形状には，がいし形とタンク形がある．がいし形は縦方向のがい管内に遮断部を収納しており，新幹線の切替用開閉器に用いている．タンク形は横方向のタンク部に遮断部を収納し，地震に強い特徴があり，日本で多く使用されている．

鉄道用遮断器には，受電用三極遮断器とATき電用二極遮断器がある．BTき電用や同軸ケーブルき電用は単極である．**表7-11**に交流電気鉄道用遮断器の分類を示す．

き電用遮断器は自動再閉路を考慮して，動作責務をR号にしている．ATき電方式の遮断器は，対地間の絶縁強度に対して相間，極間の絶縁強度は2倍を考慮する必要がある．

表 7-11　交流電気鉄道用遮断器の分類

用途	電圧〔kV〕	種類[※1]	遮断時間	極数	動作責務
受電（三相）	275/187	GCB/VCB	2 サイクル	3 極	
	66/77/154	GCB/VCB	3 or 5 サイクル	3 極	
AT き電	44/60	GCB/VCB	3 or 5 サイクル	2 極	R 号[※2]
同軸き電	30	GCB/VCB	3 or 5 サイクル	単極	R 号
BT き電	22	VCB			

※1　GCB：ガス（SF$_6$）遮断器，VCB：真空遮断器（187 kV 以下）
※2　動作責務 R 号：O-(0.3 sec)-CO-(1 min)-CO，C：閉，O：開

2. き電回路の保護協調

(1) 変電所機器の保護継電方式

① 受電側

受電側の保護については，過電流継電器，接地継電器，不足電圧継電器などを用いて行っている．

② き電用変圧器

き電用変圧器の内部故障保護は，温度，油量，圧力，油流および過電流継電器で行っているが，10 MV·A を超える大容量変圧器は，**図 7-60** に示すように，一次側電流と二次側電流を比較する比率差動継電器（87T）を用いて，内部故障を検出している．

③ 変電所き電母線

AT き電用変電所におけるき電母線の接地保護は，中性点接地形 VT（EVT）を用いて，VT 二次側の電圧上昇を検出して行っている．き電用三巻線変圧器を用いて中性点をレールに接続する場合は，中性点に過電流継電器を用いて行っている．

また，87T の原理により母線の故障を検出する 87B が，一部の変電所で使用されている．

(2) き電回路の保護継電方式

① 保護継電方式の構成

き電回路で発生する故障には，車両故障，架線故障，飛来物，鳥害，がいしせん絡，樹木接触などがあり，特別高圧を用いているため故障電流が大きく，早急に故障を検出して電流を遮断する必要がある．

図 7-61 は抵抗-リアクタンス平面上に，負荷領域と距離継電器（44F）および

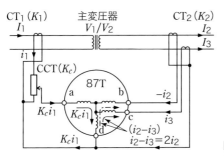

d：動作コイル　$K_c i_1 ≒ i_2 - i_3$（不動作）
a,b,c：抑制コイル　$K_c i_1 > i_2 - i_3$（動　作）

図 7-60　比率差動継電器の基本原理（片座）

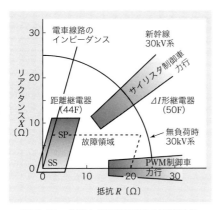

図 7-61　負荷と距離継電器の保護特性

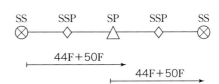

SS：変電所，SSP：補助き電区分所，
SP：き電区分所

図 7-62　保護継電器の保護範囲

交流 ΔI 継電器（50F）の保護特性を示したものである．

サイリスタ制御車の力率は，力行時が 0.7〜0.8，回生時が −0.4〜−0.5 程度である．一方，インバータを用いた PWM 制御車の力率は，力行時が 1，回生時が −1 程度である．同一き電回路にこれらの電気車が同時に走行すると，負荷インピーダンスは幅広く分布する．

さらに，AT や車両用変圧器などの無負荷変圧器を投入すると，正負非対称で値の大きい無負荷励磁突入電流が流れるので，保護継電器が不要動作しないように，第 2 調波を多く含むことから，44F・50F とも第 2 調波含有率が 12％（新幹線），または 15％（在来線）で動作を抑止している．

保護継電方式は動作原理の異なる保護継電器を組み合わせることが望ましく，変電所から故障点までの距離により保護特性が定まる平行四辺形保護領域の距離

継電器と，き電電流の変化が一定値以上（負荷電流は変化がゆるやか，故障電流は変化が急峻）で動作する交流 ΔI 形故障選択継電器を組み合わせている．

保護継電器は図 7-62 に示すように，変電所およびき電区分所に設けており，さらに補助き電区分所に設けることがある．

保護の目標は，リアクタンス分は変電所からき電区分所までに余裕を見て 1.2 倍，抵抗分は A 種接地工事の上限値である 10Ω（上下線接続で 20Ω）とし，44F と 50F の二組の保護継電器を組み合わせて実現している．一般に，アークによるせん絡故障は，アークが消滅すると故障が回復することが多いので，0.5 秒後に自動再閉路している．51F は動作に時間を要するので，自動再閉路は行わない．

図 7-63 は，交流き電線保護継電器のブロック図であり，デジタル継電器で構成している[22]．

距離継電器，交流 ΔI 形故障選択継電器，過電流継電器（51F），過電圧継電器（59F）および不足電圧継電器（27F）が実装されている．交流 ΔI 形故障選択継電器は，電流変化をベクトル的に検出して故障検出感度向上を図った 50FV も併せて用いている．入力は，例えば新幹線では VT 比を 60 kV/100 V，CT 比を 1 500A/5A としており，44F の 60kV 実系と 100V リレー系のインピーダンス比は，Z（実）$= 2Z$（リレー）である．図 7-64 に交流き電線保護継電器の外観を示す．

距離継電器は保護領域を負荷時は小さく，故障時は保護の目標を考慮して大き

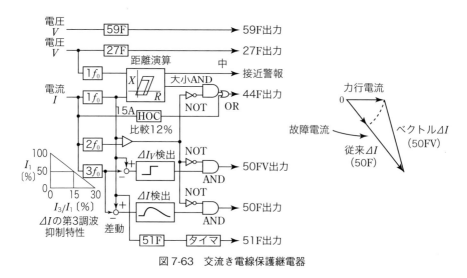

図 7-63　交流き電線保護継電器

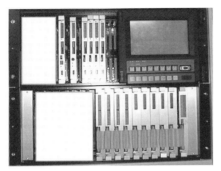

図7-64 交流き電線保護継電器

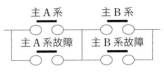

図7-65 継電器のAND出力の例

くなるように，負荷電流の低次調波，事故時の電圧低下または電流変化で切り替えることができる．

デジタル継電器はきめ細かい整定ができることや，故障時の電圧・電流値を記憶するなど多くの特徴がある．一方，継電器自身の故障を考えて，二組の保護継電器で出力を出している．**図7-65**は組み合わせの例である．

② 故障点標定装置

き電回路故障時に保護継電器の動作により，故障点標定装置（ロケータ）を起動して故障点を特定し，故障の早期復旧に貢献している．

ⅰ) リアクタンス検出方式故障点標定装置

BTき電回路は距離に対して故障点までのリアクタンスがほぼ直線状であるため，変電所から故障点までのリアクタンスを演算して，既知の線路リアクタンスと比較することにより，故障点を標定している．

ⅱ) AT吸上電流比方式故障点標定装置

ATき電回路では，線路インピーダンスが上部にふくらんでおり，距離に対して直線ではない．

一方，ATき電回路では故障点から両側のATの中性点に電流が吸い上がり，その吸上電流は各ATから故障点までの距離に反比例する．

そこで，**図7-66**において，吸上電流比を，

$$H_i = \frac{I_{n+1}}{I_n + I_{n+1}} \text{[p.u.]} \tag{7.20}$$

とすると，吸上電流比は距離に対してほぼ直線になり，ほぼ次式を満足する．

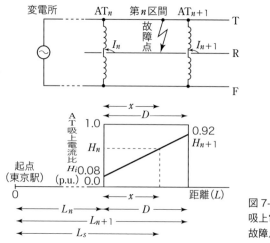

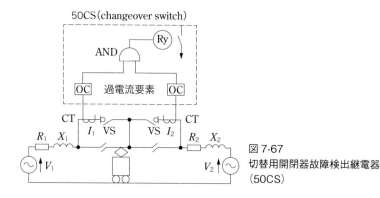

図 7-66 吸上電流比方式故障点標定装置

図 7-67 切替用開閉器故障検出継電器 (50CS)

$$L_s = L_n + \frac{H_i - 0.08}{0.84} D \ [\text{km}] \tag{7.21}$$

AT 中性点の電流方向で流入が T 相故障，または流出が F 相故障と判別する方式がある．

吸上電流比方式は，AT 中性点に電流が流れない，トロリ線-き電線短絡は標定できない．

(3) 切替用開閉器の故障検出

新幹線の切替用開閉器は真空開閉器を用いており，信頼性の高い設備であるが，多頻度動作のため極間短絡故障が発生することがある．ここで二つの開閉器に同時に電流が流れると開閉器故障であるので，図 7-67 のように，二つの開閉

186

器の電流を入力とする切替用開閉器故障検出継電器（50CS）がある．本継電器の出力は開閉器極間の先行放電による不要動作を避けるため，交流き電線保護継電器との AND や，き電区分所では 100 ms 程度の時限を持たせている．

6 交流電気鉄道における電源との協調

1. 三相電源の不平衡と電圧変動

交流電気鉄道は単相負荷のため，必ずしも三相側で平衡せず，電源側の電圧降下が大きく，不平衡も大きい場合がある．不平衡や電圧変動が大きいと，回転機のトルク減少や照明のチラツキなどの原因になるため，「電気設備技術基準」第55 条およびその「解釈」第 212 条（2011 年）で，三相側の電圧不平衡率は，2時間平均負荷で 3 % 以内としている．

電圧不平衡率 k_V は，次式で表される．

$$三相二相変換：k_V = (P_M \sim P_T)/P_S \times 100 〔\%〕$$
$$単相結線　　：k_V = P/P_S \times 100 〔\%〕$$
$$V 結線　　　：k_V = \sqrt{P_M^2 - P_M P_T + P_T^2}/P_S \times 100 〔\%〕 \tag{7.22}$$

ここで，P_S：電源の短絡容量，

$\qquad$ P_M：M 座負荷，P_T：T 座負荷，P：単相負荷

電圧変動率の許容値は電力会社で異なるが，例えば 2 分ウインドウで 2 % ないし 3 % である．

このため，容量の大きい電源から受電したり，三相二相変換変圧器を用いているが，電源容量が負荷に対して相対的に小さい変電所では，パワーエレクトロニクス技術を用いた静止形無効電力補償装置 SVC で対策している．

SVC にはサイリスタを用いて無効電力を補償して力率を改善する他励式 SVCと，インバータで無効電力を補償するとともに有効電力を制御できる自励式SVC がある．

2. 他励式 SVC による無効電力補償

図 7-68 は他励式 SVC の基本構成で，高インピーダンス変圧器の二次側で位相制御を行うサイリスタ制御変圧器 TCT（Thyristor Controlled Transformer）と，固定コンデンサを組み合わせて，無効電力制御を行う．

図 7-69 は変圧器き電側に SVC を設置して，負荷の無効電力を補償する方式で

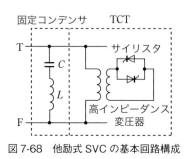
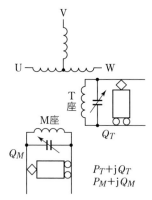

図7-68 他励式SVCの基本回路構成　　図7-69 SVCによる無効電力補償

ある．

サイリスタ位相制御車は力率0.8程度であり，無効電力を補償することで電圧変動を半減できる．

3. 自励式SVCによる電圧変動対策

(1) 自励式SVCによる補償装置

最近新製される電気車はインバータを用いて誘導電動機を駆動するPWM制御車が主であり，力率がほぼ1であることから，無効電力補償よりも有効電力の制御が電源対策に有効であり，有効電力の制御が可能な自励式SVCが用いられるようになってきた．

図7-70は自励式SVCの基本構成である．SVCの出力電圧V_rの位相を系統電圧V_sに同期させた状態で，V_rの大きさをV_sより大きくするとコンデンサ，小さくするとリアクトル動作となる．V_rをV_sより遅れ位相にすると有効電力が蓄積され，進み位相にすると有効電力が供給される．有効電力の授受の和は零である．自励式SVCを用いた不平衡・電圧変動補償装置には，三相側設置，き電側設置，および車両基地用単相き電装置（SFC：Single phase Feeding power Conditioner）がある．

(2) RPCの構成

図7-71はき電側設置の電力融通方式電圧変動補償装置（RPC：Railway static Power Compensator）[23]の結線図である．図7-72はRPCのインバータ部の外観である．

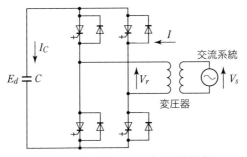

図 7-70　自励式 SVC の基本回路構成

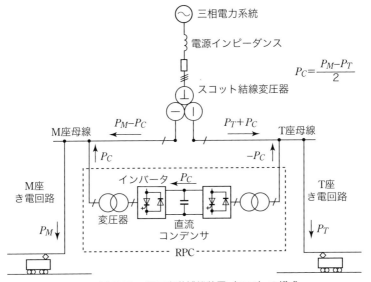

図 7-71　電圧変動補償装置（RPC）の構成

図 7-72
RPC のインバータ部
（60 kV・10 MV・A×2）

スコット結線変圧器はM座とT座の負荷が等しければ三相側で平衡し，さらに無効電力が零であれば，電圧変動が小さくなることから，M座とT座に自励式SVCを接続して無効電力を補償するとともに，直流電力に変換して負荷電力の小さい座から大きい座に向かって電力を融通する方式である．

この結果，M座とT座の電力が等しくなり，三相側で平衡するとともに，力率が1になる．

さらに，RPCはき電区分所に設置（SP-RPC）すれば，両側の変電所負荷の平衡化，電圧降下対策，回生電力の有効利用などが可能になる．

4. 力率改善と高調波対策

(1) 力率改善と低次高調波対策

サイリスタ制御車の力率は0.7〜0.8程度であり，電気車の力率を改善することで，電気料金（基本料金）の割引や電圧降下の軽減が期待される．

また，交流電気鉄道は単相負荷のため，第三調波を主にした高調波が発生する．

このため，き電用変電所ではき電側に並列コンデンサSC（Shunt Capacitor）を設置して，無効電力補償による力率改善と主に第三調波の吸収を行っている．

図7-73は並列コンデンサの外観であり，コンデンサと直列リアクトルから構成される．

図7-74は並列コンデンサと高調波の分流回路であり，高調波次数をnとして，

$$i_{Cn} = \frac{(X_O+X_T)n}{(X_O+X_T)n+(nX_L-X_C/n)} \times i_{Ln} \tag{7.23}$$

図7-73 並列コンデンサ
（60 kV・2 MV・A）

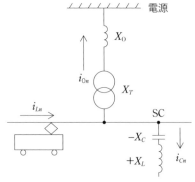

図7-74 並列コンデンサと高調波電流分布

$$i_{0n} = i_{Ln} - i_{Cn} \tag{7.24}$$

で表され，並列コンデンサでは $X_L/X_C = 13\%$，または 12% として，第三調波の約半分を吸収している．

最近は，高力率で低次高調波の少ない PWM 制御車が導入されており，並列コンデンサの容量を小さくするか，用いない線区もある．

(2) 高次高調波の共振対策[24]

交流き電回路では，変電所き電側から見た電源のインダクタンス L と，き電回路の漂遊静電容量 Cl が特定周波数 f（約 1 000 Hz）で並列共振となり，き電回路に流れる電気車の高調波電流に拡大現象が生じる．

$$f = \frac{1}{2\pi\sqrt{LCl}} \; [\text{Hz}] \tag{7.25}$$

このため，き電回路長の長い在来線 AT き電回路と一部の新幹線では，図 7-75 のようにき電回路末端に高調波共振抑制用 HMCR（HarMonic CR）装置を設置して，高調波共振による拡大を抑えている．HMCR 装置は，回路の特性インピーダンスと等しい抵抗 R_C で終端し，直列にコンデンサを接続して装置の基本波電流を 7 A 程度以下に抑え，かつ共振周波数を低くする．さらに抵抗に並列にリアクトルを接続して基本波電流を分流して，抵抗の損失を軽減している．

その定数は，在来線で単線当たり $C = 1\mu\text{F}(50\,\text{Hz})$，$0.8\mu\text{F}(60\,\text{Hz})$，$R = 300\,\Omega$，$X_L = 80\,\Omega$ である．新幹線は複線でき電区分所で上下タイをしているので，複線当たり $C = 1.5\mu\text{F}(50\,\text{Hz})$，$1.2\mu\text{F}(60\,\text{Hz})$，$R = 125\,\Omega$，$X_L = 25\,\Omega$ として，一方を T 相，他方を F 相に接続して，上下タイを開放しても上下線に装置が接続されるようにしている．

図 7-76 に在来線用 HMCR 装置の外観を示す．

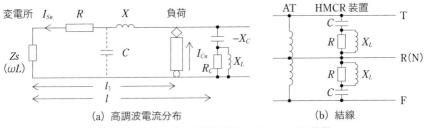

(a) 高調波電流分布　　(b) 結線

図 7-75　き電回路の高調波電流分布と HMCR 装置

リアクトル　　　抵抗　　　コンデンサ

図 7-76　在来線用 HMCR 装置の外観
（前後で 1 組，九州旅客鉄道（株）提供）

7　絶縁協調

1. 直流き電回路の絶縁設計

(1) 過電圧の発生

電気鉄道ではパンタグラフの高さが 5m 程度であり，電車線，き電線，信号高圧配電線などの電線は，地上高 5〜8m に張られている．

このため，これらの電線に誘起される誘導雷サージ電圧は三相 6.6kV 配電線と同様に，100kV〜200kV と考えられる．

開閉サージについては，直流回路では電流零点がないため，故障電流遮断時に過電圧が発生するが，電流遮断時の過電圧が 4 500V 以下になるように考慮されている．

(2) 過電圧対策[9]

図 7-77 に直流 1 500V 区間における変電所主器，電車線路および車両の，雷インパルス耐電圧と避雷器の制限電圧の例を示す．

変電所では架空地線によって構内を遮へいして，直撃雷を防護するとともに，誘導雷や開閉サージに対して避雷器を設け，各機器との絶縁協調を図っている．避雷器の接地は機器と連接接地にするのが一般的である．図 7-78 は直流 1 500V 避雷器の外観である．

電車線路ではパンタグラフの離線などによる過電圧が加わるが，線路の絶縁強度に比べれば問題ない．電車線路では雷サージで地絡した場合に，アーク継続に

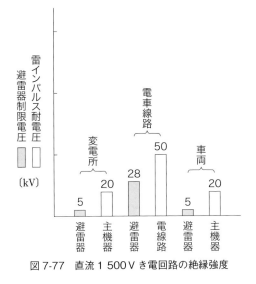

図 7-77　直流 1 500 V き電回路の絶縁強度

図 7-78　直流 1 500 V 避雷器
　　　　（変電所用）

よるがいしの破損を防止するため，変電所より制限電圧の高い避雷器を約 500 m ごとに分散配置している．直流電車線路用避雷器は，JR では直列ギャップ付きとしている．

年間雷雨日数（IKL：IsoKeraunic Level）が 20 以上の多雷地区では，架空地線を設けて直撃雷を防護している．架空地線は約 200 m ごとに接地し，電食防止のため，その中間はがいしで絶縁して放電ギャップを設けている．

電気車には変電所と同様の制限電圧の避雷器を設けており，主機器の絶縁強度も変電所と同程度のものにしている．

(3) 絶縁離隔

直流 1 500 V 方式の絶縁離隔は，パンタグラフで補機電流を遮断することを考慮して，250 mm 以上としている．しかし，特定条件のもとで，縮小離隔が用いられることがある．

表 7-12 に直流 1 500 V 電車線路の絶縁離隔を示す．

2. 交流き電回路の絶縁設計

(1) 過電圧の発生

交流き電回路はレールが大地に密着しているため，同じ公称電圧の三相送電線に比べて常規対地電圧が $\sqrt{3}$ 倍高いが，地絡時に対地電圧が上昇することはな

表 7-12　直流 1 500 V 電車線路の絶縁離隔

箇 所	条　件	絶縁離隔〔mm〕
こ線橋など	ない	250
	やむをえない場合・避雷器の設置	70
折りたたんだパンタグラフとトロリ線	なし	400
	変電所に故障選択装置などがある場合	250
	上記にさらに車両側の遮断器の開放	150

い．雷に対する過電圧は，直流電気鉄道と同程度である．遮断器やパンタグラフの上昇・下降による開閉サージは交流波高値の 2.5 倍程度である．

そこで，同じ公称電圧の三相送電線が高抵抗故障を発生したときの電位上昇と同程度の絶縁強度を持たせている．

(2) 過電圧対策[9]

図 7-79 に交流 20 kV 方式（在来鉄道），図 7-80 に交流 25 kV 方式（新幹線）の雷インパルス耐電圧と避雷器の制限電圧の例を示す．

交流電車線路では，がいし保護用の避雷器は設置しておらず，線路途中にある

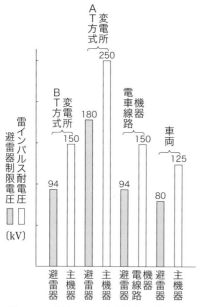

図 7-79　交流 20 kV 在来鉄道の絶縁強度

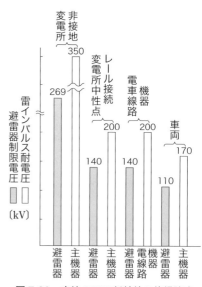

図 7-80　交流 25 kV 新幹線の絶縁強度

表7-13　交流き電回路絶縁離隔

線　区	種　別	最高電圧〔kV〕	絶縁離隔〔mm〕	
			標準	縮小
20 kV 在来鉄道	T(F)-E	22	300	250
	T-T	$22\sqrt{2}$	350	—
	T-F	44	450	350
25 kV 新幹線	T(F)-E	30	300	—
	T-T	$30\sqrt{2}$	400	—
	T-F	60	500	450
IEC 60913-2013	T-E	27.5	270	—

T：トロリ線，F：き電線
E：大地，T-T：90°位相差

AT や BT 用の避雷器である．変電所近傍の電車線路や IKL20 以上の多雷地区の電車線路では架空地線を設けて，直撃雷を防護している．

(3) 絶縁離隔

交流き電回路の絶縁離隔を**表7-13**に示す．

在来鉄道は仙山線における実験結果から 250 mm とし，50 mm の余裕を加えている．新幹線はヨーロッパの絶縁離隔や気象条件を考慮して定めている．

▌3. き電回路の接地

(1) 変電所

き電用変電所では，特別高圧受電設備，き電設備および低圧制御回線が混在している．そのため，特別高圧系の地絡または避雷器故障時に大電流が接地極に流入しても接地電位上昇を均一化するようにしている．

図7-81は JR におけるき電用変電所の網状接地方式の構成例で，変電所構内は等電位接続であり，接地抵抗は，直流変電所および交流 20 kV 変電所では 5 Ω 以下で，新幹線 25 kV 変電所が 1 Ω 以下としている．

き電区分所は 5 Ω 以下としている．

「電気設備技術基準」では，A 種接地工事（10 Ω 以下）および B 種接地工事の電極の埋設深さは 75 cm 以上としている．

(2) 電車線路

電車線路の各種接地の接地抵抗を**表7-14**に示す．AT は ATP などの場合であり，き電区分所では 5 Ω 以下である．

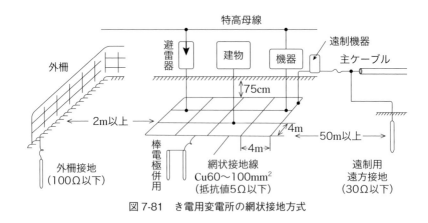

図 7-81　き電用変電所の網状接地方式

表 7-14　電車線路の接地

き電方式	施工箇所	抵抗値〔Ω〕以下
直流き電	避雷器	30
	架空地線	30
	鉄柱など	100
交流き電	BT 外箱・避雷器	10
	AT 外箱・避雷器	10
	保護柵など	100
	保護地線	10

　高架区間は従来は単独接地であったが，現在は高架の鉄筋を接地極とした鉄筋接地方式を使用しており，接地抵抗は 0.5〜2Ω 程度の低抵抗値が得られる．

　交流き電回路では，電車線柱と保護線（PW）や負き電線（NF）との間に放電間隙（S 状ホーン）を設けて，電車線路のがいしせん絡時や地絡故障時に，故障電流が変電所に帰る回路を構成している（「第 7 章 4 1．図 7-39（b）」参照）．

4.　レール電位と抑制

　帰線としてのレールは漏れアドミタンスを通して大地に結合しており，レールに電流が流れるとレール電位（遠方からの電圧をいう）が発生する．

　レール電位の許容値は，国際規格 IEC 62128-1（2013 年）に接触電圧の許容値として示されている（表 7-15）．接触電圧はレールから 1m 離れた箇所からの電圧で，レール電位は周辺の条件によるが，長時間条件では接触電圧のほぼ 2 倍と

表7-15 レールの許容接触電圧（IEC 62128-1（2013年）より抜粋）

継続時間条件		許容接触電圧〔V〕	
		直流	交流
長時間条件（$t \geq 0.7$ s）	$t > 300$ s	120	60
	$t \leq 300$ s	150	65
短時間条件（$t < 0.7$ s）	$t = 0.1$ s	625	785
検修庫の有効接触電圧		60	15

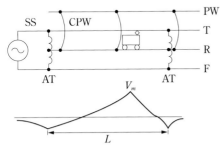

図7-82 ATき電回路におけるレール電位分布

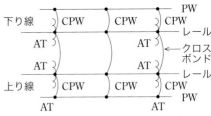

図7-83 上下レールの3点クロスボンド

される．短時間条件（事故時）は大地にアークが広がる場合，レール電位は接触電圧に近づいてくる．

　交流在来線は負荷電流が小さく，直流区間は変電所間隔が短く，許容される値である．これに対して新幹線は負荷電流が大きく，レールの対地漏れ抵抗も大きいので，高いレール電位が発生する．**図7-82**はATき電回路におけるレール電位分布のイメージで，負荷点に高い電位が発生するのに比べて，AT箇所は符号が逆で値の低いレール電位が発生する．

　新幹線では，駅のプラットホームではホーム側のレールと駅鉄鋼を電気的に接続して，接触電圧を抑制している．また，駅中間は新幹線特例法で一般公衆の立ち入りを規制しており，IEC規格を満足しているとみなされる．また，帰線設備に対しては，**図7-83**のように上下線のレールを一定間隔でクロスボンドで結び，帰回路のインピーダンスを小さくしてレール電位を約2/3に抑制している．

　CPWおよびクロスボンド間隔は，レール破断時に軌道回路の回り込みをつくらないように，信号について2軌道回路以上，余裕を見て3軌道回路以上離している．

8　電力系統制御

1. 電力指令（電力司令）

　電気鉄道の沿線には，き電用変電所，き電区分所（以下：変電所）が設置されている．変電所は電力指令所から監視および制御が行われる．

　電力指令においては，
　① 変電所等の運転開始および停止
　② 変電所等電力設備の監視
　③ 電力設備にかかわる作業統制
　④ 電力設備事故時の対応

などの業務を行い，日常の電力運用および事故時の対応を行っている．

　従来，監視制御の業務は指令員が主体となって行ってきたが，指令システムへのコンピュータの導入によるデジタル化が進展している．これによる定時停送電など変電所の運転停止の自動化や，停電作業支援システムや音声自動応答システムの導入が進み，現地との作業連絡の自動応答など，通常状態での業務においては指令員を煩わすことなく進められ，指令員は判断業務や系統制業務に専念できるようになってきている．

2. 電力系統制御システム

(1) 指令所（司令所）設備

　電力指令の構成を図 7-84 に示す．

　指令所の主な設備は，指令員が変電所等の監視を行う監視制御卓，監視制御の処理を行う情報処理サーバ，指令所と変電所間の情報伝送を行う遠方監視制御装

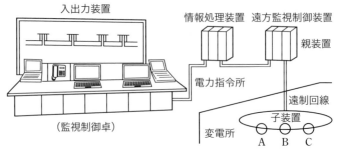

図 7-84　電力指令と変電所の監視・制御

置などで構成される．メインの情報サーバのほか，変電所等の機器や配電盤などの管理を行う設備管理サーバなど，指令機能の拡充に伴い，システム規模も拡大している．監視制御機能は，電力指令にとって最も重要な機能であるといえる．

(2) 遠方監視制御装置

変電所等の監視制御を行うため，指令所には遠方監視制御装置の親装置が，変電所等には子装置が設備され，この間を各種の伝送回線により接続してデータの伝送が行われている．伝送路にはメタリック回線，光回線などが用いられている．各種の構成があるが，鉄道沿線に沿って遠制子装置が配置されるため，ループ形が多く用いられる．

指令所と変電所間は遠方監視制御装置で結ばれる．変電所の機器および保護継電器には，個別にポジションコードが与えられ，指令所にはポジションに対応する操作スイッチと表示装置が設けられる．

変電所の機器に親装置からのデジタル符号で構成される制御指令が与えられると，変電所では該当する機器に制御信号を伝達する．

電力設備に故障が発生した場合は，短時間に指令所へ連絡され，指令員は適切な判断と操作を行って影響を最低限に抑えている．

(3) 連絡遮断装置

電気鉄道変電所は，き電系を介して隣接変電所と連系して運用されていることから，変電所で故障を検出したときには，隣接変電所と情報を共有することが必要である．

直流き電方式の変電所は隣接変電所と並列き電を行っている．また，交流き電方式ではき電距離が長いので，事故検出を確実に行うため保護継電器を分散して配置している．

このようなき電回路で事故が発生した場合は，当該き電区間のすべての遮断器を開放する必要がある．このため，事故検出変電所等からほかの変電所に遮断器の開放を連絡する装置を設けており，これを連絡遮断装置という．

(4) 伝送方式

遠方監視制御および連絡遮断回線は，沿線に布設される通信ケーブルを介して，変電所と指令所・変電所を接続している．符号の伝送は 1992 年頃に，装置を電子化して伝送時間を高速化，信頼性向上を図った音声周波変調式の搬送形連絡遮断装置が開発され，2005 年以降しだいに光搬送方式へと推移している．図7-85 は光伝送形連絡遮断装置である．

199

図 7-85 光伝送形連絡遮断装置
（津田電気計器（株）提供）

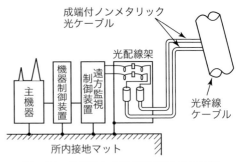

図 7-86 光搬送方式の変電所における接続

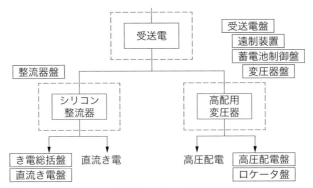

図 7-87 直流変電所の配電盤の構成例

　変電所で地絡故障が発生して電位が上昇した場合に，その電位が通信ケーブルに伝わるため，音声周波方式は絶縁変圧器と放電器を使用しているが，図 7-86 のように，光ケーブルを用いれば異常な電圧の伝搬は発生しない．

3. 変電所用配電盤の情報

(1) 配電盤の構成

　配電盤は変電所の機器の制御，系統の監視制御，および保護を行うことを目的として設けられるものである．配電盤には計器，開閉器，表示器および継電器などが取り付けられ，各機器が十分な機能が発揮でき，機器相互の有機的な結合が図られるように電気回路が構成されている．図 7-87 は高圧配電設備のある直流変電所における配電盤の例であり，主回路や保護継電器に関する盤のほか，直流

200

100 V の制御電源を供給する蓄電池制御盤，電力指令所と変電所の配電盤を中継する遠方監視制御装置，さらに保全データ収集装置などがある．配電盤は一般に鋼板製で垂直自立盤が用いられる．

配電盤のデバイスは当初は電磁形（メカ形）のシステムが主であったが，半導体を用いた静止化や，デジタル化の進展により，制御には PLC（Programmable Logic Controller）が，保護にはデジタル継電器を用いた ME（Micro Electronics）盤が多く用いられてコンパクト化や情報伝送の高速化が図られている．

(2) 変電所情報の伝達

変電所機器の監視制御および電力系統の保護を担っているのが配電盤であり，遠方監視制御装置を介して電力指令とつながっている．

変電所配電盤の情報は，遠方監視制御装置の制御と表示ポジションコードにより電力指令へ送られ，電力指令所の監視制御卓にはポジションに対応した機器操作と状態表示がなされる．

また，遠方監視制御装置の伝送データ量が大きくなったことで，変電所では各種の保全データや計測データを収集し，事故や故障発生時の解析に用いたり，収集したデータを管理部所に送り，寿命診断に用いるなど，幅広い目的での使用が進められている．

9 通信誘導

電車線路に近接したメタリック回線の通信線には，電車線電圧に比例した静電的に誘起される静電誘導と，電流により電磁的に誘起される電磁誘導があり，通信線に誘導電圧と雑音を生じる．

1. 静電誘導

(1) 静電誘導の発生

電車線と通信線が並行している場合は，図 7-88 に示すように漂遊静電容量が存在する．

電車線の対地電圧を E〔V〕，通信線の対地静電容量を C_b〔F〕，電車線と通信線との相互静電容量を C_{ab}〔F〕とすれば，通信線に誘導される電圧 E_s〔V〕は，次式で表される．

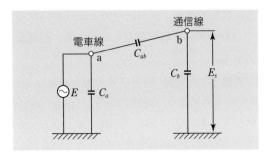

図 7-88　静電誘導

$$E_s = \frac{C_{ab}}{C_{ab}+C_b} \times E \tag{7.26}$$

静電誘導電圧は電車線の周波数や負荷電流には無関係で，電車線の対地電圧に比例する．その値は 150 V 以下になるように制限されている．

通信線に電話機が接続された場合は，電車線から相互静電容量を通して誘導電流が流れるが，電車線と通信線の離隔は位置により異なることから，「電気設備技術基準の解釈」第 52 条（2011 年）に計算方法を示している．

交流電車線路の場合は，接近する電話線のこう長 12 km ごとに静電容量を通して流れる誘導電流が 2 μA を超えないこととしている．

JR の場合はさらに静電誘導（接地）電流について，10 mA という制限を設けている．

(2) 静電誘導防止対策

静電誘導は電車線電圧，および電車線と通信線の線間静電容量に比例する．そこで，通信線を電車線からできるだけ離したり，通信線をケーブル化して，対策している．

2. 電磁誘導

(1) 電磁誘導の発生[25]

交流電気鉄道で図 7-89 に示すように，電車線路と通信線が並行している場合，電車線路からの電磁誘導により通信線に (7.27) 式に示す誘導電圧 V_m を発生する．

$$V_m = 2\pi f M (I_T - I_R) l = 2\pi f M I_G l \tag{7.27}$$

ここで，f：周波数，l：電車線路と通信線の並行長，
　　　　M：電車線路と通信線の大地帰路相互インダクタンス
である．

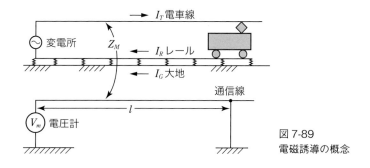

図 7-89
電磁誘導の概念

　大地は不完全な導体であり，大地を帰路とした電流は大地導電率（抵抗率の逆数）が大きいと地表に集まるが，小さいと地中深く流れて地上の電磁誘導の影響範囲は大きくなる．大地導電率 σ の概略値は 0.1 S/m（粘土）～0.001 S/m（砂利）程度である．

　大地帰路インピーダンスは大地導電率に左右され，Carson-Pollaczek の式を用いて算出して電線配置から電磁誘導電圧を求める．

(2) 電磁誘導防止対策

　電磁誘導電圧は，大地電流・相互インダクタンス・電車線路と通信線の並行区間長などに比例するので，これらの値をできるだけ減少することが必要である．

① 大地電流の抑制

　BT き電方式では，電車線と並行して負き電線を設け，約 4 km ごとに設置した吸上変圧器によりレール電流を吸い上げている．

　AT き電方式では約 10 km 間隔で AT（単巻変圧器）を設置し，負荷の両側の AT にレール電流を吸い上げている．

② 相互インダクタンスを小さくする

　通信線をできるだけ離すか，遮へいケーブルを用いる．

③ 通信線路における誘導対策

　以下に通信線路における誘導軽減対策を示す．**表 7-16** は各種誘導軽減機器の構成，**図 7-90** は誘導軽減機器架の外観である．

① 並行区間を短くするため，通信線に絶縁変圧器，または中継コイル（遮へいコイル）を入れて，誘導区間を分割する．
② 中和コイルを設けて機器の平衡度を向上し，雑音電圧の軽減を図る．
③ 最近では，通信回線の搬送電話化，光ケーブルの使用などにより，影響をなくしている．

表 7-16 誘導軽減機器

種類	構　成	用　途
絶縁線輪		線路の両端末および中間に挿入して電磁誘導電圧の累積を防止する.
ろ波排流線輪		線路と平行に挿入し，中性点を接地し線路上の雑音を小さくする．接地回路に共振回路を設け，アースに流れる誘導電流による雑音の発生を防止する.
中和線輪		線路と交換機の間に挿入し，交換機の平衡度不良による誘導雑音を軽減する.

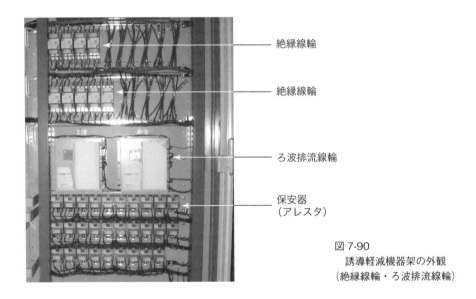

図 7-90
誘導軽減機器架の外観
（絶縁線輪・ろ波排流線輪）

3. 直流電気鉄道による誘導障害

　交流をシリコン整流器などで直流に変換すると，直流には脈動する電流・電圧が含まれ，交流電気鉄道の場合と同様に通信線に大きな誘導障害を与える．このために，通信線を電車線路から離すか，またはケーブル化している.

　変電所では，帰線に直列リアクトルを設けて脈流を阻止するとともに，コンデンサとリアクトルによる並列共振回路（直流フィルタ）を設けて，脈流を吸収す

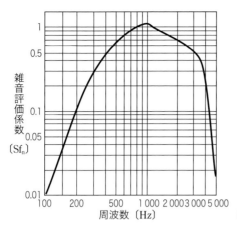

図 7-91 雑音評価重み係数

る場合がある．

4. 通信誘導の制限値

(1) 通信障害の評価指標

 高調波による障害として，電力線が近接することによる通信線に対する障害がある．

 誘導雑音の主成分は音声周波数帯のうち，ほぼ 300〜3 000 Hz の範囲内にある．そして，これらの周波数成分の電流 I_n と，電話の受話器感度の周波数特性を考慮して重み付けを行ったものを通信誘導の指標としている．

 日本で最もよく使用されているのは，誘導雑音の発生原因となる電車電流の起誘導電流分を示す，等価妨害電流 J_p であり，図 7-91 に示すように雑音を 800 Hz に換算した雑音評価係数 Sf_n で重み付けを行っている．同様に雑音電圧に重み付けを行ったものを評価雑音電圧 V_n という．

 これらから等価妨害電流，および評価雑音電圧は (7.28) 式で表せる．

$$\left. \begin{array}{l} J_p = \dfrac{1}{S_{800}} \sqrt{\sum (Sf_n \times I_n)^2} \\ V_n = \dfrac{1}{S_{800}} \sqrt{\sum (Sf_n \times V_n)^2} \end{array} \right\} \quad (7.28)$$

 図 7-91 の場合は $S_{800} = 1$

(2) 誘導電圧および雑音電圧の制限値

 日本における誘導電圧，および雑音電圧の制限値を表 7-17 に示す．

表 7-17 誘導電圧・雑音電圧の制限値

	種　別	条　件	許容値	記　事
日本 NTT JR	危険電圧	異常時	650 V 430 V 300 V	高信頼度送電線 一般送電線・交流電鉄 交流電鉄（NTT）
		平常時	60 V 10〜34 V	種類に無関係 交換機の誤動作
	雑音電圧	平常時	1 mV 2.5 mV 0.5 mV	ケーブル回線：交流電鉄 裸線・SD ワイヤ：電鉄 送電線・配電線
ITU-T （抜粋）	危険電圧	異常時	1 030 V 780 V 650 V 430 V	誘導継続時間〔秒〕 $t \leqq 0.2$ $0.2 < t \leqq 0.35$ $0.35 < t \leqq 0.5$ $0.5 < t \leqq 1.0$
		平常時	60 V	種類に無関係
	雑音電圧	平常時	0.5 mV	種類に無関係

〈注〉　1）評価雑音起電力は評価線間電圧の 2 倍
　　　　2）SD：Self supporting Distribution

　電気鉄道では，この制限値を考慮したき電回路構成，および通信線の誘導対策を行っている．

第8章 列車の信号保安

1 信号一般[26]

1872年新橋〜横浜間で日本初の鉄道の営業開始当時，駅進入の可否を相図柱が伝えた．一方，駅出発の可否は隣接駅の情報を取得した係員が直接合図した．その後，相図柱は信号機と改名され，駅進入の可否を伝えた場内信号とその情報を中継した遠方信号に加え，出発信号や側線信号など種類も増加した．このように，信号機は列車運転の安全を運転士に伝える不可欠の装置であり，場内信号は，「駅構内進路の転てつ機が所定方向に制御され進入できる」ということを，また，出発信号は「駅間に列車を運転させても衝突しない」ということを伝えるものであった．すなわち，信号機の表示に留まらず，その背景には転てつ機の転換方向の確認や，反対駅からの列車運転を抑えるなど重要な仕組みがあり，安全を支えている．この安全の仕組み全体を総称して信号保安（または単に信号）という．

列車の安全運転のための信号保安は，駅構内運転の安全にかかわる「連動」と，駅間において列車の衝突や追突を防止する「閉そく」，さらに，在来線では，道路交通との支障を防止する「踏切」などを含む．本章では，信号保安を支える基本的な設備や技術について紹介する．

信号機があっても運転士が信号を誤って判断した場合には事故の危険もある．その危険を防止する仕組みとして，自動列車停止装置（ATS：Automatic Train Stop）や，自動列車制御装置（ATC：Automatic Train Control）も開発され，より高い安全が保たれている．さらに，安全のみならず，運転計画であるダイヤに従った列車運行も重要で，このために「指令業務」が重要な役割を果たしている．近年では，指令業務を支援する運行管理システムが充実し，様々な事態に対応して列車の安全・安定輸送を支えており，その実態を「第9章」ではATS，ATCを交えて紹介する．また，信号保安と運行管理システムの全体構成を**図8-1**に示す．

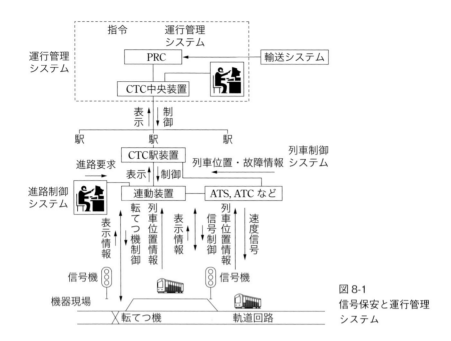

図 8-1 信号保安と運行管理システム

2　信　号

1.　各種信号機

　駅の出入口や，駅間にも信号機が建てられており，運転士は信号機を見ながら運転する．厳密には，鉄道信号は信号，合図および標識の総称であるが，ここでは信号のうち信号機について紹介する．

　信号機にも，常に用いられる常置信号機や臨時に用いられる臨時信号機がある．また，地上に設備した地上信号機として腕木式信号機，色灯式信号機（図8-2），および灯列式信号機（図8-3）などがあり，車内信号閉そく式に用いる信号機として図8-4の車内信号機がある．地上信号機にも，信号機により列車または車両の運転を指示し，その安全を保証する区間（防護区間）を持っている主信号機と主信号機の信号に基づいて，その手前であらかじめ運転士に伝達する従属信号機がある．

　信号方式は，駅構内などに設けて列車に開通状態を指示する進路信号（route signal）と，進路の状態に応じて列車に運転速度を指示する速度信号（speed signal）に大別される．

図 8-2 色灯式信号機
（3 現示）

図 8-3 灯列式信号機
（入換信号機）

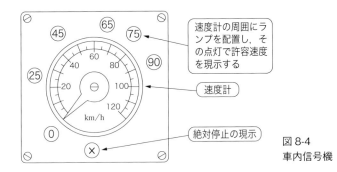

図 8-4 車内信号機

　主信号機としては，駅の出発線に設け，列車へ駅から出発の可否を表示する出発信号機，駅の入口に設け，列車へ駅進入の可否を表示する場内信号機，駅の中間の閉そく区間への進入の可否を表示する閉そく信号機，駅や車両基地内の車両運行のための誘導信号機や入換信号機がある．

　ここでは，主信号機のうち赤黄緑（それぞれ RYG という）の 3 色で信号を表示する色灯式信号機について紹介する．

2. 信号現示の種類

　信号機が表示する信号（現示という）としては，以下の七つがあり，赤（R：Red），黄（Y：Yellow），緑（G：Green）の色を組み合わせて現示する．なお，（　）内は国鉄時代の指示速度を示す．

① 停止信号 R：この信号機の手前で，列車を停止させる．
② 警戒信号 YY：信号機直下を 25 km/h 以下の速度で運転する．

③ 注意信号 Y：次が停止または警戒信号なので，それまでに停止または減速できるように運転する（信号機直下を 45 または 55 km/h）．

④ 減速信号 YG：次が注意または警戒信号なので，それまでに減速できるように運転する（信号機直下を 65 または 75 km/h）．

⑤ 抑速信号 YG フラッシュ（点滅）：次が注意または減速信号なので，それまでに減速できるように運転する．

⑥ 進行信号 G：その線区の最高速度で運転できる．ただし，高速信号がある区間では，次が注意または減速または抑速信号なので，それまでに減速できるように運転する．

⑦ 高速信号 GG：線区の最高速度が 130 km/h を超える区間で使用し，その線区の最高速度で運転できる．

注意信号から高速信号に対する進入速度は，線区や列車ごとに決められている．

1 基の信号機で上記七つを現示することはなく，2〜6 現示である．一般的には，停止—注意—進行の 3 現示式であるが，高密度線区，高速運転区間などでは 4〜6 現示が使われる．信号現示例を図 8-5 に示す．

3 閉そく装置

1. 列車間隔の確保

列車を安全に運行するためには，列車間隔を確保する必要がある．列車を一定時間ごとに発車させて安全を確保する時間間隔法と，一定空間をおいて安全を確保する空間間隔法がある．

時間間隔法は，列車間隔が乱れると，安全を運転士の目視に頼ることから，路面電車のような低速運転でしか使用しない．

一定の空間を確保するために，図 8-6 のように決められた区間に，1 個の列車しか存在させないことを閉そくといい，その区間を閉そく区間という．閉そく装置は，閉そくをとるための装置である．また，閉そくをとるための方式を閉そく方式という．

列車の移動に伴い信号機を自動的に制御する自動閉そく式と，二つの駅の駅長が打ち合わせをして，閉そくを確保し，信号機を制御する非自動閉そく式とがある．表 8-1 に現在使用されている閉そく方式，列車間の間隔を確保する装置による方法と営業キロを示す[6]．

210

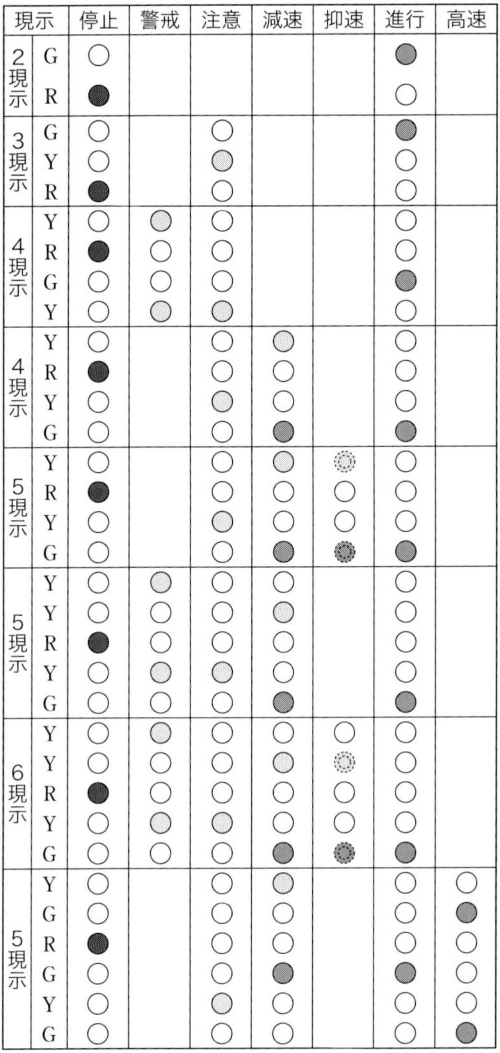

現示		停止	警戒	注意	減速	抑速	進行	高速
2現示	G	○					●	
	R	●					○	
3現示	G	○		○			●	
	Y	○		●			○	
	R	●		○			○	
4現示	Y	○	○	●			○	
	R	●	○	○			○	
	G	○		●			●	
	Y	○		○			○	
4現示	Y	○		●	○		○	
	R	●		○	○		○	
	Y	○		○	○		○	
	G	○		○	●		●	
5現示	Y	○		●	○	◌	○	
	R	●		○	○	○	○	
	Y	○		○	●	○	○	
	G	○		○	●	◌	●	
5現示	Y	○	○	●	○		○	
	Y	○	○	○	○		○	
	R	●	○	○	○		○	
	Y	○	●	○	○		○	
	G	○		○	●		●	
6現示	Y	○	○	●	○	○	○	
	Y	○	●	○	○	◌	○	
	R	●	○	○	○	○	○	
	Y	○	●	○	○	○	○	
	G	○		○	●	◌	●	
5現示	Y	○		●	●		○	○
	G	○		○	○		○	●
	R	●		○	○		○	○
	G	○		○	●		●	○
	Y	○		○	●		○	○
	G	○		○	○		○	●

R：赤，Y：黄，G：緑，◌：フラッシュ（点滅）

図8-5　色灯信号機の信号現示例

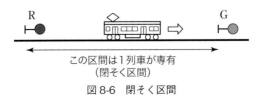

図8-6　閉そく区間

表8-1 閉そく方式等と営業キロ

自動閉そく方式	
├── 車内信号閉そく式	383.4 km
├── 複線自動閉そく式	17 040.8 km
├── 単線自動閉そく式	
└── 特殊自動閉そく式	1 018.4 km
非自動閉そく方式	
├── タブレット閉そく式	87.6 km
├── 票券閉そく式	38.8 km
└── スタフ閉そく式	210.6 km
列車間の間隔を確保する装置による方法	4 047.0 km
その他	45.7 km

2020年度末現在（JR，公民鉄）

　日本では，複線区間は車内信号閉そく式または複線自動閉そく式の自動閉そく方式を採用している．

　単線区間は，列車頻度，列車最高速度などにより車内信号閉そく式，単線自動閉そく式，特殊自動閉そく式の自動閉そく方式のほか，各種非自動閉そく方式が採用されている．

2. 非自動閉そく方式

(1) スタフ閉そく式

　列車密度の少ない線区で採用されている．駅間を走る列車はスタフ（staff）という認識票を携帯して走らなければならない．スタフはその駅間に1個しかないので，二つの駅間を交互にしか列車は走ることができない．多くの場合，行き止まり線路を往復する区間に使用されている．

(2) 票券閉そく式

　両側の駅に通券という出発許可証を入れておく通券箱を置いておき，列車は通券を携帯して走る．通票という鍵がないと通券箱が開けられない仕組みになっており，通票は駅間に1個しかないので，列車が両側から同時に進入して，正面衝突することはない．

　列車が一方の駅から連続して出発するときは通券を用い，最後の列車が通券を持って運転する．同一方向運転時の後続列車の出発は，電話等により到着駅からの連絡を受けて行われるが，安全は人に頼る方式といえる．

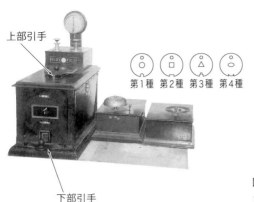

図 8-7
タブレット閉そく機

(3) タブレット閉そく式

人に頼っている通券の出し入れを機械化したものである．両側の駅にタブレット（tablet）閉そく機という1対の機械を置き，両側の駅で決められた手順で操作することで，1個のタブレットを取り出すことができる．一方の駅から連続して列車を出す場合には，前の列車が反対側の駅に到着し，タブレットを機械に入れないと次のタブレットが取り出せないようになっている（図 8-7）．

(4) 連査閉そく式

特殊自動閉そく式（軌道回路検知式）の原型である．スタフや通券のようなものを携帯する必要がないように自動化した．駅の出入口に，開電路式と閉電路式の2種類の軌道回路を設け，順番に列車の検知をしたことで，駅から出発または駅へ進入したことを検知し，駅間閉そくの列車の有無を検知する．閉そく方向の設定は両側の駅長の打ち合わせによる．

同一方向に列車を出発させる場合にも，再度両駅で打ち合わせをする必要がある．設備的には，特殊自動閉そく式（軌道回路検知式）と同等であるにもかかわらず，両駅に駅員が必要で，続行運転が自動的に行えないので，ほとんど使われていない．

(5) 連動閉そく式

連査閉そく式とほぼ等しいが，連査閉そく式が軌道回路を駅の出入口にしか設けないのに対し，駅間にも設備して，車両の遺留を検出できるようになっている．連査閉そく式と同様な意味で，自動閉そく方式に変更され，日本ではほとんど採用されていない．

3. 自動閉そく方式

(1) 単線自動閉そく式

閉そくごとに軌道回路を設け，列車の有無を検知することで，信号機を自動的に制御するものである．閉そくの入口には，進入を許可する信号機がついており，列車は赤信号でないことを確認して進行する．

両側の駅で「方向てこ」というスイッチを扱って，片一方の方向のすべての信号機を赤にすることで，一方方向にしか列車走行は許可されない．駅間が複数の閉そくに分けられている単線自動閉そく式（A）の場合は，複数の列車が連続して駅間に入ることができる．

(2) 特殊自動閉そく式

単線自動閉そく式に対し，列車密度が少ない区間に，より経済的に自動閉そく式を導入するために，開発されたものである（図8-8）．単線自動閉そく式（B）と同様，駅間は必ず一つの閉そく区間で，一列車しか入ることができない．

特殊自動閉そく式には，軌道回路検知式と電子照査式がある．

① 軌道回路検知式

連査閉そく式と同じく駅の出口に開電路式と閉電路式の2種類の軌道回路があり，順番に列車の検知をしたことで，駅から出発または駅へ進入したことを検知し，駅間閉そくの列車の有無を検知する．閉そく方向の設定は両側の駅間の打ち合わせによるが，列車からの自動設定ができるように出発する駅だけで設定可能である．

列車から自動的に設定できるので，各駅の運転扱いのための駅員は不要である．万一，列車が赤信号を間違えて出発した場合，両側の信号機を赤にして，かつ，どちらからも設定できないようにして列車が正面衝突しないように防護している（誤出発防護）．ただし，反対駅からG現示で列車が出発していた場合には防護できない．

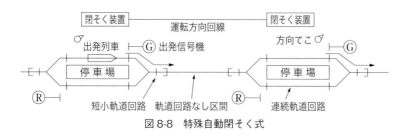

図8-8　特殊自動閉そく式

② 電子照査式（電子閉そく）

駅ホームに軌道回路を設備するが，駅出入口の軌道回路の代わりに，列車ごとに個々に認識する符号（車載器番号）を発信する車載器を携帯する．列車が出発するときに運転士が車載器から出発要求釦を扱うと無線により車載器番号が発信され，次の駅に到着したときに駅装置からの問いかけに応じ，車載器は車載器番号を発信する．

到着駅の駅装置では，前の駅を出発した列車符号を解読しておき，軌道回路で列車検知していることと車載器から受信した車載器番号が一致していることを確認し，列車が到着したことを判断して，閉そくを解除する．

(3) 複線自動閉そく式

単線自動閉そく式と同じで，軌道回路により列車の有無を検知し，自動的に信号機を制御する．ただし，日本では，一つの線路では列車は一方方向にしか走らないので，方向てこは必要ない．一方，外国では，複線区間でも方向てこを設け，上下線とも単線のように両方向に走ることができることがほとんどで，単線並列と呼んでいる．

(4) 車内信号閉そく式

地上に信号機がなく，運転席に設けられた信号機を見て運転する．一般にはATCと一体化されている．地下鉄のようにトンネルで地上信号機が見づらい区間や，非常に列車運転間隔が短く，地上信号機が多く必要な区間では運転士の負担を軽減するために，ATCの導入とともに車内信号閉そく式が採用されている．

4. 列車間の間隔を確保する装置による方法

一定の区間に1個の列車しか存在させないという閉そくの概念でなく，前後の列車を衝突させないように安全に制御するという考え方である．2001年に国土交通省により「鉄道に関する技術上の基準を定める省令」が制定され，列車間の間隔の確保を安全に行うことができれば閉そく装置によらなくてもよいことになった．新幹線など一部のATC区間の多くは，この方法による運転方式と位置づけられている．移動閉そく（**図8-9**）もその一つである．

5. 無線によるATC

わが国の鉄道の信号システムは軌道回路と信号機を中心に発達してきたが，最近ではデジタル無線技術の進歩により，無線を用いたシステムが急速に広まって

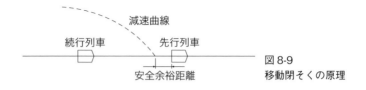

図 8-9 移動閉そくの原理

いる[26]．

(1) ATACS

1985 年頃から鉄道技術研究所を中心に開発されたシステム CARAT（Computer And Radio Aided Train control system）の発展形である．CARAT は列車位置検知を一定間隔で設置されたトランスポンダからの距離情報と列車の車軸発電機により算出した走行距離に基づいて，位置検知を行い地上に送信し，地上からはそれぞれの列車に対し安全な停止位置を伝達する．情報伝送は LCX による無線を使用した．

CARAT の研究成果をベースに，空間波無線を用いて実用化された列車制御システムが，JR 東日本の ATACS（Advanced Train Administration and Communications System）である．仙石線において 1997 年から 2005 年にかけて 3 期にわたる走行試験を行い，2011 年に仙石線あおば通り〜東塩釜間で使用開始され，2015 年からは踏切制御機能も使用されている．

(2) SPARCS

SPARCS（Simple-structure and high-Performance ATC by Radio Communication System）は，2 箇所の地上無線局と走行中の車上無線局との間で通信を行い，通信の伝送時間の伝搬遅延時間から列車位置を検出する日本発の無線式列車制御システムである．その他の機能は ATACS とほぼ同様である．インドのムンバイ地下鉄などで導入されている．

4 列車検知

閉そくを確保するためには，列車の検知を確実に行わなければならない．列車検知には，いろいろな方法があるが，最も多く採用されているのが，軌道回路方式である．

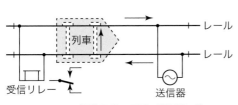
図 8-10 軌道回路の原理（閉電路式）

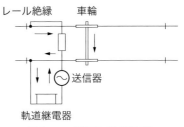
図 8-11 開電路式軌道回路

1. 軌道回路の原理

　軌道回路とは，レールを電気回路の一部として使用し，列車の車輪が左右のレールを短絡することで電気回路が短絡され，受信リレー（軌道リレー）への電流が断たれ，受信リレーが復旧（落下）することを利用して，列車の有無を検知するものである．

　軌道回路の原理を図 8-10 に示す．一つの閉そくとして検知する区間の両側には，レールに絶縁を挿入する．回路の一端から信号電流が送信されており，他端に設けられた受信リレーは動作しているが，列車の車輪がレール間を短絡すると，信号電流は途中で短絡され，受信リレーは復旧する．このように，列車がいない状態で受信リレーが動作しており，列車在線時に受信リレーが復旧する方式を閉電路式軌道回路という．

　送信器，受信リレー，接続線などの故障，断線により，受信リレーは復旧し，列車在線を検知する方向に状態が固定されるので，故障に対し安全側（フェールセーフ）であるということから，閉電路式軌道回路の利用が一般的である．

　反対に，列車がいないときには受信リレーが復旧しており，列車が在線して車輪がレールを短絡することにより受信リレーが動作するように構成した軌道回路を開電路式軌道回路（図 8-11）という．送信器が受信リレーと同一地点の場合と，30 m くらい離して接続する場合がある．この方式は，機器故障時に列車検知ができないので，一般的には安全側ではないが，踏切の警報停止のように，いったん警報を発生させた箇所で列車通過により警報を停止する箇所の列車検知に使用している．

2. 電化区間の軌道回路

　電化区間では，レールは電車を駆動するための電車電流の帰線にもなってい

217

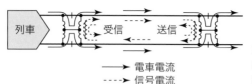

→ 電車電流
--→ 信号電流

図 8-12
軌道回路における信号電流と
電車電流の流れ（複軌条式）

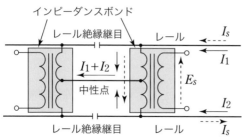

I_1, I_2：電車電流　I_s：信号電流　E_s：信号電圧

図 8-13
インピーダンスボンド

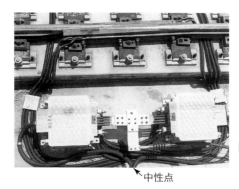

図 8-14
インピーダンスボンドと
レール絶縁（伸縮継目）

る．このため，軌道回路境界では，信号電流は隣の軌道回路には流れてはいけないものの，電車電流は隣の軌道回路にも流れていかなければならない．軌道回路境界にはインピーダンスボンド（impedance bond, ZB：トランスの一種）を用いて，信号と電車電流とを分別している．

図 8-12 に示すように，電車電流は 2 本のレールに同一方向に流れているが，信号電流は往復電流になっている．インピーダンスボンドの構造を図 8-13，外観を図 8-14 に示す．電車電流 I_1，I_2 は，それぞれのレールからインピーダンスボンドの中性点に流れる．二つの巻線は同一コアに巻かれており，電車電流による磁束は互いに打ち消すので，二次側コイルに電圧は誘導しない．一方，信号電

流は普通のトランスの構造であり，二次側に電圧が誘導する．インピーダンスボンドの二次側には，信号電流の成分だけが誘導する．しかし，電車電流のI_1とI_2に差があると，差に比例した分の電車電流が二次側に誘導して影響を与えるので，差を大きくしない配慮が求められる．図8-14でインピーダンスボンド中性点は，変電所やき電区分所でN相，あるいは線路中間で電力回路の帰線とケーブル（吸上線，CPW）で接続している．

軌道回路はレールに流す信号電流の周波数によって，いろいろな方式がある．最も簡単な方式は直流電流を使用する直流軌道回路である．しかし，日本の多くの鉄道は直流電化しており，電車電流として直流電流が流れている．電車電流の直流と信号電流の直流が区別できないので，直流電気鉄道に直流軌道回路は使用されていない．

(1) 商用周波軌道回路

日本で最も多く採用されているのは，電力用電源を分圧した軌道回路で，商用電源を使用することから商用周波軌道回路という．直流電気鉄道に広く採用されている．商用周波軌道回路では，図8-15に示すように軌道コイルと局部コイルの二つのコイルからできた軌道リレーを使用している．

図8-16に示すように軌道コイルは軌道回路を通した電圧を，局部コイルには電源電圧を直接加えている．電力用積算電力量計と同じ原理で，軌道コイルと局部コイルの位相差によって回転方向が変わる．

この性質を利用して，一つ前の区間の列車在線状況によって送信する電圧位相を反転することで，軌道コイルに加わる電圧の位相を反転し，軌道リレーの回転方向を変えている．このため，ケーブルで情報を伝送することなく信号機に現示するR, YとGを点灯することができる．

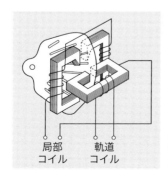

図8-15
商用周波軌道回路に使用する
二元3位形軌道リレー

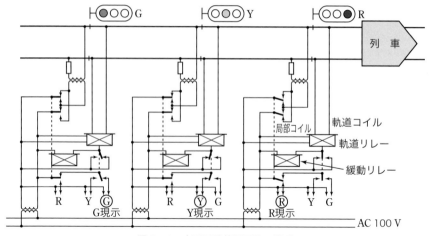

図 8-16 商用周波軌道回路の構成

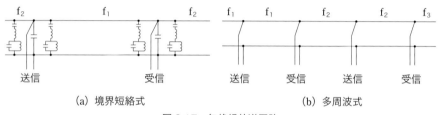

(a) 境界短絡式　　　　　(b) 多周波式

図 8-17 無絶縁軌道回路

(2) 分倍周軌道回路

送信側で分周器により商用周波数を 1/2 にして，軌道には 25 Hz または 30 Hz を流し，受信側で倍周器により元の周波数に戻す軌道回路である．交流電気鉄道で使用される．

(3) AF 軌道回路

ATC や一部の ATS では，軌道回路を使って列車に速度情報を伝送している．情報伝送には，1 kHz～約 10 kHz の周波数の AF（Audio Frequency：可聴周波）軌道回路を使用している．

3. 無絶縁軌道回路

乗り心地改善のためレール継目をなくしたロングレールを使うようになり，軌道回路境界のレール絶縁を省いた無絶縁軌道回路も導入されつつある．

無絶縁軌道回路には，図 8-17 に示すように，軌道回路境界を共振子や電線で短

絡した境界短絡式と，多くの周波数を使用して境界を構成する多周波式がある．

5 転てつ装置

　駅構内などで線路が分岐や交差する箇所には図8-18に示すような，ポイント部，リード部，クロッシング部からなる分岐器が設備される．ポイント部を転てつ器といい，この転てつ器を転換し，鎖錠する装置を転てつ装置と総称する．分岐器の大きさは番数で分類する．番数が大きいほど，分岐部分の長さは長くなり，列車は高速で通過することができる．

　一般に，新幹線の駅の出入口では18番分岐器を使用し，分岐側を70 km/hの速度で通過する．日本で一番大きい分岐器番号は，高崎駅の上越新幹線と北陸（長野）新幹線とが分岐する38番分岐器で，分岐側を160 km/hの速度で通過することができる．

　転てつ器を転換する機械を転てつ機という．転てつ機として，手動式と動力式がある．日本では，電気を動力源として，電気モータを使った電気転てつ機と，電磁的に制御される圧縮空気を動力源として用いた電空転てつ機とがある．

　図8-19には，在来線に使用している電気転てつ機を示す．

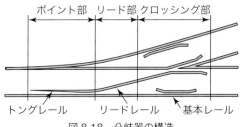

図8-18　分岐器の構造

図8-19　電気転てつ機

6 連動装置

1. 連動と鎖錠

列車が駅構内で，衝突や脱線をしないようにするため，転てつ器や信号機を安全に制御する必要がある．列車検知のための軌道回路，転てつ装置，信号機などの機器を相互に制御（連鎖という）し，鎖錠する機器を連動機といい，軌道回路，転てつ装置，信号機などの相互間に電気的あるいは機械的方法によって連動を施す装置を連動装置という．

鎖錠とは，一方の機器を取り扱ったときに，ほかの機器が取り扱えないように，電気的・機械的に制御することである．

連動装置の動作内容は連動表で表す．**図 8-20** は簡単な駅の連動図表の例である．

例えば，2 番線から X 方へ出発するための出発信号機 3L について，進路が開通する条件を連動表で解説する．進路とは列車走行する経路のことで，進路が開通するとは，列車が進路を安全に走行できることを保証することである．

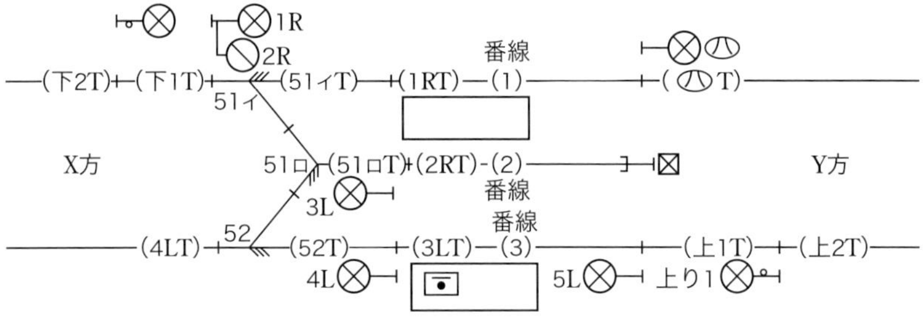

配線略図

〔連動図表〕

名称		番号	鎖錠	信号制御またはてっ査鎖錠	進路鎖錠	接近または保留鎖錠
場内信号機	X方－1番線	1R	51	51ィT,1RT	(51ィT)	下2T, 下1T
	X方－2番線	2R	(51)52	51ィT,51ロT,2RT	(51ィT) (51ロT)	(90秒)
出発信号機	2番線－X方	3L	51(52)	51ロT,52T,4LT	(51ロT) (52T)	2RT (30秒)
	3番線－X方	4L	52	52T,4LT	(52T)	3LT(上1T,上2Tただし(51)) (90秒)
場内信号機	Y方－3番線	5L		3LT		上2T, 上1T (90秒)
出発信号機	1番線－Y方	㋩		㋩T		1RT(51ィT,下1T,下2Tただし(1R))(90秒)
転てつ器	(2動)	51		51ィT,51ロT		
同上		52		52T		

図 8-20　連動図表の例

鎖錠欄は転てつ器の開通（転換している）方向を表記する．51（51 イと 51 ロの二つの転てつ器が一緒に転換する）は定位（いつも転換している矢羽の方向），52 は○で囲まれているので反位（いつも転換していない方向）になっていることである．

　信号制御またはてっ査鎖錠欄は，列車が在線していると信号機が停止信号になり，転てつ器が転換できない軌道回路名を示す．51 ロ T，52T，4LT の 3 軌道回路である．進路鎖錠は列車が走っている間，進路を構成する軌道回路で，51 ロ T，52T に列車が在線している間は転てつ器を転換できないことを示す．

　接近または保留鎖錠欄は，いったん進路を確保した後に，何らかの事情で停止信号とした場合でも，列車が接近している可能性があるときには転てつ器を転換できなくし，進路を保証するためのもので，接近鎖錠の場合には列車接近検知の軌道回路名と進路を確保しておく時間を示す．

　2RT に列車が在線している場合は，信号機をいったん進行信号にすると，その後停止信号にしても信号機は停止信号を現示するものの，30 秒間は進路を確保するため，転てつ器 51，52 は転換できない．連動表には，すべての信号機と転てつ器に対する連動論理が記述されている．

▌2. 連動装置

　連動装置の種類は，第 1 種，第 2 種，第 3 種の 3 種類がある．

① 第 1 種連動装置：信号機と転てつ器を取り扱うてこ（制御スイッチ）を 1 箇所に集中して設け，これら相互間の連鎖を連動機で行う連動装置

② 第 2 種連動装置：信号機と転てつ器の相互間の連鎖を，転てつ器付近に設けた電気鎖錠器などで行う連動装置

③ 第 3 種連動装置：第 1 種，第 2 種以外の連動装置

　表 8-2 に連動装置種別と設置数を示す．また，連動装置を構成する機器によっても分類されている．

① 電子連動装置：信号機と転てつ器の相互間の連鎖を電子計算機（マイクロコンピュータ）のソフトウェア論理で実現した連動装置

② 継電連動装置：信号機と転てつ器の相互間の連鎖を継電器（リレー）で構成した連動装置

③ 機械連動装置：信号機と転てつ器の相互間の連鎖を機械の駒で構成した連動装置

表 8-2　連動装置種別と設置数

種　　別		設置数
第1種	電　子	1 527
	継　電	2 913
	その他	8
	計	4 448
第2種	電　子	130
	継　電	212
	その他	6
	計	348
第3種		164
計		4 960

2020 年度末現在（JR，公民鉄）

　連動装置は，腕木式信号機の第 2 種機械連動装置から始まり，現在は継電連動が多数を占めているが，徐々に電子連動装置に移行している．

7　踏切装置

1. 踏切装置の構成

　踏切は鉄道と道路とが平面交差している部分のことで，鉄道の安定輸送上の弱点部分となっている．安全を確保するため，踏切遮断機，警報機のほかに遮断中に自動車などが踏切内に入っていることを検出する障害物検知装置が設備されている．

(1) 列車検知

　JR では，警報開始点と警報終止点にそれぞれ列車検知区間が 30 m 程度の短い軌道回路を使用した，いわゆる点制御方式を採用している．

　一方，JR 以外では，警報範囲全体にわたって列車の有無を検知できる，連続制御方式を採用している．これは，JR の前身の国鉄がいち早く設備するために，開発が少ない点制御方式を採用したのに対し，JR 以外は当時の運輸省の指導により，信頼度の高い連続制御方式を採用したことによる．

(2) 踏切警報機

　踏切警報機は，×マークの警標，警報音発生器（スピーカ），赤色警報灯，列車進行方向指示器から成り立っている（図 8-21）．基本的には自動車などの左側

224

図 8-22 踏切遮断機（腕木式）

通行を考慮して，踏切線路の両側に，道路から線路に向かって左側に1基ずつ設けてある．

　赤色警報灯は2灯1組で，列車が接近すると交互に点滅する．住宅密集地では，遮断機が降下すると，自動的に警報音の音量を下げることも行っている．また，列車進行方向指示器がついていない踏切もある．

図 8-21 踏切警報機

(3) 踏切遮断機

　踏切遮断機は，列車接近に伴い交通を遮断する装置で，腕木式（**図 8-22**）と昇開式の2種類がある．

　昇開式は，遮断時に自動車が踏切内に閉じ込められる（トリコ）になると脱出できないので，踏切保安員のいる踏切で使用されている．幅員が広い踏切では，遮断機を道路の左右に設備し，両側から遮断している．この場合，自動車に対し，踏切進入側を早く遮断し，進出側を遅く遮断することで自動車のトリコを減らしている．

　踏切事故を防ぐために，遮断機の棹の部分（遮断カン）は黒黄の縞模様が一般的であるが，欧米と同じ赤白のほうが視認性が良いという意見もあり，赤白の遮断カンや口径の大きい遮断カンも導入されつつある．

2. 踏切種別と障害物検知

(1) 踏切種別

　踏切種別と設置数を**表 8-3**に示す[6]．

　① 第1種踏切道：踏切遮断機がある踏切道
　② 第2種踏切道：1日のうちの一定時間だけ，踏切保安員が踏切遮断機を操作して，踏切遮断する踏切道

表 8-3 踏切種別と設置数

種　別	設置数
第1種	29 567
第2種	0
第3種	639
第4種	2 527
計	32 733

2020 年度末現在（JR，公民鉄）

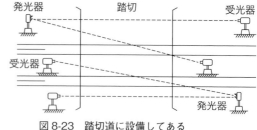

図 8-23　踏切道に設備してある光式障害物検知装置の投受光器

③ 第3種踏切道：警報機だけで遮断機はなく，列車の接近を警報機で知らせる踏切道

④ 第4種踏切道：警報機も遮断機もない踏切道

(2) 障害物検知装置

踏切遮断機の動作中に自動車がトリコになり，列車と衝突すると大きな事故になるので，衝突事故を防ぐために，遮断機の動作中の自動車などを検知するための障害物検知装置を設備した踏切が増えている．

障害物検知装置には，踏切内に投受光器を複数配置し，自動車が光を遮断することで検知する光式（発生機構により，赤外線式，レーザ式，LED〈Light Emitting Diode〉式がある），踏切道内にループコイルを埋め込み，自動車の金属によりインダクタンスが変化するのを検出するループコイル式，踏切の頭上から超音波を使って反射波を測定し，自動車で反射時間が短くなることを検出する超音波式などがある．

最近では，三次元カメラにより，自動車ばかりでなく，車椅子などの小さな障害物まで検知しようとする方式も開発されている．

図 8-23 に踏切道に設備してある光式障害物検知装置の投受光器の例を示す．

(3) 特殊信号発光器

踏切遮断後に障害物が検知されたときに，赤色高輝度 LED を発光させ乗務員に伝達していち早く列車を停止させるのが特殊信号発光器である．踏切の外方 50 m で踏切に近い地点に設置し，視認距離 800 m 以上とされるが，必要により複数設置する．その形状から回転形と棒状の点滅形がある．

第**9**章 列車保安と運行管理

1 列車走行の保安（ATS・ATC と自動運転）[26]

　運転士の信号誤認による列車事故の防止のために，自動列車停止装置（ATS：Automatic Train Stop）や，自動列車制御装置（ATC：Automatic Train Control）が開発された．本章では，その経緯や変遷，そして今日の姿について説明するとともに運行管理について紹介する．なお，ATS と ATC の差については，発展経緯や目的をもとにいくつかの見解があるが，両装置とも進歩しており，開発当初の機能を大きく超えている．ただ，人間の操作とのかかわりをもとにその違いを区別することは可能である．

　ATS の下で運転士は，信号現示に応じたブレーキ操作を行い，危険を察知したときに ATS 装置が自動的にブレーキを作動させる．一方，ATC の場合には，ブレーキ操作は ATC 装置が行い，運転士はブレーキ扱いから解放される．これを「人間優先の ATS」と「機械優先の ATC」と説明することもあるが，初期のATS と異なり，今日機能の進んだ ATS は安全性上 ATC と大きな相違はない．なお，ヨーロッパでは ATS と ATC を区別せずに ATP（Automatic Train Protection）と呼んでいる．また，ATS と ATC とも加速は運転士の役目であり，この加速も含めて自動的に行う装置に ATO（Automatic Train Operation），すなわち自動運転装置がある．ATO は通常 ATC や ATS と併設され，ATC または ATS の傘の下で安全性を確保し，ドアの開閉や定位置停止など乗務員の運転操縦を代行する．

2 自動列車停止装置（ATS）

　列車が，停止信号（以後，R 信号という）を現示している閉そく区間に誤って進入するおそれがあるとき，自動的にその列車にブレーキをかけ，R 信号を現示する信号機（R 信号機という）の手前までに停止させる機能の保安装置を自動列

車停止装置という.

　歴史的には1950年代以降，戦後の復興期に起きた三河島事故に代表される大きな鉄道事故の対策として，まず車内警報装置が開発され，後にブレーキ制御と結び付けてATSに発展した.

1. ATSの原型・車内警報装置

　R信号現示の誤認による事故防止を目的として最初に開発されたのは車内警報装置である. この装置は,

① 列車が，R信号機から一定距離（列車がブレーキ操作で停止できる距離）手前の「警報点」に到達すると，地上から車上に対し何らかの方法で警報信号を送信する.

② 車上装置はこの警報信号を受信して，運転席に警報を発する.

③ 運転士はこの警報を受けたら確認ボタンを押して警報を解除することができる.

　　その後，運転士はブレーキを操作してR信号機の直前までに列車を停止させる.

　しかしこの場合，運転士が警報を無視し，あるいは警報解除後にブレーキ操作を失念すると，列車はそのまま走行して事故につながる危険性があった.

　この装置はR信号現示を見落とさないよう警報を発するだけの機能であり，列車を安全に停止させる「保安」は運転士任せになっていた. そこで後に，警報の解除等の取り扱い（確認扱い）をしないまま5秒間経過すると，自動的にブレーキをかけるATSに改良された.

　以上の経過を経ていろいろなATSが開発されているが，ここでは代表的な3例について説明する.

2. S形ATS（ATS-S）

　国鉄およびJRが主に採用していた方式である. 図9-1のように，車内警報装置の警報点相当位置に共振周波数130kHzのLCコイルを内蔵した地上子を設置する. ただしこのLCコイルは，前方の閉そく区間がR信号以外（注意，進行信号など）のときは，103kHzで共振するようにつくられている.

　一方，車上には，連続して105kHzを発振し，その発振出力でリレーを常時オンにドライブする受電器が搭載されている. この受電器の発振コイルは「車上

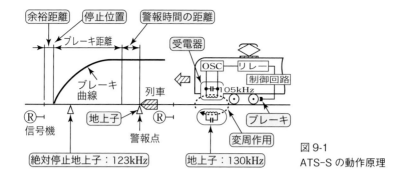

図 9-1
ATS-S の動作原理

子」と呼ばれ，先頭車両の床下につり下げられ，列車が地上子の上を通過するとき相互に電磁結合するような位置に固定されている．

① 直前の信号がR信号以外のときは，地上子の共振周波数が103 kHzになっているので，列車が地上子の上を通過しても車上受電器の発振周波数105 kHzは影響を受けない．

② 前方の信号がR信号のときは，警報点の地上子共振周波数は130 kHzになっており，その上を車上受電器が通過すると，車上の発振周波数105 kHzは電磁結合による影響を受けて地上子の共振周波数130 kHzに引き込まれ，地上子の直上を通過する短時間だけ130 kHzに変化する．この同期引き込み現象を「変周作用」という．

③ この130 kHzに発振周波数が変化している短時間だけ車上のリレーはオフとなり，制御回路が動作して車内に警報を発する．

④ 警報を受けると，運転士は確認扱いを行い，信号に従って運転を継続する．

⑤ もし運転士が確認扱いをしなかった場合，警報発生から5秒経過すると自動的に非常ブレーキがかけられる．

⑥ 確認扱いをした後に運転士がブレーキ操作を失念した場合，信号機の手前約20 mの地点に共振周波数123 kHzの絶対停止用地上子を設置することで，前方がR信号のときにこの地点を車上子が通過すると，警報なしで非常ブレーキがかけられる機能がJR移行後に追加された．

これらの働きの細部はJR各社で多少異なっており，ATS-SN，ATS-ST，ATS-SW などと区別して呼ばれている．

なお，ATS-Sでは，非常ブレーキがいったんかけられると，列車が停止するまでブレーキを解除することはできない．

ATS-S は 1966 年に国鉄の全線区への導入が完了した.

3. 速度照査形 ATS

一方,公民鉄では確認扱いによらず,危険なときにブレーキが作動する速度照査による ATS の整備が 1967 年に義務付けられた.変周式を改良して列車の速度照査を行う ATS を次に紹介する.

(1) 単変周車上時間比較速度照査形 ATS

単一周波数の共振回路を内蔵した 2 個の地上子をある間隔をおいて連続して設置して,列車の車上子が 1 番目の地上子を通過してから 2 番目の地上子に到達するまでの時間を計測する方式である.

その時間が例えば 0.5 秒以下なら,規定速度超過として自動的にブレーキをかける.信号現示に応じて地上子を切り換えることで,複数段の速度照査ができる.

(2) 多変周連続速度照査形 ATS

地上子に 5〜6 種類の共振周波数を持たせ(変周式地上子),信号現示に対応した情報を車上に伝達し,速度照査パターンを生成させる.車上装置は車軸回転数から検知した列車速度とパターン上の照査速度を比較して,列車速度超過ならブレーキをかける方式である.

4. P 形 ATS(ATS-P)

公民鉄の ATS に比べ,国鉄の ATS は確認扱い後の失念等による事故が発生した.国鉄はその対策として ATS-P を開発した.

ATS-P という名称は,「車上の照査パターン(pattern)による連続速度照査式ATS」という意味から名付けられた.ここでパターンとは,走行中の列車に許される「現在位置と速度の関係」をパターン図として車上に作成し,列車の現在速度とリアルタイムで連続的に比較するための参照データのことである(後述の図 9-3 参照).

ATS-P における地上〜車上間の情報伝送は,変周式地上子ではなく,トランスポンダ(デジタル信号伝送)機能を持つ地上子と車上子を介して行われる.図9-2 は ATS-P の車上子と地上子の例である.

車上装置は,地上と情報交換する送受信器と車上子,およびブレーキ指令を行う制御装置などで構成されている.また地上装置は,信号機の現示情報その他を

(a) 車上子　　(b) 地上子

図 9-2　ATS-P の車上子と地上子の例

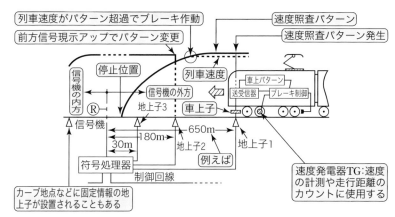

図 9-3　ATS-P の動作原理

符号化して地上子に伝送する符号処理器，およびデータ送受信用の地上子などで構成される．

現在 JR 各社では，それぞれ多少異なるタイプの ATS-P を採用しているので，ここでは，その基本形について図 9-3 に基づいて説明する．

① 各閉そく区間の始端に設けられた信号機の手前（外方）に，それぞれ距離を置いて 3 箇所程度，地上子を設置する．この地上子の上を列車が通過するとき，その地点から前方の R 信号までの距離情報が車上に伝送される．もし直前の信号機が R 現示でない場合は，その先にある R 信号機までの距離が合算されて伝送される．

② 通常，地上子1は信号機の外方ほぼブレーキ距離の位置に，地上子2，3は走行途中で前方信号機の現示アップ（R→Yなどの変化）があった場合，いち早くそれに対応して車上パターンを更新するのに適した位置に，それぞれ線路条件を考慮して設置される．

③ 車上では，この受信した「R信号までの距離」から，車輪の回転数などで割り出した列車の走行距離を減算していき，これが列車のブレーキ距離に達したとき，車上に速度照査パターンを生成する．

④ この速度照査パターンは列車の現在速度と連続的に比較され，列車速度がパターンに近づくと警報が発せられる．ここで運転士がブレーキ操作を行わず，列車速度がパターンに触れた場合は，自動的に速度照査パターンに沿って常用最大ブレーキがかかり，列車はR信号の手前に停止する．

⑤ この場合，ATS-Sのときのように確認操作を必要としないので，確認後のブレーキ操作失念などのおそれは解消された．

⑥ 列車の走行中，前方のR信号がY，Gなどに現示アップした場合は，直近の地上子通過時にその情報が受信され，速度照査パターンはその新しい距離情報によって更新される．

⑦ もし，この現示アップがATSによる自動ブレーキ作動中の列車に受信された場合は，直ちにブレーキが緩められ（緩解という）列車の走行が継続される．この機能は在来形ATS-Sなどにはなかったものである．

3 自動列車制御装置（ATC）

　自動列車制御装置（ATC）はATSの機能を一歩進めたものである．すなわち，ATSが単に列車がR信号の閉そく区間内に進入することを自動的に阻止し停止させる働きの装置であるのに対し，ATCは，列車がそれぞれの閉そく区間内において許される最大走行速度を超えて走行した場合，自動的にその速度以下になるまでブレーキをかけ，列車速度を連続して自動的に制御する装置である．

　新幹線，大都市圏高密度通勤線区などでATCが採用されている．ただし，その方式は多様である．

▌1. 多段ブレーキ制御 ATC

　図9-4に示すように，先行列車の位置を基準に，前方の閉そく区間ごとに，後

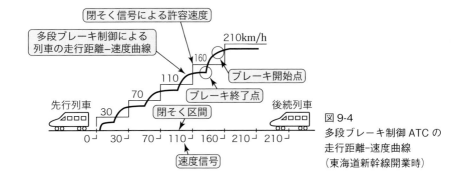

図 9-4 多段ブレーキ制御 ATC の走行距離−速度曲線（東海道新幹線開業時）

続列車に許容される最大速度を信号で指示し，後続列車がこの速度を超えないよう閉そく区間ごとに速度を自動的に信号指示の速度以下となるよう制御しながら走行するのが多段ブレーキ制御 ATC である．

具体的には，閉そく区間に列車が進入して許容速度を指示する信号を受信したら，それと自列車の現在速度を比較し，超過していなければそのまま，超過していれば許容速度を下回るまでブレーキをかけて減速する．走行中に加速されて速度が超過した場合は，その時点で許容速度以下になるまで，ブレーキがかけられる．そして，前方に先行列車の在線する R 信号閉そく区間がある場合は，その区間の直前までに停止する．

2. 一段ブレーキ制御 ATC

追突防止の観点からすれば，いかなる場合でも後続列車が先行列車の最後尾までに確実に停止できれば「安全」は確保できるはずである．つまり，多段ブレーキ制御 ATC のように閉そく区間ごとに速度を調節する必要性はない．そこで図 9-5 に示すように，

① 地上装置は，列車の在線状況を検知して，後続列車が先行列車の後方に安全のため停止すべき目標位置を設定する．
② 次に，後続列車が連続してブレーキをかければ，その目標位置までに停止できるような配分で，先行列車との間に存在する各閉そく区間（開通区間）に対し，それぞれ許容できる最大速度の信号を割り当てる．
③ この割り当てられた速度信号を，後続列車は軌道回路から受信し，それを自列車の現在速度と連続して比較する．
④ 自列車速度が走行区間の許容速度を超過したら，直ちに列車が停止するま

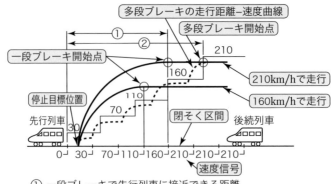

① 一段ブレーキで先行列車に接近できる距離
② 多段ブレーキで先行列車に接近できる距離

図9-5 一段ブレーキ制御 ATC の走行距離-速度曲線の例

で連続してブレーキをかけ（一段ブレーキ），目標位置までに停止する．

これが一段ブレーキ制御 ATC である．この方式では先行列車にぎりぎりまで接近できるので，列車間距離を短縮し，実効的な運転速度や運転密度を上げることができる．

3. デジタル ATC

一段ブレーキ制御 ATC のように停止目標位置を定めて走行するのであれば，閉そく区間ごとの許容速度信号は必要としない．先行列車の位置情報を車上に伝送し，車上で自列車の停止目標位置を設定して，それに合わせたブレーキ制御を行えば足りるはずである．この考えに基づく方式がデジタル ATC（車上パターン制御 ATC）である．

① デジタル ATC では，基本的に先行列車と後続列車の現在位置がわかればよいので，その情報伝送経路としては電波などの利用も考えられる．しかし実際には，列車位置検知に軌道回路が使用されていること，および信頼性などの理由から，情報伝送経路としても軌道回路を使い，補助にトランスポンダなどを併用する例が多い．

② この方式では，先行列車の位置情報をもとに続行列車の停止目標位置を決定して車上に送信する．車上装置はその目標位置までの距離に応じた「自列車位置と運転速度の関係を指示する制御情報」を車上設備によって生成させる．この点が一段ブレーキ制御式とは基本的に異なる．このことから，

車上主体制御式 ATC と呼ばれることもある．
③ 通常，前項の「制御情報」は車上速度照査パターンとして作成され，これと列車速度が連続的に比較（照査）される．
④ デジタル ATC では，地上から車上に対し，先行列車の在線軌道回路情報，自身の在線軌道回路情報等を伝送する．途中の線路条件（カーブ，上り・下り勾配，速度制限，その他）は，車上で記憶するケースと地上から送信するケースがある．多くの情報を伝送する必要があることから，情報量の多いデジタル信号を使用する例が多い．そこで，デジタル ATC と呼ばれることもある．

4　ATS/ATC の付加機能

ATS/ATC システムでは，それら本来の機能のほかに，そのシステムを利用してほかの機能が付加されることも多い．例えば，行き止まり駅などに設置される過走防護装置，追い越し待避線の誤出発防止装置などがある．

1. 過走防護装置
(1) 変周式 ATS の応用

終端駅などで，列車が過走して車止めに衝突するような事故が起きないよう，図 9-6 のように変周式 ATS タイプの地上子を連続的に線路に設置する．この地上子間の通過時間を車上でカウントし，それが一定時間（例えば 1 秒）より短ければ速度オーバーと判定して非常ブレーキをかける．

もちろん，最終点の地上子には絶対停止用を使用する．秒速 1 m が時速 3.6 km

図 9-6
変調式 ATS タイプの
過走防護用地上子

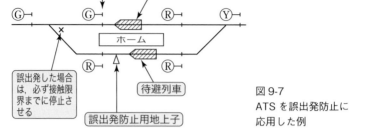

図 9-7 ATS を誤出発防止に応用した例

に相当するから，設置間隔 1～2m 程度で低速度の速度照査が可能である．

(2) 添線式パターン制御の応用

過走防護を要する線路の終端などにループ状の添線を張り，列車が接近すると信号と連動してここに過走防護用の信号を送信する．

これを受信した列車は車上にパターンを生成させ，これと自列車の速度を比較して，自列車速度がパターンの速度を超過すれば，直ちに非常ブレーキをかけて過走を防護する．

2. ATS-S を応用した誤出発防止装置

駅構内の出発信号機が R 現示（停止信号）のとき，何らかの誤りで列車を発車させてしまうことは大事故に直結するおそれがある．図 9-7 は，都市近郊駅で追い越し列車の通過待ちをしている列車に対する誤出発防止の例である．待避列車が R 信号なのに誤って出発してしまった場合，列車は誤出発防止用地上子の上を通過する．これを共振周波数が 123 kHz の絶対停止地上子にしておけば，確認操作に関係なく直ちに非常ブレーキがかけられる．

5　車内信号と ATS/ATC システム

1. 地上信号と車内信号の相違点

地上信号方式では，運転士が信号機を視認しながら列車を運転する．したがって，例えば前方が R（停止）信号の場合，運転士はそれを見てあらかじめ速度を落とし，その手前までに停止できるように運転する．途中で R から Y（注意）に信号が変化した場合でも，それに合わせて速度を調節しながらスムーズに運転す

ることが可能である．

これに対し車内信号方式の場合は，列車がその閉そく区間に踏み込んで初めて，その区間の信号を車上に受信する．したがって，信号の視認による予測運転は不可能であり，「いきなりR信号区間に踏み込んで非常ブレーキがかかる」というような事態も考えられる．そこで，これらに対しシステム構成上何らかの手を打っておく必要が生じてくる．

▎2. 閉そくの重複区間と2種類の停止信号

閉そく区間の長さは，列車を停止信号の閉そく区間で停止させることができるよう，原則として列車のブレーキ距離（一般に非常制動距離で600 mといわれる）以上を確保しなければならない．一方，列車の運転間隔を短縮して高密度運転を行うためには，閉そく区間をできるだけ短く区切り，きめ細かな運転を行う必要がある．しかし，それではブレーキ距離が確保できなくなる．この対策として重複区間が考え出された．

重複区間とは，ある閉そく区間の防護区域を，自らの区間だけでなく，さらに一つ内方（進行前方）の閉そく区間の全部または一部も併せて防護区域とすることをいう．

図9-8は，十分な閉そく区間長が取れない線区において，列車のブレーキ距離を確保するため重複区間を設け，さらに常用制動と非常制動の区間を組み合わせて，上記のような突然の急ブレーキの発生を回避している例である．

図9-8で，先行列車が在線する「上2区間」の列車後方は停止信号①（非常制

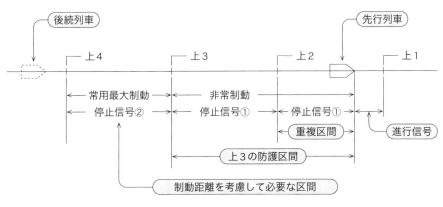

図9-8 車内信号の重複区間の例

動）の領域となっており，その外方（進行後方）の「上3区間」も停止信号①に
なっている．そしてさらに，その外方の「上4区間」を停止信号②（常用最大制
動）区間としている．このようにして複数の区間を合計して制動距離を確保する
とともに，突然の急ブレーキを防いでいる．

このとき，「上2区間の列車後方領域」は「上3区間」の防護区域の一部とし
て働いているので「上3区間」の重複区間である．

▌3. 前方制御予告情報

車内信号方式では前方の信号機を視認して予測運転することが不可能なため，
前方の閉そく区間の信号情報を車内信号機に表示して予告する方法が考えられ
た．

すなわち，前方の閉そく区間において先行列車または曲線・勾配などの理由
で，現時点の先行区間の許容速度より下位の信号が予測される場合には，軌道回
路の信号電流に情報を付加して，車内信号に予告情報を表示するようにした．

このように，前方区間の状況を知ることで無駄な力行を避け，乗り心地を改善
している．

6 列車自動運転装置（ATO）

列車自動運転装置（ATO）は，鉄道の合理化，効率化を実現するうえで欠かせ
ない技術の一つである．しかし，安全の確保と両立することが必須条件でもある．

▌1. ATO の要件

ATO 装置は，運転士が介在しなくても列車の運転が可能なシステムである．
しかし，実際にはワンマン運転，無人運転など，その運用形態に違いが見られ，
GOA（Grade of Automation）0 から GOA4 まで区分されている．これは ATO を
一人乗務運転士のバックアップと考えるのか，それとも完全無人運転を目指すの
か，その目的を異にする結果である．しかし，GOA3，GOA4 の ATO 装置とし
ては以下の要件を満足する必要がある．

　①ATO は，ATC や ATS として保安が確保されたシステムをベースに，自動
　　運転装置としての機能が付加されたものでなければならない．

　②列車速度を定速度（指定速度）に制御する走行機能を備えていること．

③ 乗客の乗降に差し支えないよう，列車を定位置に円滑に停止させる機能を持つこと．
④ 駅において，乗降客の安全が確保されてからでなければ，ドアの開閉および列車の発車ができないように設備されていること．
⑤ ダイヤによる運転機能がシステムに組み込まれていること．

さらに無人運転の場合は，乗務員が行うべき走行中の列車内外の安全確認，前方監視などの機能を装置によって補完するため，設備，運用両面での配慮が必要である．

2. 定位置停止装置（TASC）

定位置停止装置（TASC：Train Automatic Stop position Control）は，列車を駅の停止目標位置に自動的に停止させるための装置である．図 9-9 のように地上子 P1〜P4 を組み合わせた例について説明する．

① 無電源地上子 P1〜P3：これら 3 個の地上子は，固定位置情報を組み込んだ無電源地上子である．P1 はブレーキパターン制御開始地点に設置される．P2，P3 はブレーキ距離補正用の地上子である．
② 設置位置：P3 は停止目標点 P4 の 1 m ほど手前，P2 は約 10〜30 m 手前に設置する．この両者の固定位置情報をもとに，車上側で計算した現在位置との食い違いを補正する．また同時に車上では，列車速度と正確な残距離に合わせてブレーキ力の制御を行う．
③ P4 地上子：地上〜車上間で双方向情報伝送を行う有電源のトランスポンダである．この P4 で直上の ATO 車上子の位置を ±350〜±500 mm の範囲で

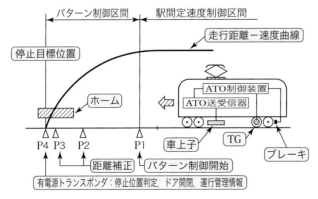

図 9-9 定位置停止装置（TASC）の構成例

図9-10 TASC装置，P3（手前）および P4の設置例

図9-11 先頭車両床下に装着された ATO車上子の例

検知し停車する．

図9-10および図9-11は，P3，P4地上子，および車上子の設置例である．

3. ドア開閉制御とホームドア

ATO装置による列車の駅自動停止，ドア開閉などの動作は，およそ次のように行われる．

① P4地上子は，ショート，ジャスト，オーバーなどの停止位置判定を行い，許容範囲以上に位置がずれた場合にはインチングによって列車位置の修正を行う．実際には±300 mm以内の停止精度がごく普通に得られている．

② 列車が目標位置に停止したことが確認されると，車両側で転動（停車中にひとりでに動き出すこと）防止ブレーキをかける．

③ 停車後，車上から地上に向けて列車の運行番号，行き先などを送信する．この情報をもとに地上側では列車の運行管理を行う．

④ 地上側でホームドアが開けられると，車上に向け車両ドア開情報が伝送され，車両のドアが開けられる．

⑤ 地上側で停車時間の管理を行い，運行管理システムからの出発指示情報とホームドア閉，および車上側では車両ドア閉などの条件が揃えば列車は発車する．

⑥ このとき，ホームドアと車両の間に乗客が取り残されるなどの支障があれば，センサがこれを検知して，ドア再開閉などの試行が行われる．

およそ以上が自動運転のサイクルである．図9-12にハーフサイズホームドア（可動ホーム柵）の設置例を示す．

図 9-12
ハーフサイズホームドア
（可動ホーム柵）の設置例

7　列車運行管理システム

　路線を運行する全列車を効率的に管理する目的の装置である．しかし最近は，列車の運用，乗務員管理，さらには乗客サービスから設備保全管理に至るまで，鉄道運営の基幹設備として大きく変貌を遂げつつある．

1. 列車集中制御装置（CTC）と自動進路制御装置（PRC）

　複数駅の信号装置（信号機，転てつ機など）を，1箇所の集中制御盤から遠隔操作できるようにしたのが列車集中制御装置（CTC：Centralized Traffic Control）である．米国ではすでに1927年に存在していた．さらにCTCシステムを利用して，列車運行を自動的に制御できるようにしたのが自動進路制御装置（PRC：Programmed Route Control）である．

　鉄道事業者によっては，これと同等機能の装置を総合運行制御装置（TTC：Total Traffic Control）と呼ぶこともある．

　CTCが中央から現場機器を信号員の手で遠隔操作するのに対し，PRCは各駅における列車の進路設定をプログラムに基づき，CTCを利用して自動的に中央から制御する点が異なる．

　中央と端末を結ぶ情報ネットワークは，現在ほとんどが光ファイバケーブル化されつつあり，LAN（Local Area Network）などの通信技術が準用されている．情報伝送はCRC（Cyclic Redundancy Check），パリティチェックなどのエラーチェックで高信頼度を確保しているが，基本的にはフェールセーフ構成ではな

い．フェールセーフ性は端末の連動装置，転てつ機，信号機などによって確保されている．

2. 総合運行管理システム

列車の運行管理にコンピュータが導入されたことで，ほかの情報との結合が極めて容易になった．その結果，現在では列車運行管理の自動化というシステムの直接的な目的に加えて，鉄道に関するあらゆる業務を総合的に計画して管理し，自動化する，いわゆる総合運行管理システムに発展しつつある．例えば，その機能は以下のように多岐にわたる．

① 運輸・駅務支援機能：運行管理システムの核となる部分である．ダイヤの自動作成，列車の運行状況自動監視，ダイヤ乱れ時の回復提案，運転実績自動記録などのほか，自動案内放送／表示，自動出改札／売上データ処理，乗務員／駅務員の勤務管理など．

② 保守作業支援機能：設備指令／電力指令業務のバックアップ，変電所自動監視／制御，駅設備／現場機器の遠隔監視制御，そのほか設備の運用自動化など．

③ 車両総合運用支援機能：車両の運用／検査の自動化，事故／故障統計，部品交換周期の一括管理，定期検査計画の自動作成など．

今後も総合運行管理システムは多彩な形で発展していくことが期待される．図9-13は総合運行管理センターのイメージである．同じ室内に全駅の遠隔監視装置，電力指令監視盤，車庫内列車運行管理装置などがまとめて設置されている．

図9-13　総合運行管理センターのイメージ

8 列車計画と列車ダイヤ

輸送需要に応じ，車両数，列車の車両編成，運転計画など，いわば鉄道が提供する商品を用意する作業が列車計画である．また，それらの具体的な運行計画が列車ダイヤである．

1. 列車計画の要素

(1) 輸送量（需要）

利用者がどれだけあるか，その利用形態はどのようなものか，などの推定，分析が必要である．1時間輸送量・終日輸送量など時間ベースの輸送量，区間輸送量・線区輸送量などの距離ベース輸送量，それらの周期的変動である季節（月別）波動，曜日別（週間）波動，時間帯別波動などの要素が考慮されなければならない．

(2) 輸送力（供給）

車両の定員，編成車両数，列車本数，運転区間長，列車運転本数などによって乗客を何人運べるかが決まる．列車速度も輸送力の要素である．一般に輸送力を表す数値としては，列車キロまたは車両キロが用いられる．また，輸送需要の形態に合わせ，特急，急行など優等列車を設定する．単線，複線，複々線などの線路形態も輸送力に大きく関係する．

2. 列車ダイヤ（train diagram）

輸送需要を予測し，それに対応する列車が用意できたら，具体的な列車の運行計画を作成する．それが一般にダイヤと呼ばれている列車運行図表である．

(1) ダイヤ作成の手順

営業方針に基づき輸送需要動向を勘案して，まず素案ダイヤと呼ばれる原案を作成する．これに他線・他列車との接続，運転所要時間，車両運用，設備・要員などの要素を考慮して詳細ダイヤの作成に移行する．これらの作業はデータベース化して，コンピュータで行われることも多いが，スジ屋と呼ばれるベテランの手作業による部分もいまだに多いという．

(2) ダイヤの種類と運用

ダイヤは巻紙状の長い紙に縦軸を距離(駅)，横軸を時間として，列車の走行を線によって描く．用途により時間軸が1分，2分，10分，1時間目盛などに分け

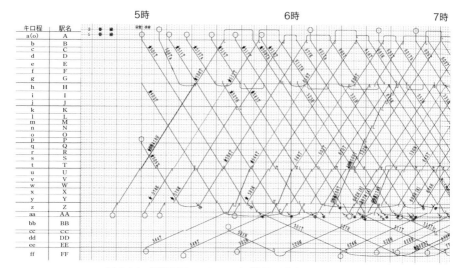

図9-14　運行図表のイメージ（始発電車付近の時間帯）

られる．現在はコンピュータに表示して読むことも多い．

　また，前記の季節，曜日，時間帯に対応するダイヤのほか，お祭りや花火，野球・サッカーなどの催しに伴う一時的な需要に対しても，それぞれ特別ダイヤを用意することが多い．

　図9-14は，列車運行図表のイメージである．

第10章 鉄道通信・無線

1 鉄道通信の沿革

　電気鉄道における通信は，列車運行と鉄道運営を円滑に行うために必要な情報を，発生場所から目的地まで送る役割を担っている．通信伝送路としては，本社，支社，拠点駅間を結ぶ全国的な基幹伝送路，拠点駅，線区内各駅間を結ぶ駅間伝送路，指令所と線区内列車間を結ぶ列車無線，駅構内伝送路に大別できる．

　電気鉄道における通信の特徴を以下に示す．

① 情報の流れが，線路沿線に集中していること

　鉄道における主な情報の流れを図 10-1 に示す．情報は，各地に点在する営業，運転，施設，電気，車両などの現業機関や本社，支社などの非現業機関で，業務を遂行するために発生する．現業機関や非現業機関は線路沿線に近いため，情報の流れは線路沿線に集中している．

② 列車の安全・安定運行にかかわる情報があること

　列車は，各地域にわたる線路上を列車ダイヤに基づいて独立に運行されている．列車運行を円滑に行うため，運行にかかわる各種情報が送られている．例え

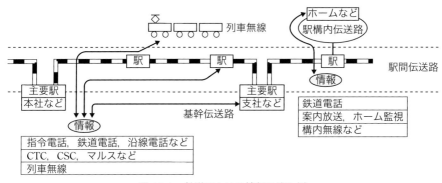

図 10-1　鉄道における情報の流れ例

ば，指令電話では，車両，線路，信号設備などの設備の故障，人身事故，気候の乱れなどの発生による列車ダイヤの乱れを効率的に復旧させるための指示情報が送られる．

③ 鉄道電話の種類が多いこと

鉄道電話には，上記の指令電話のほかに，一般業務用，沿線電話などがある．

一般業務用は鉄道電話と呼ばれ，現業機関や非現業機関のさまざまな箇所に設置されている．また，沿線電話は線路沿線に設置され，災害，事故などの緊急連絡用として用いられている．

④ 各種データ情報があること

鉄道には，座席予約システム（マルス），貨物情報システム（IT-FRENS & TRACE システム），新幹線運転管理システム（コムトラック），データ交換システムなど，種々のシステムがある．これらのシステムを機能させるため，各種データ情報を伝送する必要がある．

⑤ 移動体通信を行うこと

異常時などにおける迅速な連絡手段として，走行中の列車と地上との通信手段（移動体通信）が必要となる．在来線では空間波を利用した列車無線，新幹線では漏えい同軸ケーブル（LCX：Leaky Coaxial Cable）を利用した列車無線がある．

2 鉄道で扱う情報

鉄道で扱う情報例を，**表 10-1** に示す．

1. 音声情報例

音声情報例として，以下がある．

① 鉄道電話（業務電話）

鉄道電話は，業務遂行上必要な情報連絡手段として用いられる．JR では，国鉄時代に公衆電話網に先がけて全国整備された鉄道独自の電話網が利用されている．この鉄道電話では，7 桁の電話番号で全国の電話機を呼び出して通話することができる．

② 指令電話

指令電話は，指令所〜各現業機関間で，各線区の列車運行に関する必要な情報連絡手段として用いられる．指令には，運転指令，電力指令，信通指令などがある．

表 10-1　鉄道で扱う情報例

種類	名称	送受信箇所例	内容例
音声	鉄道電話	現業機関(駅など)〜非現業機関(本社,支社など)	業務連絡,業務報告
	指令電話	指令所〜現業機関(信通区など)	指令伝達
	沿線電話	線路沿線〜現業機関(駅など)	緊急連絡
	列車無線	指令所〜列車	指令伝達
	構内無線	構内作業員〜構内車両運転士	業務連絡
	案内放送	駅事務室〜プラットホーム	運行案内
データ	FAX	現業機関(駅など)〜非現業機関(本社,支社など)	業務連絡,業務報告
	マルス	中央システムセンター〜現業機関(駅など)	座席予約
	CTC	中央制御所〜各駅	信号制御
	CSC	電力指令所〜各変電所	遮断器制御
	沿線監視	輸送指令所〜沿線	風速,雨量
画像	ホーム監視	駅事務室〜プラットホーム	プラットホーム状況
	沿線監視	指令所〜沿線	沿線状況

図 10-2
沿線電話機

③ 沿線電話

沿線電話は，線路沿線に 500 m 間隔で設置され，異常時や保守時における沿線から関係箇所への連絡手段として用いられる．図 10-2 に沿線電話機の例を示す．

2. データ情報例

データ情報例として，以下がある．

① マルスデータ

マルス（MARS：Multi‐Access Reservation System）は，コンピュータを用いた座席予約システムである．マルスでは，中央装置と駅のみどりの窓口にある端末装置間で情報のやりとりを行い，乗客の要望する列車の指定席券を発行している．

② コムトラックデータ

コムトラック（COMTRAC：Computer aided Traffic Control System）は，コンピュータを用いた新幹線運転管理システムである．コムトラックでは，進路設定や列車監視の自動化，ダイヤが乱れたときの運転整理，指令情報や列車遅延情報のオンライン伝送などを行っている．

③ CTC データ

CTC（Centralized Traffic Control）は，制御所から複数駅の進路を遠隔制御して，列車運行の集中管理を行うものである．

④ CSC データ

CSC（Centralized Substation Control）は，制御所から交流遮断器などの変電設備を遠隔制御して，変電所の集中制御を行うものである．

3 鉄道用伝送路

鉄道通信の歴史は，明治5（1872）年10月の裸線によるモールス通信から始まり，通信技術の発達に伴う各年代の新技術を取り入れながら，今日に至っている．

各年代の技術進展例として，裸線からケーブル，音声からデータ，アナログからデジタル，無線や光ファイバの利用がある．また，昭和62（1987）年には国鉄の分割民営化が行われ，7鉄道会社とともに通信の基幹部分を行う会社や情報処理システムを行う会社が誕生した．旧国鉄の流れを持つ鉄道用伝送路の概要を，有線，固定無線，移動体通信に分けて説明する．

■1. 有 線

鉄道用有線伝送路を，**図 10-3** に示す．駅間伝送路としてペアケーブル，基幹伝送路として同軸ケーブルや光ファイバケーブルがあり，光ファイバケーブルが主に使用されている．

(1) ペアケーブル

鉄道用有線伝送路として，1950年代までは裸線が使用されていた．その後，交流電化の普及に伴い，誘導を軽減できるペアケーブル（外径 0.9 mm）が利用されるようになった．ペアケーブルは，主に，基幹回線から分岐されるローカル回線として，拠点駅から各現場機関への情報伝送回線に使用されている．

ペアケーブルに流れる情報として，運転制御情報，運行管理情報などの鉄道運行に直接関係する情報や，保守作業情報，旅客サービス情報などの鉄道運行には

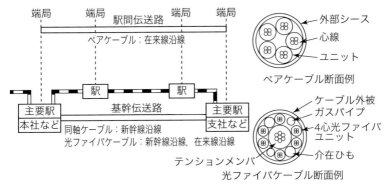

図 10-3　鉄道用有線伝送路例

直接関係しない情報などがある．また，情報種類別に分けると，音声系，データ系，多重系に大別できる．

音声系には，運行指令，輸送指令などの各種指令通話回線，JR 電話回線，列車無線のアプローチ回線などがある．

データ系には，センターの指令者が各駅の信号機や転てつ機などを遠隔制御するための CTC（列車集中制御装置）回線，制御所から多数の無人変電所を監視制御する電力遠制回線などがある．これらの回線に伝送される信号の周波数帯域は，ほぼ 0.3 kHz～3.4 kHz までの音声帯域となっている．

また，メタリックペア線を有効に活用するために，FDM（Frequency Division Multiplex）搬送や PCM（Pulse Code Modulation）搬送などの多重化を行っている．

(2) 同軸搬送

同軸搬送は 1960 年代に新幹線に導入された．同軸搬送は，新幹線沿線に布設された細心同軸ケーブル（内径 1.2 mm，外径 4.4 mm），回線を収容する搬送端局，伝送損失を補償するための中継機（標準間隔 3.5 km）から構成され，基幹伝送路として使用されていた．

同軸搬送に流れる情報として，音声系の列車無線回線，指令電話回線，電話中継回線，データ系の CTC や CSC の監視制御回線などがある．

(3) 光ファイバケーブル

光ファイバ通信は，1980 年代に大阪-天王寺間で当時の国鉄に初めて導入された．当初は GI ファイバ（Graded Index fiber）を用いた 6 Mb/s の光 PCM 回線であった．その後，32 Mb/s，100 Mb/s と伝送速度が向上するとともに，広帯域の SM ファイバ（Single Mode fiber）も用いられるようになった．図 10-4 は光ファ

図 10-4
光ファイバケーブル

イバケーブルの外観である．

　光ファイバに流れる情報として，基幹回線内の電話情報，各種データ情報，画像情報のほかに，列車無線中継情報，変電所内情報，新幹線車上モニタ情報などがある．

　1987 年の国鉄分割民営化により基幹光伝送路の大部分は別会社の所有になったが，JR では在来線や新幹線沿線に光ファイバを布設して自営通信回線を構築している．

2. 固定無線

　固定無線は，1960 年代に釧路～鹿児島の全国 SHF（Super High Frequency）網が完成した．無線周波数は 7.5 GHz 帯，送信出力は 2 W 以上，受信方式はスーパーヘテロダイン方式，変調方式は SS-FM（Single Side Band-Frequency Modulation）が採用されていた．

　SHF 網は，当時の最新技術を取り入れられた（図 10-5）．マイクロ波の送信出力管として，クライストロンと進行波管を使用し，これ以外はトランジスタ化されていた．また，フェージング対策として偏波ダイバーシチ（diversity）を行い，2 受信入力をビデオコンバイナ（video combiner）で合成していた．

　図 10-6 に SHF のパラボラアンテナの外観例を示す．固定無線による通信路は，1987 年の国鉄分割民営化以降，光ファイバケーブルなどによる伝送路の拡大に伴って縮小され，現在は一部の民鉄においてのみ利用されている．

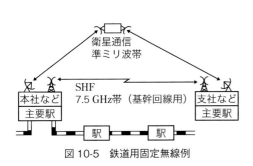
図 10-5　鉄道用固定無線例

図 10-6　SHF のパラボラアンテナ

衛星通信回線は，地震検知情報の伝送路や異常時の回線構成などに利用されている．

3. 移動体通信

鉄道における移動体通信は戦前から行われており，誘導無線や 30 MHz 帯を利用していた．戦後，150 MHz 帯や 300 MHz 帯も使用されるようになった．1960年代後半からトランジスタ無線機が実用化され，列車無線の全国的な導入が行われた．1980 年代には新幹線で全線 LCX（Leaky Coaxial Cable：漏えい同軸ケーブル）方式の列車無線が開始した．

(1) JR 在来線列車無線

在来線列車無線は，A，B，C の 3 タイプがある（**図 10-7**）．

A タイプは送受信に 350 MHz 帯と 330 MHz 帯を用いた複信式であり，通常の電話と同じように送受信の同時利用が可能である．チャネル数は 8 CH で 1 線区に 1 CH を割り当てている．線区に存在する列車への一斉呼出し，各列車との個別通話，緊急割込みの機能がある．山手線や京浜東北線などの大都市高密度線区に導入されている．A タイプの無線機は B タイプの区間でも使用可能である．

B タイプは送受信に 350 MHz 帯と 330 MHz 帯を用いた半複信式（press talk：プレストーク）であり，列車側は単信方式，指令側は複信方式である．チャネル数は 5 CH で 1 線区に 1 CH を割り当てている．無線機は A タイプと同様な機能があり，A タイプの線区でも使用可能である．また，C タイプの機能もあり，C タイプの線区でも使用可能となっている．B タイプの無線機は，全国の主要線区に導入されている．

251

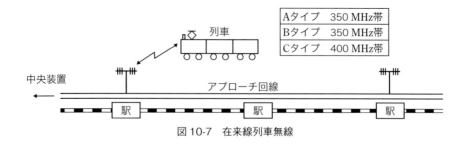

図 10-7　在来線列車無線

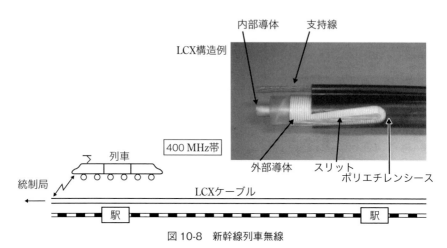

図 10-8　新幹線列車無線

Cタイプは400 MHz帯を用いた単信式（プレストーク）であり，送信と受信を交互に行う必要がある．Cタイプの列車無線は，全国的に活用されている乗務員無線のアンテナを改良し，線区全体をカバーできるようにしたものである．チャネル数は3 CHで，全国共通に割り当てている．無線機には列車への一斉呼出し機能がある．Cタイプの無線機は，全国の地方線区に導入されている．

(2) 新幹線列車無線

新幹線列車無線では，400 MHz帯を用いたLCX方式が使用されている．図10-8に示すようにLCXを線路沿線に布設し，車上アンテナとの離隔を一定に保つことにより，安定した受信電界を確保できる．

チャネル数は東海道・山陽新幹線の場合，従来の空間波方式でのアナログ10 CHからLCX化によりアナログ35 CH，デジタル64 kb/sに増大された．東海道新幹線については，現在はデジタル化されており，384 kb/s + 307.2 kb/sの伝送を行っている．

252

東北・上越新幹線の場合，開業時はアナログ 24 CH であったが，無線のデジタル化により 384 kb/s＋307.2 kb/s の伝送を行っている．九州新幹線は東北・上越新幹線と同一である．なお，北海道新幹線・北陸新幹線もデジタル方式が導入されている．

LCX 無線では，最大 1.5 km 間隔で無線中継をしている．デジタル方式はアナログ方式と比べて線形性が要求されるため，ひずみ補償増幅器が用いられている．また，基地局から中継機間に光ファイバを用いて中継間隔を延ばす方式も用いられている．

(3) 乗務員無線

乗務員無線は，1960 年代に 3 波切り替えの携帯無線機として導入された．400 MHz 帯を用いた単信式（プレストーク）であり，送信と受信を交互に行う必要がある．通信可能エリアは，駅構内近傍と長大トンネル内に限られている．

(4) 構内無線

構内無線は，1970 年代にヤードなどにおける車両入れ換えを行う連絡用として導入された．300 MHz 帯を用いた単信式（プレストーク）であり，周波数を作業グループごとに割り付けて構内近傍で使用されている．

4 今後の展望

産業界における通信技術の発展は著しく，鉄道分野にもさまざまな技術が取り入れられている．今後の方向を以下に展望する．

1. 光通信技術の進展

鉄道分野においては，当初から光ファイバ通信の特徴を生かそうとする検討が行われた．1980 年代にかけて実用システムが導入され，1990 年以降，応用分野の広がりとともに，鉄道沿線に光ファイバが増設されるようになっている．鉄道における光ファイバ通信の主な適用分野は，CTC，変電所などのデータ伝送システム，遠隔・集中監視用などの ITV（Industrial Television）画像伝送システム，光総合伝送路（汎用光 LAN），車両内伝送システム，変電所絶縁協調，列車無線回線の地上伝送路などである．

今後，光を波として利用するコヒーレント（coherent）光通信，遠距離伝送を目指した光ソリトン（optical soliton）伝送，大容量伝送を目指した WDM

（Wavelength Division Multiplexing：波長分割多重）など新技術の進展につれ，鉄道分野への応用が進むと考えられる．

2. 無線のデジタル化

移動体通信は従来，地上指令員と車上乗務員との音声通話が主体であった．近年，データ通信の要望が高まり，東北・上越・北陸・東海道・九州の新幹線にデジタル無線が導入されている．周波数帯域はアナログと同様であるが，デジタル化により周波数の有効利用技術を取り入れて容量を拡大している．

また，首都圏のJRと公民鉄の列車無線についてもデジタル化が進んでいる．

3. 無線による列車制御[26]

「第8章 **3** 5.」で紹介した無線式列車制御システム CARAT では，新幹線区間であるため，既設の漏洩同軸による無線を用いていたが，実用化された ATACS は列車無線用に割り当てられた 400 MHz 帯の空間波を用いている．一方，SPARCS をはじめ地下鉄路線に導入される無線は 2.4 GHz の Wi-Fi 帯域が多い．一方，経営状況の厳しい地方交通線の近代化施策として汎用の携帯電話を用いたシステムが注目されている．このように異なる通信方式を用いていると，インタオペラビリティや相互直通運転などの障害となる．これに対しては，無線方式によらず共通のインタフェースで利用できるようにモジュール化するとともに，無線方式の差を吸収するソフトウェア無線などの開発も進んでいる．

4. ミリ波帯の利用

ミリ波は周波数が 30 G〜300 GHz の電波であり，鉄道分野で従来から利用されてきた周波数よりも高くなっている．周波数が高くなると，大容量化が期待できる．また，電波の直進性が強くなり，降雨減衰が発生するが，トンネル内でも伝搬可能となる．鉄道においては，見通しが得やすい，トンネル対策が不要となるなどの利点がある．

現在，列車ワンマン運転時のプラットホーム監視にミリ波画像伝送が応用されている．また，東海道新幹線では，ミリ波を利用した次世代の列車無線の導入が計画されている．今後，無線による大容量伝送の要求が高まるにつれ，ミリ波の鉄道分野への応用が広まるものと考えられる．

第11章 旅客営業のための設備

1　旅客案内設備

1．駅における旅客案内

　駅を利用する旅客に提供すべき情報として，駅構内の地理，列車の出発や乗換え，運賃や所要時間・停車駅，列車運行情報などがある．

　これらの案内は視覚によるものと，聴覚によるものがある．**図 11-1** は駅における案内の概念である．

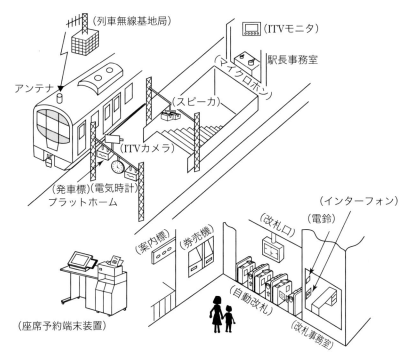

図 11-1　駅における旅客案内の概念

図 11-2　ピクトグラム（絵文字）の例

(1) 文字・画像による案内

　文字による案内としては，当初は看板などが用いられていたが，最近では電気掲示器が用いられている．これらの情報は，多くの駅でサインシステムによって行われている．

　① サインシステム

　駅のサインは，

　　ⅰ）表示サイン：場所や機能を示す

　　ⅱ）誘導サイン：矢印で場所や方向を示す

　　ⅲ）案内情報：列車や構内案内

に大別される．

　これらのサインは図案化したピクトグラム（pictogram：絵文字）で行われており，代表的な例を図 11-2 に示す．

　② 電気掲示器

　電気掲示器には，駅名標，誘導案内標，および行先案内標などがある．

　　ⅰ）駅名標・誘導案内標

　　　図 11-3 は駅名標の例で，一般にプラットホーム上屋内に設置される．

　　　図 11-4 は誘導案内標で，旅客が目的に向かってスムーズに流動できるようにするものであり，ピクトグラムを取り入れるのが一般的である．

　　ⅱ）発車標

図 11-3　駅名標

図 11-4　誘導案内標

図 11-5　電気掲示器と電気時計

　行先案内標は発車標と呼ばれ，当初は字幕式やフラップ式が用いられた．最近では，**図 11-5** に示す情報が表示できる発光ダイオード（LED：Light Emitting Diode）式電気掲示器が用いられるようになった．また，近年，フラットパネルディスプレイ（FPD：Flat Panel Display）として，フルカラーのプラズマディスプレイや液晶式ディスプレイも採用されている．

　列車の運行管理システムが実用されている場合は，駅からの手動入力とともに，運行管理システムからの情報に基づき発着時刻，番線などの修正が自動的に行われる．

　図 11-6 は発車標システムの構成例である．

③ 電気時計

　列車の運行は時刻が基準であり，旅客や運転を取り扱う駅係員や乗務員に正確な時刻を知らせるため，電気時計が設置されている．

　電気時計は**図 11-7** に示すように親時計と子時計から構成され，子時計は駅の

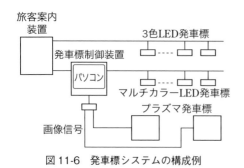
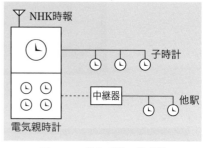

図 11-6　発車標システムの構成例　　　　図 11-7　電気時計の構成例

改札口やプラットホーム，駅事務室などに設置され，親時計からの制御信号などにより制御されている．

親時計は水晶発振による電気時計で，NHK・FM放送の時報により時刻修正する機能付きのものもある．

(2) 音声による案内

① 放送装置

駅に設置されている放送装置の構成を**図 11-8**に示す．操作部，制御部スピーカなどから構成され，列車接近やドア閉め予告などの放送を自動的に行う．また，プラットホームにワイヤレスマイクを置いて，列車の進入状況や乗客の様子を監視しながらの放送も行う．

駅の構内案内放送を行う高声電話機は，列車の乗車プラットホームや到着プラットホーム，乗換えなどの案内放送を行っている．

② 発車ベル

発車ベルはプラットホームなどに設置したベルを鳴らして列車の接近や発車予報を行い，スムーズな乗車と安全を確保する設備である．

発車ベルは当初は「ゴング」を使用してきたが，音量の調整ができないことから電子ベル化が行われた．さらに最近では「メロディ」による通報に変化しており，自動放送装置に内蔵する方式も進展している．

(3) ITV (Industrial Television) による案内

① プラットホーム監視用 ITV

カメラとモニタから構成され，列車発車時などに曲線プラットホームなどの見通しの悪い箇所での旅客の状態監視を行うものである．

車掌が監視する場合と，駅係員が監視する場合がある．

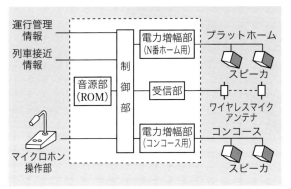

図 11-8
自動放送装置の構成例

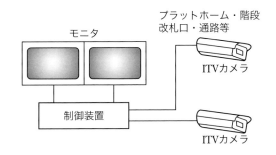

図 11-9
旅客誘導用 ITV

② 旅客誘導用 ITV

図 11-9 に示すように，カメラ，モニタ，制御装置などから構成され，プラットホーム，階段，コンコースなどにおける旅客の流動などを，駅事務室や防災センターなどで監視し，旅客誘導を行う．

2. 列車内における旅客案内

(1) 放送による案内

列車内での旅客案内としては，車掌による車内放送や自動放送が一般的である．

列車の乗務員に運行状態を知らせる方法として，輸送指令室から列車無線を経由して運転席や車掌席に一斉に伝達し，一斉放送を聞いた車掌などが，列車内の放送設備を使用して旅客に案内する場合がある．

(2) 文字情報伝達システム

文字情報伝達システムは，運行管理システムが持つ情報を無線により列車に伝達し，車内に設けられた LED 表示器により旅客へ情報を提供するものである．

図 11-10
列車内映像情報
（山手線の例：イメージ）

　また，新幹線やJR在来線の一部の特急列車では，文字ニュース配信システムにより，客室出入口上部の情報表示装置に地上からの文字ニュース情報を表示している．

(3) 車内映像広告システム

　車内映像広告システムは車内に設けられた液晶ディスプレイを用いて映像広告を流すものである．

　例えば乗降扉の上に設置し，天気予報，スポーツニュース情報，広告動画などを，拠点駅で無線情報により受信してプログラムにより流している．図 11-10 に列車内液晶ディスプレイの表示例を示す．

2　出改札システム

1. 出改札システムの役割

　出改札システムの役割は，鉄道における出札業務，改札業務の自動化を図ることであり，それを構成する機器は駅務機器とも呼ばれる．

　最近の駅務機器は通信ネットワークで結ばれ，遠方からの集中監視，収入管理，運賃改定情報のダウンロードなども行われている．

2. 乗車券類の規格

　乗車券類（切符）の大きさ，情報記録方式や処理方式は鉄道事業者や関連メーカーなどが会員となっている日本鉄道サイバネティクス協議会が制定・管理をしており，サイバネ規格と呼ばれる．同協議会は，米国のウィーナー博士が提唱したサイバネティクスの鉄道への適用を目的に1963年に設立されたもので，サイ

図 11-11
自動券売機の例

バネ規格はその大きな成果である．同規格に準拠することにより，各社局間で切符が相互利用できる．非接触 IC（Integrated Circuit）カードの規格も制定されている．

3. 出札機器

(1) 出札機器の種類

出札機器には，係員が操作するものと利用者が操作するものとがある．前者の例は定期券発行機や座席予約システムの端末装置であり，利用者の要求に従って窓口の係員が操作する．

後者は自動券売機と呼ばれ，1種類の金額の乗車券だけ発売する単能機から始まり，現在は多くの券種を取り扱う多能機が主流である．プリペイドカードやクレジットカードを用いたキャッシュレスの購入も可能となった．

図 11-11 は JR 東日本の自動券売機の例である．主に 3×5.75 cm の近距離の磁気乗車券を発券するが，Suica（Super Urban Intelligent Card）など IC カードへの入金（チャージ）や指定席券を発券するもの，インターネットなどで予約購入した指定席券を発券する機器もある．

乗越しや区間変更などに伴う不足金額の追加などを精算処理と呼ぶが，精算の場所としては，①降車駅での改札口通過時，②車内での車掌による検札時の二つがある．前者では精算業務を機械化した自動精算機が使用され，後者では車内補充券発行機が使用される．

261

(2) 出札機器の操作性

　利用者が直接扱う自動券売機や自動精算機ではその操作性が重要である．最近は使いやすさを考慮して操作面を傾斜させたものが使用されており，押しボタンだけでなく，タッチパネルディスプレイを用いたものが増えている．またコイン投入口を大きくし，まとめて入れられるようになっている．

　バリアフリーへの配慮も重要であり，機器の下部に空間を設け，車椅子でも使用できるよう形状と配置が工夫されている．視覚障害者への対応としては，テンキーでの操作や音声案内の機能がある．

4. 自動改札機

(1) 導入の経緯

　自動改札機はその名のとおり，係員が行っていた改札処理を自動化するものである．切符の情報を，機械が読み書きできるように磁化の方向で記録する磁気エンコード方式が使われている．実用化については関西の民鉄が先行し，1967年に阪急電鉄北千里駅で最初の実用機が稼働した．

　関東地方では国鉄からJRへの移行を契機として自動化の機運が高まり，1990年のJR東日本の導入以後急速に普及した（図11-12）．

(2) 機　能

　大都市圏では事業者間で相互直通運行する列車も多く，発駅・着駅のパターンや切符の種類も多岐にわたる．前払い式のストアードフェア（Stored Fare：SF）カードの残額処理，他社線連絡通路，新幹線の改札口への対応などから，最近では一度に複数枚の切符を処理できるようになっている．ICカードと磁気券の組み合わせにも対応できる．

図11-12
自動改札機の例
（東日本旅客鉄道（株）提供）

JR東日本の新幹線用改札機では，指定席情報を該当する列車の車掌に伝達し，検札を省略するシステムも実現している．

機能の向上に応じて，切符の有効性の判定や不正検知のロジックも必然的に複雑になり，運賃表等の記憶すべきデータも膨大であり，演算処理部は，複雑な処理を短時間で行えるよう高性能なものとなっている．また多くの利用者を問題なく通過させるためには，旅客の移動と乗車券との対応を正確に行わなければならない．

通路を構成する左右の筐体間に設置した複数の赤外線センサを用いて，利用者の分離と移動状況の推定を行う．無賃幼児の識別のために，以前は高さ検知バーを設けて身長を推定していたが，現在は通路中央部上方に向けた赤外線の反射状況で推定する方式となった．

5. 駅収入管理端末

駅ごとの売上情報，それを集約した全社の売上収入管理のために，駅務機器から構内 LAN などを経由して駅収入管理端末にデータが集計される．その情報は駅の締め切りデータが確定した時点で中央装置に集約される．

6. 非接触 IC カードシステム

(1) 導入の経緯

磁気乗車券を用いた自動改札システムは発展を続けてきたが，切符の挿入の手間や取り忘れの発生などの使い勝手の問題，機器の複雑性からのコスト高，セキュリティ面での弱点，SF カード相互利用の不十分さなどの問題があった．

これらを解決する手段として，非接触 IC カードシステムの開発が進められた．本格的研究開発は，国鉄の民営分割により 1987 年に発足した JR 東日本と JR グループの研究機関である鉄道総合技術研究所（鉄道総研）が中心となって行われた．

図 11-13 は鉄道総研の試作カードである．

改札機間の混信やユーザーが意図せぬ交信の防止，電波法上の制約などから，通信距離はあまり大きくできない．コスト低減や信頼性の向上からバッテリを持たず，受信電磁波を電源とするカードが採用され，通信距離は 10 cm 程度であるため，利用者にはアンテナ部にカードを触れる形で使用することを推奨している．

図 11-13　非接触 IC カード
((公財) 鉄道総合技術研究所 提供)

(2) 非接触式自動改札機

　自動改札機については，非接触 IC カードの処理部を付加する複合機の開発が進められた．機器の構成は複雑になるが，磁気券の比率が少なくなれば磁気処理部の運用コストが下がるなどのメリットもある．状況に応じて IC カード専用機も設置できる．

　改札機は常時呼びかけの信号を送出しており，カードが近づくと，認証，データの読出し，判定，書込みとその確認という一連の処理が行われる．利用者のスムーズな通過のため，0.2 秒以内に処理できるようになっている．小形の通信処理だけの機器を無人駅や列車内に設置し，サービスの範囲を広げることも期待できる．

　IC カードの場合は磁気乗車券とは違い，機器内にカードを取り込まず，手に持ったまま処理するため，使用法の案内が重要になる．カードと通信する部分を傾斜させ，動作時は光ることにより，利用者にわかりやすくしている．

(3) IC カードシステムの例

　① JR グループ

　JR 東日本は，数度のフィールド試験および埼京線でのモニタ試験を経て，2001 年に Suica システムを実用化した（図 11-14）．券種は，定期券と SF カードである．定期券は SF カードとしての機能も持ち，定期区間をはみ出た運賃が自動的に改札機で SF 分から差し引かれ，そのまま通過できる．

　SF 分は追加金額を入金（チャージ）し，定期券についても表面の印字を書き換えることにより，繰り返しカードを使うことができる．

　サービス開始時点では東京近郊の自動改札化区間 352 駅に自動改札機を，無人駅を含む 72 駅にカード処理専用改札機（ゲートは構成しない）を設置した．

　その後，仙台地区，新潟地区へと拡大を進めている．鉄道利用だけでなく，各

(a) 定期券　　　　　　　　　(b) SFカード

図 11-14　Suica の例

種の商品購入用の電子マネーとして使える店舗も増加し，駅構内にとどまらずコンビニエンスストアなど市中でも使えるようになった．さらに，クレジットカードと一体化した Suica も発行されている．

JR 西日本は，Suica と同機能の ICOCA（IC Operating Card）を 2003 年に導入した．Suica との相互利用も実現され，Suica を JR 西日本のエリアで，ICOCA を JR 東日本のエリアで使用できる．ICOCA は後述の PiTaPa とも相互利用可能である．

JR 東海も同機能の在来線用 TOICA（Tokai IC Card）を発行しており，新幹線用の IC カード（EX-IC サービス）も 2008 年 3 月に使用を開始した．なお JR 3 社の在来線用のカードは相互に利用可能となっている．

② スルッと KANSAI

関西の事業者で構成されるスルッと KANSAI 協議会の PiTaPa（Postpay IC for Touch and Pay）は，下記のサービスを提供する IC カードである．任意と記された機能は事業者によっては提供しない場合もある．阪急電鉄と京阪電鉄が先行して 2004 年 8 月に導入し，順次導入する事業者の範囲が拡大している．事業者ごとのクレジットカードとの一体形カードもある．なお，Suica とは違い匿名での利用はできない．

ⅰ）ポストペイサービス（任意）は利用データを 1 箇月単位で集計する運賃後払いのサービスである．支払いは口座引き落としで，利用実績に合わせて回数券や定期券相当の割引を行う．

ⅱ）プリペイドサービス（必須）は SF カードサービスであるが，後で口座決済される．

ⅲ）定期券（任意）は通常のものである．

③ PASMO（PASSNET と MORE の頭文字）など

　上記以外にも日本全国の鉄道やバスで乗車券の IC カード化が進められており，なかでも規模の大きなものは，関東圏の主要な鉄道事業者を網羅するパスネットグループとバス共通カードグループの統一カードとして 2007 年 3 月に導入された PASMO である．

　PASMO のサービスは Suica とほぼ同様であり，電子マネー機能も含め，使用開始時点から Suica との相互利用を可能とした．これにより，磁気券では実現できていなかった JR, 民鉄, バスを包含する, 1 枚のカードで多数の公共交通機関を利用できる環境が広がっている．

(4) 今後の方向

　非接触 IC カードやスマートフォンなどによる交通機関の利用は着実に拡大し，駅の改札機を通過する利用者の 9 割を超えるまでになった．一方，列車を利用の都度使用される磁気材料を塗布した紙の乗車券も依然として使用されており，それらを発券し，改札機で処理するための機器を維持するための負担が問題となってきた．改札機での処理時には紙詰まりなどのトラブルも発生する．これらを解決する新しい方向として，磁気情報ではなく，QR コードを乗車券に印刷し，それを光学的に読み取ることで改札機での処理を全面的に非接触方式にすることが計画されている．入場改札で QR コードから読み取られた情報は即時にサーバに転送され，出場改札での情報と併せて各乗車券の入出場の管理が行われることとなる（図 11-15）．

図 11-15　新形自動改札機の設置例
　　　　　（東日本旅客鉄道（株）提供）

3 座席予約システム

1. 座席予約システム開発の歴史

旅客販売のための手段として優等列車を運行しているJRや民鉄において，座席予約システムが使用されている．1950年代，旧国鉄や民鉄で特急列車などが増えるに従い，指定席確保の需要も増してきたが，当時は台帳方式で人手による予約処理が行われていた．

図11-16は旧国鉄の例であり，回転台の上に乗せた台帳に座席を書き込み，電話により駅係員に伝えている様子である．コンピュータ技術の発展とともに，自動的に座席を予約できるシステムが開発されてきた．まず1960年に旧国鉄のマルス（MARS：Magnetic-electronic Automatic Reservation System）と近畿日本鉄道のASUKA SYSTEMが稼働開始し，その後，各民鉄も導入した．

（**3**の記述はJRシステム（鉄道情報システム（株））から提供いただいた情報による）

2. JRマルスシステムの概要

(1) サービスの概要，取り扱い券種

マルス505は2020年4月に稼働を開始した最新のマルスシステムであり，そのサービス概要は**表11-1**のとおりである．

マルスシステムが発券する券片のうち，乗車券，定期券，特急券の例を**図11-17**に示す．自動改札機を使用できるよう，ほとんどの券片が縦57.5×横幅85 mmの磁気券に統一されている．

図11-16　手作業による予約（鉄道情報システム（株）提供）

表 11-1　マルス 505 のサービスの概要

接続端末数	約 10 000 台
取り扱い券種	指定券，自由席券，乗車券，定期券，特別企画乗車券，レンタカー券，イベント券　など
在庫数	約 100 万座席
取り扱い量	発券枚数：1 日平均約 195 万枚以上 発売金額：1 日平均約 86 億円（年間 3 兆円超え） コール数：約 1 400 万コール/日（ピーク日）

 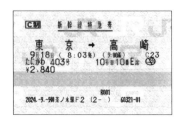

図 11-17　マルスが発券する切符の例

(2) システムの特徴

① 高速処理発売への対応

マルスでは表 11-1 に示すように膨大な取り扱い量がある．季節波動があるほか，最繁忙時期の朝 10 時には発売要求が多く集中するため，約 250 件/秒にも耐えられる設計であり，応答時間も約 6 秒程度である．この高速発売をサポートするために，端末での処理の高速化，通信時間の短縮，中央の高性能 CPU（Central Processing Unit）の採用を行っている．

② 高信頼性への対応

マルスは全国の新幹線，特急列車の指定席などを管理しているほか，乗車券，定期券なども取り扱っており，システム停止による影響は大きい．社会的インフラとなったシステムを安定稼働するために，システム構成上でさまざまな信頼性確保の対策がとられ，信頼度 99.999％以上を維持している．

そのためのシステム構成としては，ロードシェア構成（複数の CPU が分散して処理し，CPU 1 台が故障してもほかの CPU により処理を継続する方式）やホットスタンバイ構成（常に待機している CPU を用意し，1 台が故障しても瞬時に他 CPU に移る方式）などがある．

③ 機能充実への対応

マルスの機能はJRの旅客鉄道各社の施策展開にタイムリーに対応する必要があるため，列車手配の迅速化，きめ細かな座席管理，発売実績の即日把握，実績の柔軟な分析（データウェアハウス適用）などが実装されている．また，情報通信技術等の発展に対応して新サービスも順次実現されている．

例えば，新幹線の車内携帯端末へ発売済みの座席情報を転送する機能や，ICカード定期券の発行などがあり，スマートフォンを利用したチケットレスサービスも検討されている．

④ 情報セキュリティ管理機能

内閣サイバーセキュリティセンター（NISC）策定の「情報システムに係る政府調達におけるセキュリティ要件策定マニュアル」と情報処理推進機構（IPA）が提示する「安全なウェブサイトの作り方」をガイドラインとし，CDN（Contents Delivery Network），IPS（Intrusion Prevention System）／IDS（Intrusion Detection System），WAF（Web Application Firewall）など高度なセキュリティ管理を実装している．

(3) ネットワーク構成

図 11-18 にマルスの主なネットワーク構成を示す．マルスシステムは2024年現在でマルス505と呼ばれ，下記のようなシステムと接続されている．

① 決済サービスシステム：クレジット決済，コンビニ決済用接続
② 結合旅行会社共同システム：大手旅行会社5社のシステムと接続
③ JR旅行業システム：JR東日本，JR東海の旅行業システムとの接続

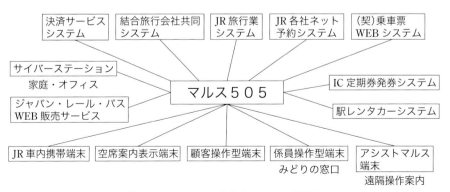

図 11-18　マルスの主なネットワーク構成
（鉄道情報システム（株）の公開情報）

図 11-19　みどりの窓口の端末
（MR-52N 形端末）

図 11-20　顧客操作型端末
（MV-50 形端末）

図 11-21　アシストマルス端末
（MV-50 形端末（アシスト機能付き））

図 11-22　空席表示端末
（MD-50 形端末表示画面例）

④ JR 各社ネット予約システム：JR 旅客会社のネット予約システムとの接続
⑤ (契) 乗車票 WEB システム：旅行会社 9 社の (契) 乗車票 WEB 販売システムとの接続
⑥ サイバーステーション：家庭や会社からの WEB 予約のためのサービス
⑦ IC 定期券発券システム：IC カード定期券発行のための接続
⑧ 駅レンタカーシステム：駅レンタカーシステムとの接続
⑨ ジャパン・レール・パス WEB 販売サービス：海外からジャパン・レール・パスの WEB 販売と指定席を WEB 予約するためのサービス

(4) 端末の種類

　マルスに接続されている端末には次のようなものがある.

　（図 11-19～11-22 は鉄道情報システム（株）提供）

270

① 係員操作型端末：みどりの窓口で係員が操作する端末（図 11-19）

② 顧客操作型端末：駅で旅客が操作する端末（図 11-20）

③ アシストマルス端末：遠隔からオペレータが発券操作および利用者の操作
　支援ができる端末（図 11-21）

④ 空席案内表示端末：指定席の空席状況を案内する端末（図 11-22）

⑤ JR 車内携帯端末：列車内で係員が操作する端末

3. 民鉄の座席予約サービス

座席予約システムを運用している民鉄と対象列車の例には，下記のようなものがある．

- 小田急電鉄：ロマンスカー
- 西武鉄道：レッドアロー
- 東武鉄道：スペーシア
- 京成電鉄：スカイライナー
- 近畿日本鉄道：伊勢志摩ライナー
- 南海電気鉄道：ラピート

販売機会を増やすために駅窓口における販売のほか，インターネットによる予約も受け付けている場合が多い．また，携帯電話を利用して指定席を確保し，乗車時の切符を不要にした，いわゆるチケットレスに移行している例もある．

第12章 都市交通・急勾配鉄道

1 都市交通の定義

　日本においては，都市内を中心にさまざまな公共交通システムが実用化されている．その形態は，レールの上を車両が車輪で走行する，いわゆる鉄道形式のものばかりでなく，さまざまな技術が用いられている．

　都市交通システムに明確な定義があるわけではないが，日本では，高密度に発達した都市内を結ぶ交通システムや基幹鉄道線区の，駅への結節交通システムの要望が多く，そのために，従来の大量輸送の鉄道とは異なる中規模から小規模の輸送需要に対応する交通システムが求められ，それに対応する形でさまざまな形態の交通システムが発達してきた経緯がある．

　したがって，これらの交通システムを総称して「都市交通システム」と呼ぶ．そのため，地下鉄でも在来の鉄道車両と同程度の輸送需要を担うものは「鉄道」と分類するものの，それよりも輸送需要の少ない地域を走行するものは都市交通として分類する．

　さらに本章では，急勾配鉄道についても述べる．

2 都市交通システムの歴史

　都市交通システムは，1980年代に自動車交通が進展を遂げる中で，渋滞，公害がひどくなり，都市の機能が麻痺しつつあったときに，それを解消するために，鉄道とバスの間の需要を担う新しい交通システムが開発，導入されたことに端を発する．

　これがいわゆる新交通システムであり，大都市から中都市に至るまで全国各地に建設された．

　このシステムは，案内軌条式鉄道と都市モノレールという形で実現されたが，

272

基本的には，道路上の空間を高架で走行するシステムであり，路線を建設しても高架下の道路も整備されるため，自動車交通も便利になって輸送量が思ったほど伸びず，2008年3月開業の日暮里・舎人ライナー以降の建設計画はない．

　一方，日本特有の事情として，大都市の集中化に伴う通勤エリアの郊外への拡大，また，その郊外の地形的な問題により，郊外の基幹路線駅への結節交通システムが要求されるようになってきた．

　その場合，急峻な地形や急曲線への対応が可能な交通システムが求められ，さまざまな技術を利用した交通システムが開発，実用化されてきた．一方で，運営コストの面でバス転換が図られた例もある．

　大都市内の主要な交通手段である地下鉄は，従来のままのシステムでは建設費が高騰して経営的にも苦しい，あるいは，中都市内で輸送需要が大都市ほど望めない場合でも，地下鉄が求められる場合などに対応して小断面地下鉄が開発され，リニアモータを利用したリニア地下鉄が実用化された．現在では，リニア地下鉄は大規模な需要が求められない地下鉄の標準のようになりつつある．

　さらに，リニアモータ技術に磁気浮上式技術を組み合わせて低騒音，省保守コストな都市交通としての常電導磁気浮上式鉄道の開発も進められ，リニモとして2005年に愛知県で開業した．

　また，道路上の空間に導入する新交通システムの計画が少なくなってきたのと反対に，道路に自動車と併行して公共交通を走行させる路面電車の復活の機運が近年では高まっており，ヨーロッパで開発されたLRV（Light Rail Vehicle：超低床式高性能路面電車）をまず既存の交通事業者が導入し始め，2006年には富山ライトレールが本格的な路面電車システム（LRT：Light Rail Transit）として開業した．

　以上のような日本の都市交通システムの発展は，都市の形態，状況に応じてその都度，開発，実用化がなされてきた．これらをまとめると**図 12-1**のようになる．

3　都市交通システムの分類

　都市交通システムの分類を**図 12-2**に示す．

　一つは，既存の鉄道技術を踏襲して都市交通に適するように改良を加えたシステムで，LRVが相当する．もう一つは，ゴムタイヤを利用するシステムで，これは都市内を走行するということで，高加減速で低騒音を目的として開発されており，案内軌条式鉄道，モノレールが相当する．なお，ゴムタイヤで走行する電

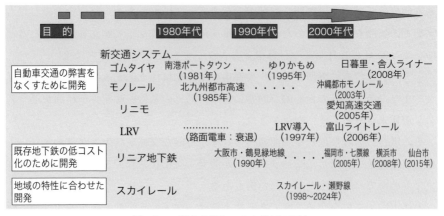

図 12-1　都市交通システム発展の歴史

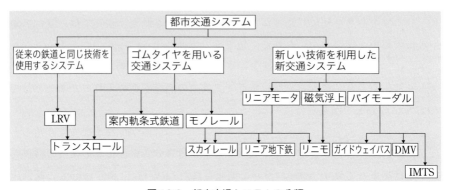

図 12-2　都市交通システムの分類

車は，駅停車時は接地ブラシで接地して電位的な安全性を図っている．

　最後が，新しい技術を核に新たな交通システムが開発された例で，リニア地下鉄，スカイレール，リニモが相当する．しかし近年では，これらに属さないシステムも登場し始めており，今後ますます多様な発展を遂げるものと思われる．その一つの例がバイモーダルシステムである．

　これは一つの車両が道路，専用軌道の両方を走行できるシステムで，名古屋市のガイドウェイバスに始まり，2005 年の愛知万博で走行した無軌条磁気誘導式鉄道 IMTS（Intelligent Multi-mode Transit System）や，JR 北海道が開発して 2007 年 4 月から釧網線で試験的営業運行し，2021 年 12 月から阿佐海岸鉄道が四国南東部で営業運転している DMV（Dual Mode Vehicle）がある．

274

4 主な都市交通システム

1. 案内軌条式鉄道

　コンクリートの走行路をゴムタイヤで走行するシステムで，バスのようなシステムであるが，車両の案内を案内輪と案内レールにより拘束することにより行い，専用軌道を走行する（図 12-3）．

　車両の駆動は鉄道と同様回転形モータで行うが，車両の寸法が小さく，電車線位置，集電子位置に関する寸法上の制約から必要離隔距離が確保されず，集電電圧は，直流 750 V か三相交流 600 V（商用周波数）である．このシステムは，日本ではいわゆる新交通システムとして，インフラ補助制度により，インフラ部分を国からの補助でまかなうことにより発展し，普及したシステムである．1981 年に大阪南港ポートタウン線と神戸新交通ポートアイランド線で実用化が始まり，2008 年 3 月開業の日暮里・舎人ライナーを含めて全国で 11 線区を数える．

　2006 年 9 月に廃止された桃花台線を除き，営業開始順に整理したものを**表 12-1** に示すが，近年は三相交流 600 V のき電が主流となっている．すなわち，三相 600 V を車内に給電し，コンバータにより直流に変換した後，VVVF インバータにより誘導モータを制御して走行する方式が一般化している．

　このシステムは，基本的には高架の専用軌道を走行し，ゴムタイヤによる粘着力も高いことから，一定の走行抵抗，停止精度が保たれるものと期待し，運転士のいない自動運転も可能なシステムとして開発されているが，線区の実情に合わせてワンマン運転，有人の自動運転も実施されている．

図 12-3
案内軌条式鉄道
（ニューシャトル 2020 系）
（埼玉新都市交通(株) 提供）

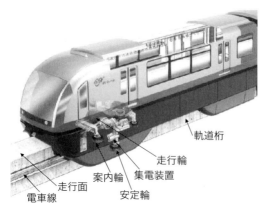

図 12-4
跨座式モノレール
(沖縄都市モノレール)

2. モノレール

　新交通システムよりも輸送需要の多い都市内の輸送手段としてモノレールがある．このシステムは形態によって跨座式と懸垂式に分かれるが，高架軌道をゴムタイヤで走行する点では，新交通システムと同様である．

　跨座式のモノレールである沖縄都市モノレールを図 12-4 に示す．

　軌道桁上の走行路をゴムタイヤの走行輪が走行し，軌道桁横を案内輪，安定輪が走行して脱線を防ぐ構造となっている．モノレールの場合，電車線の設置スペースの関係と輸送量の関係から直流の 1 500 V が標準となっている．

　近年では，案内軌条式鉄道と同様にインフラ補助制度により，道路空間上に建設することが多くなっているが，新交通システムと異なり，軌道構造上，異常時における乗客の救出が課題となり，乗務員の添乗を必要とするため，無人運転は実施されていない．しかし一部路線では，運転は自動で，添乗員または運転士が乗車している場合もある．

　表 12-2 に，実用化されているモノレールの一覧を示すが，懸垂式は軌道断面が大きくなり，近年では跨座式が主流となりつつあるものの，新規の路線計画がないのが現状である．

3. LRT（Light Rail Transit）

　近年は，いわゆるインフラ補助を利用した新交通システムの建設の例は少なくなってきている．それはこの補助制度のもとでは高架軌道下の道路も整備され，道路交通も便利となるため，建設コストに見合うだけの輸送需要が得られず，採算性に課題があったためである．それは利用者が高架構造の公共交通システムへ

表 12-1　日本における案内軌条式鉄道

事業者名	神戸新交通	大阪市	山万	埼玉新都市交通	西武鉄道	横浜新都市交通	神戸新交通	広島高速交通	ゆりかもめ	大阪港トランスポートシステム	東京都
線名	ポートアイランド線	南港ポートタウン線	ユーカリが丘線	伊奈線	山口線	金沢シーサイドライン	六甲アイランド線	アストラムライン	臨海線	南港・港区連絡線	日暮里・舎人ライナー
区間	三宮／神戸空港	中ふ頭／住之江公園	ユーカリが丘／公園	大宮／内宿	多摩湖／西武球場前	新杉田／金沢八景	住吉／マリンパーク	本通／広域公園前	新橋／豊洲	中ふ頭／コスモスクエア	日暮里／見沼代親水公園
キロ数	10.8	6.6	4.1	12.7	2.8	10.6	4.5	18.4	14.7	1.3	9.8
駅数	12	8	6	13	3	14	6	21	16	3	13
運転形態	無人	無人	有人	有人	有人	無人	無人	有人	無人	無人	無人
き電	三相600V	三相600V	DC750V	三相600V	DC750V	DC750V	三相600V	DC750V	三相600V	三相600V	三相600V
営業開始	1981.2	1981.3	1982.11	1983.12	1985.4	1989.7	1990.2	1994.8	1995.11	1997.12	2008.3

〈注〉 札幌市地下鉄、名古屋市、名古屋ガイドウェイバスは除く

表 12-2　日本におけるモノレール

事業者名	名古屋鉄道	東京モノレール	湘南モノレール	北九州高速鉄道	千葉都市モノレール	千葉都市モノレール	大阪高速鉄道	大阪高速鉄道	多摩都市モノレール	舞浜リゾートライン	沖縄都市モノレール
線名	モノレール線	羽田線	江ノ島線	小倉線	2号線	1号線	大阪モノレール線	彩都線	多摩都市モノレール線	ディズニーリゾートライン	沖縄都市モノレール線
区間	犬山遊園／動物園	モノレール浜松町／羽田空港第2ターミナル	大船／湘南江の島	小倉／企救丘	千葉／千城台	千葉みなと／県庁前	大阪空港／門真市	万博記念公園／彩都西	多摩センター／上北台	リゾートゲートウェイ／リゾートゲートウェイ	那覇空港／てだこ浦西
キロ数	1.2	17.8	6.6	8.8	12	3.2	21.2	6.8	16.2	5	12.9
駅数	3	10	8	13	13	6	14	5	19	4	15
運転形態	有人	有人(ATC)	有人	有人(ATO)	有人	有人	有人(ATC)	有人(ATC)	有人(ATC)	添乗員(ATO)	有人(ATC)
形式	跨座	跨座	懸垂	跨座	懸垂	懸垂	跨座	跨座	跨座	跨座	跨座
き電	DC1500V	DC1500V	DC1500V	DC1500V	DC1500V	DC1500V	DC1500V	DC1500V	DC1500V	DC1500V	DC1500V
営業開始	1962.3	1964.9	1970.3	1985.1	1988.3	1995.1	1997.4	1998.10	1998.11	2001.7	2003.8

277

のモーダルシフトを積極的に行わなかった結果であるともいえる．

　しかし，現実問題として，環境問題，高齢化社会を考えると，公共交通システムへのモーダルシフトは喫緊の課題である．

　そこで登場してきた交通システムが，LRT である．これはヨーロッパでは普及しているシステムであるが，LRV と呼ばれる高性能で人に優しい低床式路面電車を中心とした，交通システムである．

　日本では，路面電車は道路交通の進展を受けて衰退の一途をたどっていたが，この LRV を導入して路面電車の活性化を図り，低コストで人に優しい公共交通システムへのモーダルシフトを促進させようという動きが進展しており，近年では補助制度も充実してきている．

　日本ではまず，1997 年にヨーロッパ製の 100％低床式車両が熊本市で導入され，その後，ヨーロッパ製の 100％低床車が順次導入された．また，2002 年に鹿児島市で国産の部分低床車の導入も進められ，2005 年には国産の 100％低床式車両が広島市で導入された．

　熊本市に導入された 100％低床式車両の台車を図 12-5 に示すが，車軸をなくし，モータを従来のように車輪の間に搭載するのではなく，台車枠の外側の車体に装架することにより，車体中央部の低床化を図っているのが特徴である．

　これまでは，路面電車の活性化といっても，従来の車両のほかに LRV を導入するだけにとどまっていたが，その後，2006 年 4 月に開業した富山ライトレール（図 12-6）のように，新たに路面電車の路線を建設し，車両もすべて LRV として，バリアフリー，運転本数の増加をはじめとした，人に優しく，かつ利便性

(a) 外観

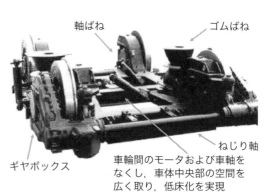

(b) 台車構造（熊本市交通局パンフレット）

図 12-5　熊本市電 9700 形 100％低床 LRV

図 12-6　富山ライトレール

表 12-3　日本における LRV

事業者	運行開始	基礎技術	車体の特徴	特　徴
熊本市交通局	1997.8	ヨーロッパ	2車体連接2台車	日本初の100%低床式車両，全長18.5m
広島電気鉄道	1999.6	ヨーロッパ	5車体連接3台車	100%低床，全長30.5m
東京急行	1999.9	日　本	2両1編成	車内床面フラット
鹿児島市交通局	2002.1	日　本	3車体連接2台車	国産初の部分低床
伊予鉄道	2002.3	日　本	1車体2台車	単車，狭軌の部分低床
土佐電気鉄道	2002.4	日　本	3車体連接2台車	部分低床
函館市交通局	2002.4	日　本	1車体2台車	単車，部分低床
岡山電気軌道	2002.7	ヨーロッパ	2車体連接2台車	狭軌，100%低床
万葉線	2004.1	ヨーロッパ	2車体2連接	100%低床
長崎電気軌道	2004.3	日　本	3車体連接2台車	床高さ480mm，部分低床
広島電鉄	2005.3	日　本	5車体連接3台車	国産初の100%低床
豊橋鉄道	2005.8	日　本	1車体2台車	車内斜面通路
福井鉄道	2006.4	日　本	1車体2台車	車内斜面通路
富山ライトレール	2006.4	ヨーロッパ	2車体連接2台車	路線内すべてLRV，100%低床
宇都宮ライトレール	2023.8	ヨーロッパ	3車体連接車	ブレーメン形，上下分離方式

の高い LRT として実用化されたものもある．こうした新しい概念の路面電車の導入例として，2023年8月に芳賀・宇都宮 LRT が開通した．

表 12-3 に日本における LRV の導入一覧を示す．

4．その他の都市交通

(1) ゴムタイヤを利用した LRV

LRV の一種として，ゴムタイヤで走行するシステムがヨーロッパで開発され，

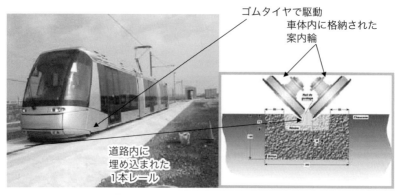

図 12-7　トランスロール（堺実験線）

日本でも，導入の機運が高まっている．これは路面電車のように2本の鉄レールを必要としないため，道路上の走行や建設コストの低減が可能なシステムである．

　日本では，ヨーロッパで開発されているトランスロールを堺の実験線で走行させている．このシステムはゴムタイヤを回転形モータで駆動するものの，車体の案内は，道路上に布設された一つの鉄レールを車体内に搭載された二つの案内輪で挟み込むことによって行うシステム（**図 12-7**）であり，ヨーロッパではすでに実用化されており，日本でも導入を検討したが，実用化には至らなかった．

(2) 新しい技術を利用した交通システム

　① リニアモータ

　リニアモータは扁平な構造で非粘着駆動のため，浮上機構を搭載することにより，浮上式鉄道への応用が古くから考えられてきた．その最先端をいくのが，500 km/h の超高速をねらう JR マグレブとトランスラピッド（ドイツで開発され中国の上海で実用化された）である．

　一方，都市内交通用にもリニアモータの非粘着性や低騒音性を利用してさまざまな交通システムが開発されている．それらのシステムとリニアモータの主な利用方法を**表 12-4**に示す．

　このうちリニア地下鉄は，車両の支持と案内は従来のままで，駆動をリニアモータによって行うというシステムであるが，リニアモータの扁平性により，地下鉄の断面を小さくできることで，建設コストの削減に寄与することから，日本では，中規模程度の地下鉄には標準のような形で普及しつつあり，また，海外にも展開しつつあるシステムである．

表 12-4　リニアモータの特徴を生かしたシステム

	リニア地下鉄	WED way P.M.	スカイレール（2024.4 廃止）	リニモ	OTIS ALM
リニアモータの形式	車上一次	地上一次	地上一次	車上一次	車上一次
特　徴	鉄輪—鉄レール	新交通と同様	ケーブル駆動と併用	磁気浮上と併用	空気浮上と併用
リニアモータの利用方法	急勾配走行，小断面トンネル	軽量化	急加速	急勾配走行，低騒音，省保守	低騒音，走行自由度
実用例	大阪市，東京都，福岡市	米国	瀬野線	東部丘陵線	試験線

表 12-5　実用化したリニア地下鉄

事業者	大阪市	東京都	神戸市	福岡市	大阪市	横浜市	仙台市
路　線	長堀鶴見緑地線	大江戸線	海岸線	七隈線	今里筋線	4 号線	東西線
キロ数	15	40.7	7.9	12	11.9	13.1	13.9
駅　数	17	38	10	16	11	10	13
区　間	大正	都庁前	三宮・花時計	橋本	今里	日吉	荒井
	門真南	光が丘	新長田	天神南	井高野	中山	八木山動物公園
運転形態	有人 ATO	有人 ATO	有人 ATO	添乗員 ATO	有人 ATO	—	—
開　業	1990.3	1991.12	2001.7	2005.2	2006.12	2008.3	2015.12

表 12-5 に，リニア地下鉄の実用化状況を示す．

また，スカイレールは懸垂式モノレールのような軌道構造を持ち，それにより車両の支持・案内を行うが，駆動は駅間ではロープにより行い，駅部では地上一次式のリニアモータで行うシステムである．

これは急傾斜地の頂上の住宅街と谷側の在来線駅とを結ぶために開発されたシステムで，急勾配を上れるようにロープ駆動を行うが，走行を安定に行うため，車両の支持・案内は，高架構造の軌道桁により行うシステムである（**図 12-8**）．

広島市の山陽本線・瀬野駅（みどり口駅）と山頂（みどり中央駅）を結ぶ全長1.3km，最急勾配27%の路線（全 3 駅）として 1998 年に実用化された．しかし，運営コストの面から 2024 年 4 月を最後に廃止され，EV（Electric Vehicle）バスへ転換された．

さらに，リニアモータの非粘着駆動と常電導磁気浮上を組み合わせた都市内交通用の磁気浮上式鉄道がリニモとして，2005 年 8 月に東部丘陵線で，藤が丘〜八草間 8.9km，9 駅で実用化された．

これは車両の支持・案内を非接触で行い，リニアモータで駆動を行うというこ

図 12-8
スカイレール
（広島・瀬野線）

とで，高速，低騒音，省保守化が見込まれるシステムで，都市交通システムの一つの方向として，今後の展開が期待される．

② バイモーダルシステム

鉄道は専用軌道を走行する一次元の交通システムであり，ドア・ツー・ドアの利便性はない．しかし，バスや自動車は道路上を二次元に走行し，ドア・ツー・ドアに近い利便性がある．

都市交通といっても大都市ではまだまだ交通渋滞が激しく，公共交通システムの生き残る道はあると思われるが，地方都市では，バスも含めて公共交通の衰退が激しく，地方交通の活性化が課題となっている．

それを解決するための一つの方策として，郊外部はバスとして自由に走行し，都心部は専用軌道を高速に走行して，定時性の確保など鉄道としての役割を果たす交通システムとして，バイモーダルシステムが見直されている．

このシステムは，もともとバスに案内輪を搭載して，郊外部はバスとして走行し，都心部は専用の高架軌道を新交通システムのように走行するガイドウェイバスとして，日本でも2001年3月に大曽根〜小幡緑地間6.5km，9駅で実用化されていた．

しかし，このシステムは輸送需要が拡大した際，専用軌道部分を案内軌条式の新交通システムとして走行させる目的で建設されたもので，地方交通の活性化という目的ではなかった．

また，バスが高架軌道を走行するということで，新交通システム同様，その後の展開がなかったシステムである．

現在，地方交通活性化のためのバイモーダルシステムとして，DMV（Dual

図 12-9　DMV（JR 北海道）

Mode Vehicle）が開発されている．これは JR 北海道が開発したシステムで，小形バスの車輪（ゴムタイヤ）の前後に鉄車輪を搭載して，鉄道線路を走行する場合は，この鉄車輪をレール上に降ろして鉄車輪とゴムタイヤでレール上を走行し，道路上は鉄車輪を車体内に格納してバスとして走行するバイモーダルシステムである（**図 12-9**）．

各種走行試験を経て，2007 年 4 月より釧網線浜小清水〜藻琴間（線路走行約 11 km，道路走行約 25 km）で試験的営業運行を開始しているが，2014 年に JR 北海道は DMV の導入を断念した．

その後，DMV の開発は阿佐海岸鉄道が引き継ぎ，徳島県海南町（鉄道側）と高知県東洋町（バス側）を結ぶ路線として，2021 年 12 月 25 日に営業を開始している（「**口絵**」参照）．

③ バス高速輸送システム BRT（Bus Rapid Transit）

バスの専用道や専用レーンを利用し，定員 100 名以上の連接バスなどを組み合わせて輸送力や利便性と柔軟性を高めたシステムである．2011 年の東日本大震災以降に，気仙沼線や大船渡線に BRT が導入された．

5　急勾配鉄道

1．鋼索鉄道（ケーブルカー）

鋼索鉄道は鋼製索条にレール上を転がる車両を緊結し，山上の巻上機で巻き上げて運転するものである．

図 12-10　交走式ケーブルカー

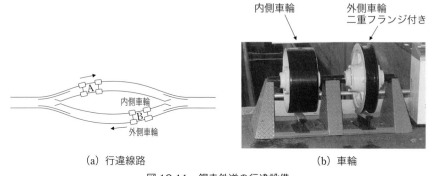

(a) 行違線路　　　　　　　　　　　(b) 車輪

図 12-11　鋼索鉄道の行違設備

　日本の鋼索鉄道は，線路を単線として中間に行違線路を設け，2台の車両を交互に上下させる交走式が採用されている．図 12-10 に行違線路と車両の例を示す．

　行違線路は図 12-11 に示すようであり[18]，転換装置のない特殊な分岐器が用いられている．2台の車両の外側車輪は二重フランジ付きの踏面，内側車輪は扁平踏面となっており，A車は左側を，B車は右側を通行して行き違いする．

　鋼索鉄道は車内の電灯回路などのために電車線が設けられており，直流または交流200V以下で給電している．

　勾配は700‰程度が限度とされており，一般に山上に近づくに従って勾配を急にしている．巻上用電動機は三相誘導電動機が使用され，3 000 V・75～220 kW 程度である．

2. 索　道

　索道は架空索条に搬器をつるし，動力または搬器の質量を利用して，旅客または貨物（旅客および貨物）を運送するものである．

図 12-12
普通索道
(千葉・鋸山ロープウェイ)

(1) 普通索道(ロープウェイ)

普通索道はいわゆるロープウェイのことで,閉鎖式搬器を用いて旅客または貨物を運搬するものである.搬器の例を図 12-12 に示す.

鋼索の条数は一般に 3 線式または 4 線式が用いられる.例えば図 12-13 の 3 線交走式の場合,両端停留所間に搬器懸垂用の支索という鋼索を架設し,この上に滑車で搬器をつるし,曳索で引いて移動させる.支索は山上側を固定し,山麓側におもりを設けて張力を一定にする.曳索は鋼索 2 条からなり,2 条を常用とする場合と片側を予備にする場合がある.最高運転速度は 10 m/s (36 km/h) 程度である[9].

(2) 特殊索道(リフト)

特殊索道は,椅子式搬器を用いて旅客を運送するもので,スキーリフト,夏山リフトなどがある.最高運転速度は固定循環式が 2 m/s(7.2 km/h) 程度,乗降時の速度を減速する自動循環式が 5 m/s(18 km/h) 程度である[9].

図 12-14 に特殊索道の搬器の例を示す.

3. 無軌条電車(トロリバス)

架空複線式のトロリ線から集電して,道路上を走行する電車である.電気機器は路面電車とほぼ同様であるが,車体や操縦機構,車輪などは自動車と同じで,路面電車とバスの中間の性能を有する.

車両の最高速度は 60 km/h 以下である.海外では広く実用されているが,現在の日本では,黒部と立山のトンネル区間の観光用 2 路線のみであったが,黒部トンネルの関西電力のトロリバス(図 12-15)は 2018 年 11 月の運行を最後に廃止され,2019 年 4 月から電気バスが運行されている.この電気バスはリチウム

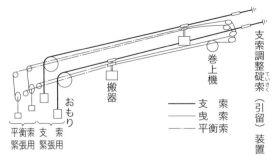

図 12-13
3線交走式索道の構成例

図 12-14
特殊索道の椅子式搬器

イオン電池と永久磁石三相同期電動機を搭載しており，長野側起点である扇沢駅ホームで約10分の急速充電を行い，黒部ダムまでを1往復している．

一方の立山トンネルを走る立山黒部貫光のトロリバスは，2024年11月30日でトロリバスの運行を廃止し，2025年4月から電気バスに転換する計画である．

4. アプト式鉄道

鉄レール・鉄車輪方式では安定した粘着力による運転ができない急勾配鉄道に，歯軌条（フックレール）とピニオン歯車を用いたアプト式鉄道がある．

現在は大井川鐵道で，90‰の勾配にアプト式鉄道が用いられている．

図 12-16 に ED90 形・直流 1 500 V 電気機関車，走行レールの中央に配置された歯軌条と，ピニオン歯車を示す．

6 都市交通システムの今後

日本において，都市交通システムは地域の特性に合わせてさまざまな形で発展

(a) 前面　　　　　　　　　　　　(b) 後部トロリポール

図 12-15　関西電力の無軌条電車（600 V・VVVF 制御）

(a) ED90形電気機関車　　　(b) 歯軌条　　　(c) ピニオン歯車
　　　　　　　　　　　　　　　　　　　　　　　((株) 日立製作所 資料)

図 12-16　アプト式鉄道の歯軌条とピニオン歯車

してきており，今後も大都市を中心として発展が続くものと思われる．その中でも，特に LRT が利便性，低コスト性の点から今後は都市交通システムの主役を担っていくと思われる．

　しかし，地域の特情に合わせた形で，新しい技術をもとにした都市交通システムはこれからも開発が進められていくものと思われ，その一つとしてジェットコースター技術を利用して，土地の形状によっては自然落下により走行するという都市交通システム，エコライドも省コスト，省エネルギーシステムとして，開発が進められている（**図 12-17**）．

　一方，公共交通システム離れが著しい地方においては，専用軌道の優位性を示すことが難しく，今後はドア・ツー・ドア的な走行が可能なバイモーダルシステ

図 12-17 位置エネルギーを利用したエコライドシステム

図 12-18 IMTS（愛・地球博で実用走行）

ムの進展に期待が持たれる．前述した DMV のほかに，トヨタ自動車が中心となって開発し，愛・地球博で実用化された，IMTS（Intelligent Multi-mode Transit System：図 12-18）の本格的な実用も望まれる．

IMTS は，バス形車両が道路上に埋め込まれた磁気マーカを読み込むことにより自動運転することを基本としており，案内制御を工夫して非接触にできれば道路空間を自由に利用でき，応用範囲がさらに広がるものと期待される．

また，今後，開発が期待される都市交通システムは，従来の鉄道の考え方による構成だけではなく，自動車技術などの汎用技術や燃料電池などの先端技術も積極的に取り入れ，省コスト，人に優しいという観点から，高齢化社会に適用可能で，かつ地方にも導入可能なものが望まれる．

第13章　リニアモータ式鉄道

1　リニアモータの方式と種類

1. 各種リニアモータ

リニアモータは図 13-1 に示すように，回転形電動機の固定子および回転子の一部を切り開き，直線状に展開したものである．

リニアモータは大きく分けて，次の3種類に分類される．

① リニア誘導モータ（LIM：Linear Induction Motor）

回転形誘導電動機を軸方向に切り開いたもので，回転形と同様に巻線形とかご形がある．誘導電動機は空げきが増加すると推力が大幅に減少するため，一次側と二次側導体の空げきを小さく抑える必要がある．端効果が顕著で，高速域で推力，力率，効率が低下する．

② リニア同期モータ（LSM：Linear Synchronous Motor）

回転形同期電動機を軸方向に切り開き，直線状に展開して直線運動を行う電動機である．

界磁として交互にN―S極の強力な磁石を並べ，界磁と同一ピッチで電機子を対向して進行方向に力が発生するように電流を流す．

界磁には永久磁石，超電導磁石，または電磁石が用いられる．

図 13-2 はリニア同期モータ（LSM）の基本構成であり，三相配置されている地上の推進コイルに三相交流を流すと移動磁界を生じる．周波数を f (Hz)，極

図 13-1　回転形電動機からリニアモータへ

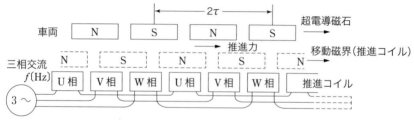

図 13-2　LSM の基本構成

表 13-1　リニアモータを用いた交通システム

種類			車輪支持	吸引浮上	誘導浮上
車上一次	誘導モータ片側		リニア地下鉄	リニモ	
			スカイレール		
地上一次	同期モータ	永久磁石		M-Bahn	
		電磁石		トランスラピッド	
		超電導磁石			JR 浮上式

ピッチを τ (m) とすれば，同期速度は，

$$v_0 = 2f\tau \text{(m/s)} \tag{13.1}$$

となる．

③ リニア直流（サイリスタ）モータ（LDM：Linear DC Motor, LTM：Linear Thyristor Motor）

回転形の直流電動機を切り開いたもので，ブラシと整流子を電子回路で実現している．

2. リニアモータを用いた交通システム

在来鉄道においては，モータの効率の高さや制御の容易さから，回転形電動機が主流であった．しかし，リニアモータが非粘着駆動であることによる登坂能力の高さ，車体断面積の低減などから，都市交通システムとして実用化されている．

また，直線状の駆動力を非粘着・非接触で発生することから，浮上式鉄道の駆動方式として最適である．

表 13-1 にリニアモータを用いた交通システムの主な例を示す．ここで，電機子を地上側に界磁を車上に搭載しているものを地上一次方式，その逆を車上一次

方式という.

2 車輪支持リニアモータ電車

1. 車輪支持リニアモータ電車の特徴

推進にリニアモータを利用し，車体の支持・案内は従来の鉄道と同様に車輪で行う方式である．車輪支持リニアモータ電車は，①低騒音，②急勾配（最大60‰）・急曲線（本線で半径約100 m）の走行が可能で，③低床化でトンネル断面を小さくできる特徴がある．

日本では，鉄車輪—レール支持，車上一次方式が1990年から大阪市地下鉄7号線で，その後1991年に東京都営地下鉄12号線などで最高速度70 km/hで実用化されている．

2. リニア地下鉄の駆動システム

図13-3は車輪支持式リニアモータ地下鉄の前面および主回路であり，リニア誘導モータの一次側を台車に取り付け，二次導体としてリアクションプレートを軌道中央のまくらぎに固定する方式である（「第12章 4 4.(2) 表12-5」参照）．

電気方式は直流1 500 Vを用いており，架空電車線とパンタグラフ，または第三軌条と集電靴（直流750 V）で集電し，帰線はレールを用いている．

リニアモータのギャップは12 mm程度で，一次コイルに交流電流を流して移動磁界を発生させ，リアクションプレートに誘導される渦電流との間で発生する磁気力を駆動力とする．

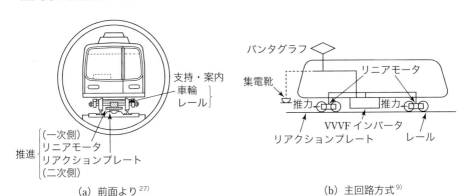

(a) 前面より[27]　　　　　　　　　(b) 主回路方式[9]

図13-3　車輪支持式リニアモータ地下鉄

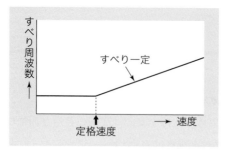

図 13-4
リニア地下鉄の VVVF 制御[27]

(1) 推進制御

　車両の推進は VVVF（可変電圧可変周波数）インバータでリニア誘導電動機を制御して行う．すなわち，図 13-4 のように，定格速度まではすべり周波数一定制御で定トルクを確保し，定格速度以上ではすべり一定制御を行い，効率を最大に制御する．

　リニアモータの効率が低いことから，すべり周波数は従来より若干高めに設定している．

(2) 推力と吸引力

　リニアモータを推進に利用する場合，推力とともに吸引力も発生する．リニア地下鉄では車輪で支持するため吸引力があまり過大でなければ，推進力の大きい領域で使用することが効率の面から望ましい．

3　常電導磁気浮上式鉄道

1. 開発の経緯

　非接触支持の高速鉄道のアイデアは 1870 年代後半から存在し，1923〜1938 年にドイツのヘルマン・ケンペル（Hermann Kemper）により磁気浮上に関する重要な特許が出され，試験機による実証が行われた．

　その後，ドイツでは 1970 年代から常電導吸引式磁気浮上方式 LSM 推進による，トランスラピッド（Transrapid）の開発が行われている．

　実用化システムとして 2002 年に中国の上海空港アクセス線が開通し，30 km の区間を最高速度 430 km/h，8 分で結んでいる．

　日本では 1960 年代から常電導吸引式磁気浮上方式 LIM 駆動の研究が行われ，代表的なものが運輸省（現・国土交通省）の EML（Electro-Magnetic Levitation）

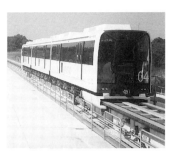
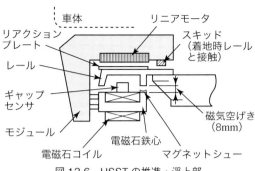

図 13-5　リニモ車両　　　　　図 13-6　HSST の推進・浮上部

と日本航空の HSST（High Speed Surface Transport）である．

その後 EML は中断し，HSST は博覧会などの機会を利用してモジュール支持方式の実用車両の開発が進められ，2005 年 3 月に愛知県の東部丘陵線「リニモ」として愛・地球博に合わせて実用化を迎えた．

2. HSST[12]

日本航空が 1974 年から都市内リニアとして開発した高速地表輸送機関 HSST は，現在は別会社の中部エイチ・エス・エス・ティ開発に引き継がれている．

(1) HSST の構造

HSST（リニモ）の外観を図 13-5 に，モジュールの構造を図 13-6 に示す．浮上力および案内力を発生するマグネット 4 個と，推進力を発生するリニア誘導モータ 1 個などをまとめてユニット化したものをモジュールといい，1 車両に片側 5 個，左右合計で 10 個のモジュールを配置して荷重を均等に分散させている．電力は直流 1 500 V を用いており，剛体電車線で側方接触方式としている．

(2) 浮上案内方式

浮上案内には常電導吸引式浮上案内兼用磁石方式を用いている．

車両に取り付けた U 字形の電磁石が T 字形ガイドウェイの左右両側にある逆 U 字形の鉄製レールに吸着し，車体を約 1 cm 浮上させる．

案内は U 字形レールを使用していることから，横ずれに対して自然の復元力を持っている．

(3) 推進方式

推進は車上一次方式であり，車体の両側にあるリニア誘導モータが走行路のリ

図 13-7 上海の磁気浮上列車
（高重哲夫氏 撮影）

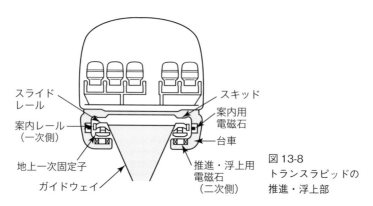

図 13-8 トランスラピッドの推進・浮上部

アクションプレート（アルミ板）と作用して推進する．

リニア誘導モータはVVVFインバータによる可変電圧可変周波数電源で駆動され，すべり周波数一定制御方式としている．

3. トランスラピッド[12]

トランスラピッドは，デュッセルドルフの北側200kmに位置する全長31.4kmのエムスランド実験線で，2両編成の試験車およびプロトタイプ車によって，速度435km/hまでの走行試験と，長期の走行試験が行われている．

図13-7は上海の磁気浮上列車である．

(1) 推進・浮上

図13-8はトランスラピッドの推進・浮上部であり，車上の電磁石と地上の磁性体との間に働く吸引力を制御して10mm程度の空げきを維持し，地上一次リニア同期モータで推進する．

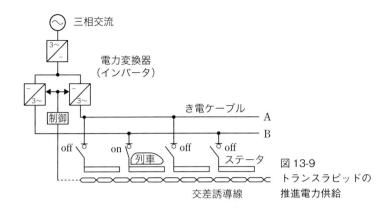

図 13-9 トランスラピッドの推進電力供給

(2) 電力の供給

推進のための電力は，図 13-9 に示すように，交差誘導線で列車位置を検出して，インバータにより車両の速度に応じた可変電圧可変周波数の電力を発生し，き電区分開閉器により車両の存在するセクションのステータにだけ電力を供給している．

車上で必要な電力は，界磁側にリニア発電機のコイルを持ち，非接触で集電している．

4　超電導磁気浮上式鉄道

1. 開発の経緯と現状[12),28),29)]

新幹線の次の超高速鉄道としてリニアモータと磁気浮上を組み合わせた方式の研究が始まったのは，東海道新幹線開業の 2 年前，1962 年である．その後，世界的にも各種の高速鉄道の開発が行われている．リニア誘導モータによる走行試験は，1970 年頃に向けて各種の装置で行われており，代表的な模型として，1970 年の大阪万博の日本館にはリニア誘導モータで駆動し，永久磁石反発，車輪案内で鉄道技術研究所の協力による装置が展示された．初期の原理研究などを経て，1972 年 10 月には，鉄道 100 年記念で当時の国鉄・鉄道技術研究所内で超電導磁気浮上とリニア誘導モータを組み合わせた ML100（図 13-10）が一般公開され，5 cm 浮上して時速 60 km で初めて有人浮上走行に成功した．

1977 年には LSM 推進で宮崎実験線が建設され，1979 年，最初の実験車両 ML500（図 13-11）が当時の鉄道の世界最高速度 517 km/h を記録した．その後，

図 13-10　ML100
（旧国鉄　鉄道技術研究所内）

図 13-11　ML500

図 13-12　MLU001

図 13-13　MLU002N

　有人走行可能なシステムとするため，1980 年にガイドウェイを逆 T 字形断面からU 字形断面に改造，実験車両は，3 両編成の MLU001（図 13-12，有人 400.8 km/h）から，超電導磁石を軽量化した MLU002N（図 13-13，有人 431 km/h）へと改良が続けられた．

　宮崎実験線では，超電導リニアの基本的な性能について実験が行われたが，単線で，トンネルや営業線で想定される急勾配，高速通過できる曲線がないことから，これらを備えた新しい実験線が必要となり，1989 年，山梨実験線が建設されることとなった．

　山梨実験線の建設は 1990 年 11 月に始まり，1997 年 3 月，先行区間 18.4 km が完成した．また，実験線車両 MLX01 は 1995 年 7 月に山梨実験線に搬入された．

　1997 年 4 月 3 日，山梨実験線での走行試験が始まり，低速での車輪走行から特性確認を始め，5 月 30 日，浮上走行に成功した．引き続き速度向上を進め，11 月 28 日には 500 km/h を超え，12 月 24 日には設計最高速度である 550 km/h を記録．試験開始から約 9 箇月で目標速度を達成した．

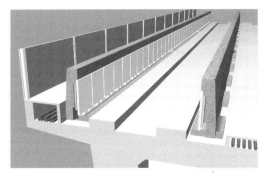

図 13-14　逆 T 字形自立式ガイドウェイ

図 13-15　新形試験車両（先頭 MLX01-901，中間 01-22）
（川口育夫氏 提供）

　1998 年からは，営業線で想定されるさまざまな機能を確認するため，高速すれ違い試験（1999 年 11 月，相対速度 1 003 km/h），変換所渡り試験，複数列車制御試験，満車状態での 5 両編成走行試験（1999 年 4 月 14 日最高速度記録更新，552 km/h）などが行われた．

　これらの成果に対し，2000 年 3 月，運輸省（現・国土交通省）・超電導磁気浮上式鉄道実用技術評価委員会において「超高速輸送システムとして，実用化に向けた技術上のめどが立ったものと考えられる」との評価を受けた．

　2000 年以降は，① 信頼性・長期耐久性の検証，② コスト低減，③ 車両の空力的特性の改善を課題とし，技術開発と走行試験が進められ，新方式の逆 T 字形自立式ガイドウェイ（図 13-14），新方式地上コイル（単層），新しい半導体素子

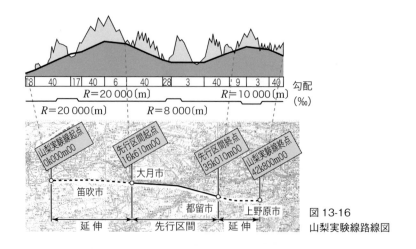

図 13-16
山梨実験線路線図

を用いた高効率変換器，新形試験車両（図 13-15）が開発され，実験線に導入，成果が確認された．

2003 年には，将来の営業線設備の最適設計に反映するため，設計仕様を上回る高性能確認試験を実施した．まず，2003 年 11 月 7 日には，1 日で 2 876 km（実験線 89 往復）を走行した．

続いて 2003 年 12 月 2 日には，最高速度 581 km/h を記録し，自らが持つ世界最高記録を更新した．また，2004 年 11 月 16 日に，すれ違い相対速度 1 026 km/h を記録した．

2005 年 3 月，国土交通省の評価委員会において，「実用化の基盤技術が確立した」との評価を受け，基盤技術が確立した設備を実用化仕様に全面的に変更するとともに，現行の 18.4 km から 42.8 km に延伸する計画とした（図 13-16）．2013 年 8 月には延伸は全線完成した．

2. 超電導磁石

超電導は，ニオブ・チタンのような金属を絶対零度（−273℃）近くまで冷却したときに電気抵抗が零になる現象である．このような金属材料でできた線材でコイルをつくり，低温断熱容器（クライオスタット）に入れて，およそ −269℃ の液体ヘリウムで冷却すると，コイルは超電導状態になる．

このような状態のコイルに一度電流を流すと，いつまでも電流が減少せずに強力な磁石となる．超電導磁石（SCM：Super Conducting Magnet）は，強力な磁

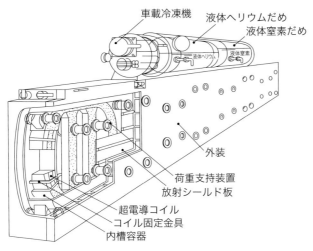

図 13-17 超電導磁石[12]

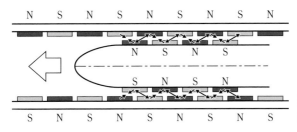

図 13-18 推進の原理

界により浮上・推進および案内力を発生させるもので，誘導反発磁気浮上方式の心臓部となる．

 図 13-17 に超電導磁石を示す．

3. 推進・浮上・案内方式

(1) 推進の原理

 推進は，「地上一次リニア同期モータ」を用いている．車両の台車両側に取り付けられた超電導磁石 SCM が同期モータの回転子の界磁巻線，地上の側壁に取り付けられた推進コイルが固定子巻線に相当する．

 推進コイルには三相交流を給電し，移動磁界を発生させ推進力を得る（前述の図 13-2，および図 13-18）．最大効率が得られ，推力を電流振幅だけで制御できるように，SCM 磁界と移動磁界の位相差を 90°とする閉ループ制御を行ってい

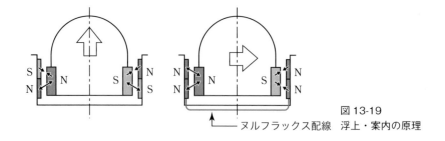

図 13-19　ヌルフラックス配線　浮上・案内の原理

る．両側の SCM，地上コイルは異なるモータを構成し，片側だけでも走行できるようになっている．

(2) 浮上・案内の原理

浮上・案内は，制御の不要な誘導式磁気浮上システムである．側壁表面には，8 の字の浮上・案内コイルが設置され，両側のコイルはヌルフラックス配線で接続されている．SCM が 8 の字コイルの中心高さから上下に変位すると，誘導電流が流れ変位と逆方向の電磁力を発生する（**図 13-19**）．

車両質量と均衡するため，SCM 中心が地上コイル中心から下側に変位した状態で約 10 cm 浮上走行する．また，低速では安定な浮上力が得られないため，車輪で支持する．案内も同様の原理で，車両が左右に変位するとヌルフラックス配線を通して誘導電流が流れ復元力を発生する．

4. 磁気浮上式鉄道のシステム構成

(1) ガイドウェイとコイル配置[12]

超電導リニアは，ガイドウェイと呼ばれる U 字形断面の溝の中を走行する．側壁には，推進コイルと浮上・案内コイルが取り付けられている（**図 13-20**）．推進コイルは，超電導磁石の信頼度確認を経て当初の二層配置から単層配置に改良され，コスト低減と施工性向上が可能となった．

図 13-21 は単層推進コイルであり，

① 一体形（推進＋浮上案内）地上コイル

② ケーブル形推進コイル（推進コイルの手前に浮上案内コイルを配置）

がある．

リニアでは，本線，副本線などの切り換えのためにガイドウェイ全体を移動させる必要があり，高速用の「トラバーサ（traversal type）分岐装置」（**図 13-22**）

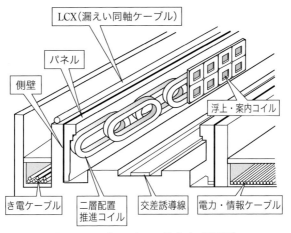

図 13-20　ガイドウェイ構成（二層配置）

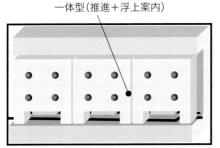

(a) 一体型地上コイル　　　(b) ケーブル型推進コイル

図 13-21　単層推進コイル
（令和 4 年度 超電導磁気浮上式鉄道実用技術評価委員会 資料）[31]

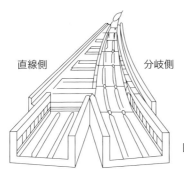

図 13-22
トラバーサ分岐装置

や低速用の側壁移動分岐装置を用いている．

(2) 車両構造

車両構成は，車体と車体の間に台車を配置する「連接台車方式」とし，SCMを客室から遠ざけて磁気シールド質量を軽減するとともに，台車を車体に埋め込ませ車両断面積を縮小して空気抵抗低減を図っている．

台車の両側に取り付けられた SCM は N―S―N―S の4極からなり，車載冷凍機により液体ヘリウム無補給で連続運転できる．

(3) 電力供給と運行制御

山梨実験線では，154 kV 受電した電力をいったん 66 kV に降圧し，コンバータ・インバータで LSM 駆動に必要な可変電圧可変周波数の電力に変換している．また，車両を左右別々のモータで駆動し，進行に従って切り替える「三重き電方式」[30]（図 13-23）を採用している．

変換器は3系となるが，変換器2系で運転する方式と比べ総容量が低減され，1系故障時にも運転を継続できる．

超電導リニアには運転士はおらず自動運転を行う．運行管理システムがダイヤに基づいてランカーブを作成し，駆動制御システムは与えられたランカーブを実現するようにリニアモータの電流指令値を調節して速度制御を行う（図 13-24）．

保安制御・ブレーキシステムに関しては，高精度の位置検知情報に基づいて連続的な位置・速度照査を行うとともに，発電ブレーキ，車輪ディスクブレーキ，空力ブレーキにより高い安全性を確保している．

(4) L0 系および改良型試験車

実験線の更新・延伸に合わせて L0 系車両が導入され，2013 年から走行試験を続けている．2015 年4月には最高速度記録 603 km/h ならびに1日の最長運転距

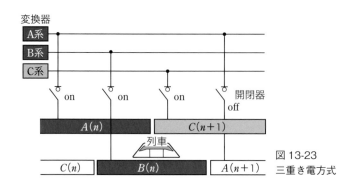

図 13-23
三重き電方式

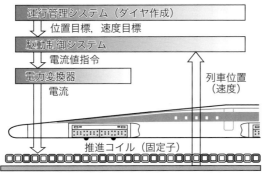

図 13-24 制御システム

図 13-25　L0 系改良型試験車（東海旅客鉄道（株）提供）

離 4 064 km を達成している．また，2020 年には試験データをもとに L0 系をさらにブラッシュアップさせた L0 系改良型試験車が導入された（**図 13-25**）．

(5) 車上電源

　超電導磁石の冷却や照明などの車上電源として，低速時・停止時にも非接触集電が可能な誘導集電システムが開発され（**図 13-26**），2014 年 6 月には 12 両編成，550 km/h までの安定走行が確認されている．周波数は 10 kHz 未満，ループ幅 0.55 m，ループ長 2.5 km である．

(6) 高温超電導磁石

　高温超電導は，冷凍機により真空中の高温超電導コイルおよび輻射シールドを −255℃ まで伝導冷却して超電導磁石を得るもので，構造が簡単で，冷凍機が小

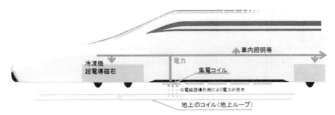

図 13-26　車上電源の非接触集電
（令和 4 年度　超電導磁気浮上式鉄道実用技術評価委員会　資料）[31]

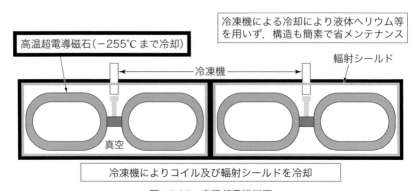

図 13-27　高温超電導磁石
（令和 4 年度　超電導磁気浮上式鉄道実用技術評価委員会　資料）[31]

さく，省メンテナンスである（**図 13-27**）．

　高温超電導磁石が走行試験に供されたのは 2005 年末からであるが，営業線導入への見通しが得られたため，引き続き走り込みを行うことで複数台の高温超電導磁石において検査周期相当の走行を実施し，運用安定性の検証が行われている．

〈参考〉

　東海旅客鉄道(株)では，東海道新幹線のバイパスとして超電導磁気浮上式鉄道による中央新幹線（東京～名古屋間）の建設を進めている．

第14章 海外の電気鉄道

1 海外の電気鉄道の概要

1. 鉄道の方式

(1) 電気方式と電化キロ

電気鉄道は，1881年にシーメンス・ハルスケ社がドイツのリヒテルフェルデで，けん引力が大きく，速度制御が容易な直流電動機を直接駆動できる軌間1mのレール給電による180Vの直流き電方式により，営業運転をしたことから始まっている．

同じ頃，米国ではエジソンの研究所で働いていたスプレーグ（Frank Julian Sprague）が独立してバージニア州リッチモンドで路面電車の開発に乗り出し，1888年に直接制御式のスプレーグ式電車で営業運転を開始して成功を収めた．多くの電車は直流500～600Vであったが，編成数が長くなり，高速で走行させるため次第に高電圧化され，1913年にはゼネラル・エレクトリック（GE）社が鉱山鉄道で2 400V化に成功し，その後，1915年にシカゴで3 000V電化が実用化された．現在では3 000V電化が世界の3/4を占め，次いで1 500V電化となっている．

交流き電方式は，1898年にスイスのユングフラウ線で40Hz・650V（最初は38Hz・500V）で巻線形誘導電動機を用いた三相交流方式の登山電車が実用化されている．

1900年代には，ヨーロッパ各国で特殊低周波交流方式が開発され，スイスの鉄道が行った単相交流16 2/3Hz・15kVの開発により，本格的な実用化に入った．この方式は交流電気鉄道としてのメリットは多く，現在でもドイツやスウェーデンをはじめとして広範囲で実用化されているが，独自の低周波電源が必要で，車両の主変圧器が重いという不利な面がある．

今日の商用周波数による電気鉄道に初めて取り組んだのはドイツであり，1935

305

表 14-1　世界のき電方式と電化キロ（2021 年）[32]

き電方式			日本	世界（日本を含む）		
			〔km〕	〔km〕	〔%〕	主な国
直流	1.5kV 未満		316	4 303	1.0	英国, ドイツ, スイス, 米国, 日本
	1.5〜3kV 未満		10 385	22 010	5.3	日本, フランス, オランダ, オーストラリア, スペイン
	3kV 以上			76 300	18.5	ロシア, イタリア, ポーランド, 南アフリカ, スペイン
単相交流	50 Hz 60 Hz	20kV 未満		461	0.1	米国, ドイツ
		20kV	3 759	3 759	0.9	日本
		25kV	3 011	265 577	64.2	中国, インド, ロシア, フランス, トルコ, ウクライナ
		50kV		918	0.2	南アフリカ, 米国
	25Hz 11〜13kV			1 068	0.3	米国, オーストリア
	16.7Hz	11kV		467	0.1	スイス
		15kV		38 525	9.3	ドイツ, スウェーデン, スイス, オーストリア, ノルウェー
三相交流				28	0.0	スイス, フランス, ブラジル
合　計			17 471	413 417	100.0	

〈注〉1）地下鉄・LRT などの都市交通を除く
　　　2）16.2/3Hz 方式は，EN50163 規格（2004 年改訂）で 16.7Hz に変更

年にヘレンタール線で，単相交流 50 Hz・20 kV で交流整流子電動機と水銀整流器による直流電動機機関車を試作して研究を始めたが，第二次世界大戦が勃発して実用化には至らなかった．

　終戦後，フランス国鉄はサボア線の一部を 50 Hz・20 kV で電化して，1948〜1951 年の間，調査・研究を行い，成功を収めた．フランスは 1954 年に北東部幹線で 50 Hz・25 kV で電化し，世界初の単相商用周波数による電気運転を開始した．この 25 kV 方式は経済性が高く，半導体整流器の進歩により標準方式として世界的に普及している．

　表 14-1 は世界の鉄道のき電方式と電化キロである．世界の鉄道（地下鉄・LRT〈Light Rail Transit〉など都市交通を除く）の総延長は約 110 万 km といわれており，そのうちの約 40％が電化区間である．

　地下鉄・LRT などの都市交通の 2021 年の電化キロは，日本の 1 195 km も含めて直流 1.5 kV 未満が約 2 万 5 000 km，3 kV 未満が約 7 700 km で，50/60 Hz・単相交流 25 kV 未満が約 800 km である（インターネットなどから推定）．

（2）軌　間

　基本的な規格に軌間がある．軌間が大きいほど走行安定性に優れ，荷重負担力が大きく，動力装置の大出力化が可能である．一方，建設費では軌間が小さいほ

表 14-2　海外の鉄道の軌間

軌間〔mm〕	主な国
1 676	インド, スペイン, ポルトガル, アルゼンチン
1 600	ブラジルの一部, アイルランド, オーストラリアの一部
1 524	ロシア, フィンランド, モンゴル, 中央アジア諸国
1 435（標準軌）	ヨーロッパの大部分, スペインの高速新線, 米国, 中国, 韓国, 台湾高速鉄道
1 067	台湾在来線, フィリピン, 南アフリカ, インドの一部, オーストラリアの一部
1 000	東南アジア, スイスの一部, ブラジルの一部

うが有利である.

表 14-2 は海外の鉄道の軌間である.

現在では, 既存路線との直通運転を除けば, 新設時には標準軌が採用されることが多い.

▌2. 海外技術の特徴

(1) 規格の統一

特にヨーロッパでは, EU（European Union）統合で国境を越えた列車の直通化が図られており, 規格の統一や技術の共通化（interoperability）が行われている.

① 軌間の違い

ヨーロッパは主に標準軌（1 435 mm）であるが, スペインやロシアなどは広軌で軌間が異なる. これらの区間の直通運転を行うため, 軌間可変車両の開発が行われている.

② 信号方式

列車運転をよりスムーズにするために, ヨーロッパの統一列車システムとしてERTMS/ETCS（European Rail Traffic Management System/European Train Control System）があり, 地上信号機と軌道回路をベースにATS（Automatic Train Stop system）の機能を規定したレベル 1, 軌道回路と車内信号によるレベル 2, 車上で位置検知と無線による列車制御を目指したレベル 3 がある.

(2) 動力車とプッシュプル運転

ヨーロッパでは, 一般に鉄道は機関車（動力車）による動力集中方式, 路面電車や地下鉄は電車を使用しており, 機関車（動力車）と反対側の客車に運転席を

第14章　海外の電気鉄道

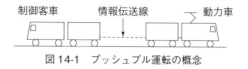

図 14-1　プッシュプル運転の概念

図 14-2
イタリア国鉄の制御客車

設けて遠隔操作で制御を行う，プッシュプル（push pull）方式が普及している．図 14-1 はプッシュプル運転の概念である．

プッシュプル運転では連結器に力が加わるが，ヨーロッパの鉄道の多くは，ねじ式連結器とサイドバッファ（side buffer）を用いている．

図 14-2 はイタリア国鉄の制御客車とねじ式連結器・サイドバッファの例である．

(3) 在来線の改良

1970 年代に入ってから，標準軌の在来線を改良した 200 km/h 運転がドイツ，フランスおよび英国で行われ，米国でも 1976 年に北東回廊で 200 km/h の運転を開始している．

(4) 単線並列

複線区間では，日本では駅間は左側通行としているが，海外では高速鉄道を含めて 2 本の線路のどちら側でも通行できるようにした方式が多い．これにより，①線路の片方を閉鎖して保守が行える，②走行中に同方向の追い抜きが可能になる，などの特徴があるが，信号を双方向運転に対応させる必要がある．

(5) き電方式

交流き電式では単相変圧器による受電が一般的である．不平衡対策が必要な場

表 14-3　電車線路電圧（IEC 60850 Ed.4（2014 年））

き電方式	短時間最低電圧※ U_{min2}〔V〕	最低電圧 U_{min1}〔V〕	公称電圧 U_n〔V〕	最高電圧 U_{max1}〔V〕	短時間最高電圧※ U_{max2}〔V〕
直流（平均値）	500 1 000 2 000	500 1 000 2 000	750 1 500 3 000	900 1 800 3 600	1 000 1 950 3 900
交流　16.7Hz 50/60Hz	11 000 17 500	12 000 19 000	15 000 25 000	17 250 27 500	18 000 29 000

〈注〉※ 短時間最低電圧は 2 分以内，短時間最高電圧は 5 分以内で許容される

合は，V 結線変圧器を用いたり，同一送電系統では単相受電で相をサイクリックにずらしている．

　交流き電方式には直接・BT・AT き電方式があり，直接き電方式は単に交流き電方式と呼ばれている．海外においては直接き電方式が主であり，通信誘導が問題になる都市部のみ BT き電方式を採用する，直接/BT 混在方式が一般的である．AT き電方式は 2×25 kV 方式と呼ばれ，変電所間隔を長くする目的で用いられる．

　国際規格 IEC 60850 Ed.4（2014 年）による電車線路電圧を**表 14-3** に示す．日本の新幹線の電圧は最高 30 kV で，IEC とは異なるため，日本における実施例として付属書に示されている．

(6) 等電位接続

　ヨーロッパでは，高架やトンネルなどの構造物は鉄筋などを連続的に接続し，変電機器や信号機器などのアースも鉄筋に接続した一体接地としている．

　図 14-3 は帰線と構造物の接続の例であり，交流電気鉄道ではレールも鉄筋に接続されている．直流電気鉄道では電食防止のため，レールは鉄筋に接続されていない．これにより，レールの接触電圧の低減や，大地漏れ電流の拡がりを防止している．

　図 14-4 は無絶縁軌道回路における帰線の接地システムである．

2　ヨーロッパの高速鉄道

　世界には多くの高速鉄道があるが，例えばヨーロッパでは，フランス，ドイツ，ベルギー，イタリア，スウェーデン，スペイン，英国で 200 km/h を超える

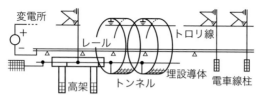

(a) 直流電気鉄道

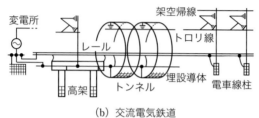

(b) 交流電気鉄道

図 14-3 電気鉄道における帰線と構造物

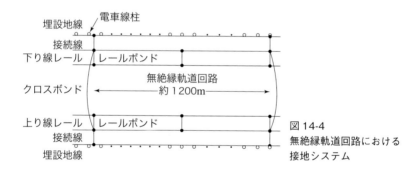

図 14-4 無絶縁軌道回路における接地システム

高速鉄道を運行しており，TGV の系列であるタリスやユーロスターなど，国境を越えて高速列車が運行されている．図 14-5 はヨーロッパの高速鉄道網と計画路線である．

本節では，代表的な高速鉄道であるフランスの TGV とドイツの ICE を紹介する．

図 14-6 は日本の新幹線と TGV および ICE の車体断面を比較したものであり，後者は一回り小さいことがわかる．

1. フランス国鉄 TGV

(1) 車　両

フランス国鉄の TGV（Train á Grande Vitesse）は車両のことであり，TGV 車両の走行する路線を LGV（Ligne à Grande Vitesse）といっている．TGV は前後

310

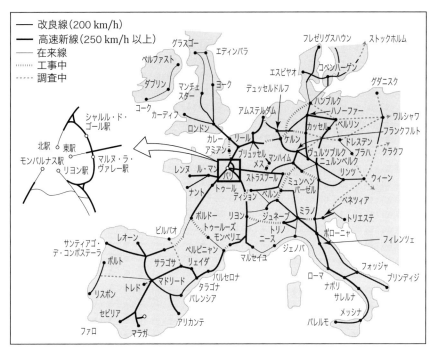

図 14-5　ヨーロッパの高速鉄道網と計画路線（2022 年度，主な線区）

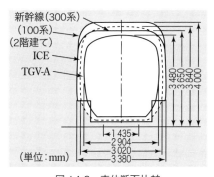

図 14-6　車体断面比較

図 14-7　フランス国鉄 TGV-A
（斎藤勉氏 提供）

両端に動力車を配置した動力集中方式固定編成の高速列車である．TGV の中間客車は連接車としている．

南東線用の TGV-SE（当初 PSE〈Paris-Sud-Est〉と称す）は直流電動機駆動車で，1981 年に部分新線で登場し，1983 年にパリ〜リヨン間を最高速度 270 km/h

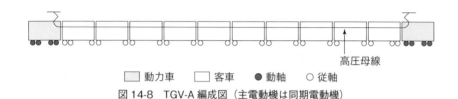

図 14-8　TGV-A 編成図（主電動機は同期電動機）

表 14-4　各種 TGV 車両の諸元比較

項　目	TGV-SE	TGV-A	TGV-Eurostar
線　区	南東線	大西洋線	英仏海峡トンネル
開　業	1981 年	1989 年	1994 年
電気方式	AC 25 kV/50 Hz DC 1 500 V	AC 25 kV/50 Hz DC 1 500 V	AC 25 kV/50 Hz DC 3 000 V, DC 750 V
主電動機	直流直巻 625 kW	交流同期 1 100 kW	交流誘導 1 020 kW
編成(動力車+付随車)	2L8T (200 m)	2L10T (237 m)	2L18T (394 m)
最高速度	270 km/h	300 km/h	300 km/h
車　体	鋼　製	鋼　製	鋼　製
制御方式	サイリスタ位相チョッパ	電流形 VVVF インバータ	電圧形 VVVF インバータ

で全線営業運転開始した．

　次いで，大西洋線用の TGV-A（Atlantic）は電流形インバータによる同期電動機駆動として，主電動機の数を減らしている．TGV-A は 1989 年に登場し，世界で初めて最高速度 300 km/h の営業運転を開始した．図 14-7 に TGV-A の外観を示す．図 14-8 は TGV-A の編成図である．前後の動力車にパンタグラフがあり，高圧母線で結んでいる．直流区間は前後のパンタグラフで集電し，交流区間は前方のパンタグラフは下ろして後方のパンタグラフで集電している．

　さらに，1994 年の北ヨーロッパ線開業に合わせて TGV-R（Reseau）が開発されている．

　TGV-R は基本的に TGV-A と同様であるが，DC 3 000 V の電気方式を追加し，中間客車を 8 両としている．

　特殊な TGV として，英仏トンネルを経由してパリとロンドンを結ぶ TGV-Eurostar があり，誘導電動機駆動で，車体幅が 2.814 m と TGV-A の 2.904 m より一回り小さくしている．

　表 14-4 にこれら車両の主要諸元を示す．

(2) 電気設備

　TGV は 225 kV または 400 kV/50 Hz から受電し，単相交流 2×25 kV の AT き電

図 14-9
き電用単相変圧器

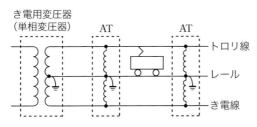

図 14-10
変電所 AT を省略した
き電回路構成

方式でき電している．変圧器は単相変圧器を用いるのが一般的であり，延長き電時の不平衡対策として V 結線によるき電が可能な変電所もある．図 14-9 にき電用単相変圧器の外観を示す．

変圧器は AT 特性を持った三巻線変圧器で，中性点を接地するとともにレールに接続して変電所 AT を省略している．

図 14-10 は変電所 AT を省略したき電回路構成である．

き電区分箇所には異電源突き合わせセクションがあるが，電車は遮断器を開放して通過している．

交直セクションでは交流用および直流用のパンタグラフを下ろして惰行で通過する．図 14-11 は速度 200 km/h 以上の交流異相セクションであり，IEC 60913-2013 には古くから用いられている①長区間形ニュートラルセクションと，最近開発された②分割形ニュートラルセクションがある．これまでのセクションでは無電圧時間が 10 秒程度であったが，分割形では地上と車上の連絡によるパンタグラフ回路の開閉で，無電圧時間が約 1.8 秒に短縮されたという．

図 14-12 は速度 200 km/h 未満の交流異相セクションであり，2 箇所のセク

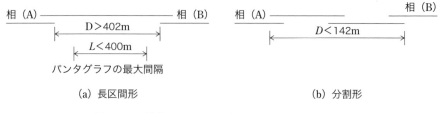

(a) 長区間形　　　　　　　　　(b) 分割形

図 14-11　速度 200 km/h 以上のニュートラルセクション

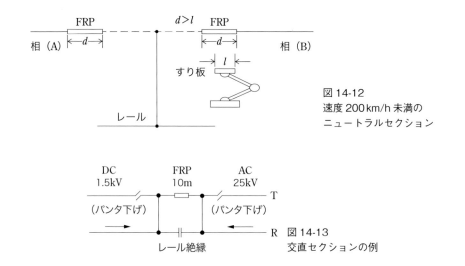

図 14-12
速度 200 km/h 未満の
ニュートラルセクション

図 14-13
交直セクションの例

ションの中間に接地された無加圧セクションがある．セクションの手前で車両の遮断器を開放し，新しい区間に入ったら車両の遮断器を投入する．

図 14-13 に交直セクションの構成例を示す．交流区間と直流区間を走る列車は，電流容量が異なる直流用および交流用のパンタグラフを搭載している．交直セクション箇所では車上の遮断器を開放して，両方のパンタグラフを下げて通過し，加圧区間では当該パンタグラフを上げて走行する．

新線区間は欧州統一基準に従うことになっている．

電車線はシンプル架線で，例えば南東線および大西洋線ではトロリ線に硬銅 $150 mm^2$ を使用し，張力が 20 kN で，波動伝搬速度が 441 km/h としている．

軌道回路は無絶縁軌道回路を使用しており，一定間隔で埋設地線に接続している．

2. ドイツ鉄道 ICE

(1) 車　両

　ドイツ鉄道の高速列車である ICE（InterCity Express）は最初，動力車 2 両と客車 12 両の固定編成の ICE1 が 1991 年に登場した．次いで輸送需要の少ない区間向けに，機関車 1 両と客車 7 両のプッシュプル運転による ICE2 が 1997 年から運転を開始した．

　ICE2 は走行安定性から，機関車が先頭のときは最高速度 280 km/h，その反対のときは最高速度 200 km/h で走行する．

　図 14-14 に ICE1 の外観を示す．

　ケルン～フランクフルト間の新線用として，2000 年から ICE3 が運行を開始している．ICE3 は最高速度 300 km/h の運転，最急勾配 40‰ を考慮して，動力分散方式として単位質量当たりの出力を ICE2 の 2 倍としている．図 14-15 は ICE3 の編成である．

　ICE3 は交流専用方式のほかに，3 電気（AC 15 kV/16.7 Hz，AC 25 kV/50 Hz，DC 1 500 V）方式，および 4 電気方式（3 電気方式に DC 3 000 V を追加）があり，VVVF 制御による誘導電動機駆動で，電力回生ブレーキおよび台車に渦電流式のレールトラックブレーキを併用している．

図 14-14
ドイツ鉄道 ICE1
（斎藤勉氏 提供）

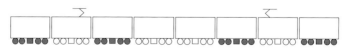

● 動軸　　○ 従軸　　■ 変換装置　　□ 主変圧器
図 14-15　ICE3 の編成

表 14-5　各種 ICE 車両の諸元比較

項　目	ICE1	ICE2	ICE3
開　業	1991 年	1997 年	2000 年
電気方式	15 kV/ 16.2/3 Hz	15 kV/ 16.2/3 Hz	15 kV/ 16.2/3 Hz ほか
動力方式	動力集中	プッシュプル	動力分散
主電動機	交流誘導 1 200kW	交流誘導	交流誘導
構　成	2L12T (358 m)	1L7T (205 m)	4M4T (200 m)
最高速度	280 km/h	L 先：280 km/h L 後：200 km/h	300 km/h

L：動力車，T：付随車，16.2/3 Hz は 2004 年から 16.7 Hz と表記

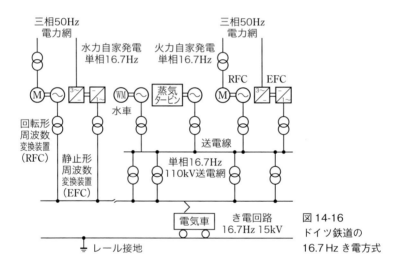

図 14-16　ドイツ鉄道の 16.7 Hz き電方式

表 14-5 にこれら車両の主要諸元を示す．

(2) 電気設備

ドイツでは 16.7 Hz の特殊低周波を採用しているため，図 14-16 に示すように独自の電力系統を持っており，周波数 16.7 Hz の自営発電所，または電力会社の 50 Hz を周波数変換装置により単相 15 kV，16.7 Hz に変換して，連絡送電線で結んで直接き電方式でき電している．

周波数変換装置は，最近では電動形に代わって静止形が用いられつつある．電源に対する不平衡は発生せず，き電側は並列にできて電圧降下が小さい．

電車線は支持点に Y 線を用いた変 Y シンプル架線で，トロリ線に銀入り銅 120

316

mm^2 を使用し，張力が 15 kN で，波動伝搬速度が 427 km/h としている.

軌道回路は，片側のレールに絶縁を設けて信号電流を流し，他方のレールには信号電流と電気車の帰線電流を流す，単軌条方式を用いている.

電柱は架空帰線で結ばれ，架空帰線は約 300 m ごとに帰線側のレールに接続し接地されている.

3 アジアの高速鉄道

1. 中国の高速鉄道

(1) 在来線の高速化

中国で最初の高速化は，広深線（広州～深圳）における準高速線の建設であり，1994 年にディーゼル機関車により最高速度 160 km/h の運転が行われた. その後，1997 年から 2004 年に 5 回にわたって段階的に鉄道の高速化を実施して，準高速線を整備している.

第一次は 1997 年のダイヤ改正で，主な路線の最高速度が 140 km/h に引き上げられた. 第二次は 1998 年に快速列車の最高速度が 160 km/h になるとともに，広深線でスウェーデン製の X2000 形列車で中国初の最高速度 200 km/h 運転が行われた. X2000 形列車は動力車 1 両，中間客車 5 両，制御客車 1 両のプッシュプル方式で，交流 25 kV/50 Hz 方式である.

その後，高速化が順次実施され，2004 年の第五次高速化では最高速度 160 km/h 運転が可能な路線は 7 700 km に達している.

さらに 2007 年 4 月の第六次高速化では，北京～上海などの主な路線で線路改造や電化により，最高速度 200 km/h 運転区間が 6 000 km を超えている. 2021 年現在，営業中の中国鉄道は総延長約 15 万 km で，高速鉄道は約 4 万 km である.

日本も中国のメーカーと組んで JR 東日本の E2 系新幹線電車をベースとした車両（動車組）を受注しており，2007 年 1 月 28 日に，上海南～杭州，および上海～南京の 2 路線で新形高速列車「CRH（China Railway High-speed）2 形子弾頭」として運行開始された.

図 14-17 に CRH2 形動車組を示す.

(2) 高速鉄道と計画

輸送需要の多い北京～上海 1 318 km では，交流 2×25 kV/50 Hz の AT き電方式による，最高速度 300 km/h の京滬高速鉄道が，2011 年 6 月に CR400AF 形列

図 14-17
CRH2 形子弾頭
（小野田滋氏 提供）

車で開業している．

　北京・上海線とは別に，北京・天津線 117 km が，交流 2×25 kV 方式で，CRH2-300 形と ICE3 をベースにした CRH3 形動車組により最高速度 350 km/h で，北京オリンピックに合わせて 2008 年 8 月 1 日に開業した．また，都市間鉄道および旅客専用線用として，和諧号 CRH380A（設計最高速度 380 km/h）が 2010 年 7 月から滬寧都市間鉄道（上海～南京）で運行されている．

　さらに，2004 年に北京～上海区間を含む図 14-18 に示す総延長 1 万 2 000 km の旅客専用高速鉄道計画が「国務院常務会議」で策定され，南北方向に 4 路線，東西方向に 4 路線（四縦四横）が整備されている．次いで，2016 年 7 月に「四縦四横」旅客専用線を拡充する「八縦八横」旅客専用線が国務院より答申されている．

2. 台湾高速鉄道[33]

　台湾は面積が約 3 万 6 000 km² の島で，九州と同程度の面積がある．特に西部地域である台北と高雄間の輸送需要が大きく，1990 年に同区間 345 km を最高速度 300 km/h で 90 分で結ぶ台湾高速鉄道計画がスタートし，2000 年 4 月に着工している．

　図 14-19 は台湾高速鉄道の路線であり，地上電気設備および車両を日本の企業連合が受注し，2007 年 1 月 5 日に台北から約 7 km 離れた板橋～高雄間が部分開業し，次いで 3 月 2 日に全線開業した．

　さらに，2016 年 7 月に台北～南港間 9.174 km（都市トンネル）が延伸している．

(1) 車　両

　車両（700T）の基本仕様は日本の新幹線の 700 系とし，12 両編成で定員が 900 名，最高速度 300 km/h である．電力変換器は IGBT (Insulated Gate Bipolar Transistor)

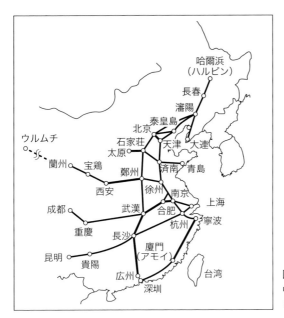

図 14-18 中国の高速鉄道計画 (2023 年, 四縦四横)

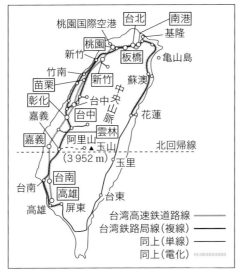

図 14-19 台湾の都市間鉄道と高速鉄道路線

を用いた PWM (Pulse Width Modulation) 制御方式・誘導電動機駆動の動力分散方式の電車である.抑速および停止時には電力回生ブレーキを用いている.

図 14-20 に 700T 系電車を示す.

図 14-20
台湾高速鉄道 700T

(2) 電気設備

運転用電力は台湾電力の 161 kV 系統から受電し，スコット結線変圧器で三相二相変換を行い，方面別にき電している．き電方式は 2×25 kV の 60 Hz 単相交流 AT き電方式で，上下線別に単独き電としている．電車線路の最高電圧は 30 kV，最低電圧は 22.5 kV，瞬時最低電圧は 20 kV である．

高架やトンネルには電気的に接続された鉄筋が配置されるとともに，AT 箇所およびその間でレールは鉄筋に接続されている．

電車線路の本線部はヘビーコンパウンド方式を標準とし，トロリ線にスズ入り合金 GT-SNW-170 mm^2 を用いて張力を 19.6 kN としている．き電線にはポリマがいしを用いている．

列車の制御は自動列車制御方式とし，双方向運転が可能な設備としている．軌道回路は複軌条方式で AF（Audio Frequency）軌道回路を用いている．

通信設備は光ファイバ方式とし，短距離の伝送路はメタリックケーブルである．列車無線は明かり区間は空間波で，トンネルや地下区間は漏えい同軸ケーブルを用いている．

3. 韓国高速鉄道

ソウル〜釜山，光州などを結ぶ韓国高速鉄道 KTX（Korea Train eXpress）は，2004 年 4 月に最高速度 300 km/h で運転を開始した．

図 14-21 は京釜高速鉄道の路線である．

(1) 車　両

KTX は TGV-R とユーロスターの技術に基づいて製造され，両端に動力車を配

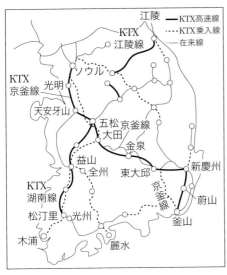

図 14-21　韓国の高速鉄道路線（2021年）

図 14-22　韓国高速鉄道 KTX
（小野田滋氏 提供）

置し，中間に連接式客車 18 両の編成で，フランスおよび韓国で製造されている．図 14-22 に KTX の外観を示す．

(2) 電気設備

運転用電力は 154 kV で受電し，スコット結線変圧器で三相二相変換を行い，方面別にき電している．き電方式は，2×25 kV の 60 Hz 単相交流 AT き電方式で，日本と同様に変電所にも AT を設置している．

電車線路は TGV 北ヨーロッパ線で用いられている架線とほぼ同様で，ちょう架線に Bz 65 mm^2，トロリ線に Cu 150 mm^2 を用いている．

信号方式は TGV の北ヨーロッパ線と同じ車内信号方式で，安全運行のために，ATC（Automatic Train Control system）および CTC（Centralized Traffic Control）が備わっている．

4.　インド国鉄の電化

(1) 初期の鉄道電化[34],[35]

インド国鉄の電化は 1925 年のボンベイ（Bombay）（現・ムンバイ（Mumbai））地区の直流 1 500 V 電化に始まり，直流 3 000 V 方式も採用された．一方，第二次五か年計画（1955〜1960 年）の直流 3 000 V 主要幹線電化が，世界的な商用周

波数による交流電化の流れのなかでフランスの助言により，50 Hz 単相交流 25 kV 方式に変更された．

インド国鉄の交流電化は，東部鉄道：ブルドワン（Burdwan）（現・バルダマーン（Barddhaman））〜ムガールサライ（Mughalsarai）（現・パンディット・ディーン・ダヤル・ウパッディヤーヤ（Pt. Deen Dayal Upadhyaya Junction）），南東部鉄道：アサンソル（Asansol）〜ルールケラ（Rourkela），およびカルカッタ（Calcutta）（現・コルカタ（Kolkata））周辺など，約 700 マイル（ml）（約 1 120 km）について行うものであり，インド国鉄の計画に対して評価を行う「電化技術協力団」の申し込みを国際入札で行い，日本をはじめ欧米の多数が参加して，1957年 8 月にフランスが協力団を受注している．次いで，電車線路工事について国際入札が行われ，日本は日綿實業（現在の双日）が申込者となり，南東部鉄道：ラムカナリ（Ramkanali）〜チャンディル（Chandil）間の 53.55 ml（86.2 km）を受注し，1958〜1961 年にわたり工事を行った．また，日本メーカー（東芝）も 100 kVA の吸上変圧器 54 台を納入している．

当初の電気方式は電車線とレールから構成される直接き電方式を基本とし，市街地では通信誘導を考慮して部分的に BT き電方式を採用している．

しかし，インド中央部は鉱山資源に恵まれ，ビーナー（Bina）〜カトニ（Katia）〜ビラースプール（Bilaspur）の約 800 km の区間に貨物列車の 9 000 t けん引の計画があり，き電システムもこれに適する方式が望まれた．インド国鉄では日本の AT き電方式に着目し，AT 電化の実状を調査するとともに，「AT き電方式導入のためのコンサル業務」を 1988 年に国際入札とし，日本（海外鉄道技術協力協会と電気技術開発）が受注している．

AT 電化プロジェクト工事は 1995〜1996 年に亘長 724 km が完成した．日本からは電力用コンデンサ，保護継電器，ロケータなどが納入されている．

(2) インド貨物専用鉄道[36]

インド貨物鉄道は，デリー首都圏（National Capital Region）のダドリ（Dadri）とインド西海岸の港湾都市ムンバイ（Mumbai）を結ぶ 1 506 km の西回廊と，ルディアナ（Ludhiana）とソナガール（Son Nagar）を結ぶ 1 337 km の東回廊があり，全長約 2 800 km の路線である（**図 14-23**）．貨物専用鉄道は二段積コンテナ車両を走らせるものであり，2023 年の全線開通を目指して計画された．2×25 kV の 50 Hz 単相交流 AT き電方式，UIC 60 kg レール，軌間 1.676 m，トロリ線のレール面上高さ約 7.5 m で一回り大きくなっている．インド政府は，

322

図 14-23　貨物専用新線（DFC）の路線

　貨物専用新線については独立した会社で運営することとして，2006 年に Dedicated Freight Corridor Corporation of India Ltd.（DFCCIL）を設立し，その後は DFC がプロジェクトを遂行している．東回廊は世界銀行，西回廊は日本が支援しており，2009～2010 年に世界銀行ローンによる東回廊の発注作業，2010 年には第一フェーズとして円借款による西回廊のヴァドーダラー（Vadodara）～レーワーリー（Rewari）間約 920 km の発注作業が行われている．日本からは，変電所のき電用変圧器，AT，電車線，およびロケータが納入されている．

　西回廊は 2021 年 1 月にレーワーリー～マダール（Madar）間 306 km が部分開業しており，次いで工区ごとに部分開業が進んで，2024 年 3 月までにウッタル・プラデーシュ州ダドリ～マハーラーシュトラ州ベイターナ（Vaitarna）までの 1 404 km が開通し，さらにムンバイ郊外ジャワハルラール・ネルー港（Jawaharlal Nehru Port：JN Port）までの 102 km が 2025 年 12 月に開業予定である．

　東回廊は 2020 年 12 月から 2023 年 9 月にかけてルディアナ～ソンナガール間 1 337 km が開通しており，2023 年 10 月にルディアナ～ニュークルジャ（New Khurja，クルジャの南約 5 km）までの 401 km が電機けん引による初の貨物列車試験運行が行われた．これは東回廊全線の完成を示す成果であり，東回廊の開通

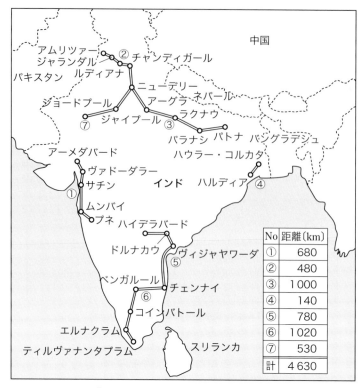

図 14-24 インド高速鉄道の計画路線
出典：Joint Feasibility Study for Mumbai-Ahmedabad High Speed Railway Corridor (Final Report Volume 1), EI/CR(5)/15-137, pp.1-3, 1-4, 2015 年 7 月

記念式典（運用開始）は 2024 年 3 月に行われた．

(3) インド高速鉄道[37]

インド高速鉄道は，港湾都市ムンバイと北へ約 500 km 離れた商工都市アーメダバード（Ahmedabad）間を高速鉄道で結ぶ計画で，日本の新幹線方式の採用が決まっており，2017 年 9 月 14 日（現地時間）にアーメダバードで起工式典が行われ，インドのモディ首相，安倍晋三首相をはじめとする関係者が出席して行われた．

高速鉄道は同区間を最高時速 320 km，最速約 2 時間で結ぶ計画で，12 駅が建設される予定であり，早期の営業開始を目指して，施工が進められている（2024 年現在）．

インドには他に 6 路線の高速鉄道計画があり，合計で 4 630 km になる．7 つのインド高速鉄道の計画路線（2015 年）は図 14-24 のとおりである[38]．

第15章 鉄道電化計画

1 電化計画における主な検討項目

　近年，海外の鉄道電化プロジェクトが増加し，それに従事する技術者も増加している．鉄道には国民性により築かれた長い歴史と，地理的な条件，国内事情などがあり，相手側のニーズや規格などを理解して取り入れる工夫が必要である．

　ここでは，鉄道の海外電化プロジェクトの電化計画で話題となるいくつかの項目を説明する．日本国内の鉄道電化についても同様のことがいえる．

1. 電化方式

　電化方式は鉄道輸送の目的や種類により検討する．

（1）高速鉄道

　高速鉄道では，一般的に交流 25 kV・AT き電方式が推奨される．

（2）都市間鉄道（在来線）

　在来線では，旅客輸送では高速化が，貨物輸送では大きなけん引力が求められることがある．交流 25 kV・AT き電方式が推奨される．

（3）都市鉄道

　都市中心部の鉄道は，新たに建設する場合は土地の確保が困難であるため，地下鉄や高架鉄道が適切である．

　地下鉄の場合，トンネル断面を小さくして工事費を削減するため，直流電気鉄道が採用される．LRT やサードレール方式の場合，高架構造物がスリムになり，都市景観上も優れる．

　米国防火協会（National Fire Protection Association）の規格である NFPA 130（2020）を適用して避難通路のあるトンネルを計画する場合，海外では交流 BT き電方式・剛体架線が選択されることがある．交流電化では回生ブレーキが容易なことから都市鉄道に適しているが，電車線の加圧部と大地との離隔が大きい．

325

乗り入れを計画している都市周辺の鉄道がすでに直流電化されている場合は，直流電化が検討される．

都市周辺の鉄道がまだ電化されておらず，トンネルがなく，都市鉄道と交流電化の高速鉄道が乗り入れする場合，交流ATき電方式が適切である．

2. 電源系統と受電用変電所

電力変電所からの受電には，き電用変電所で受電する場合と，受電用変電所を設けて複数のき電用変電所に送電する場合（図15-1）がある．変電所が受電する電力会社の電力系統を調査して，電気的条件を検討する．

(1) 受電用変電所

受電用変電所の位置は鉄道側の設備条件，電力系統を考えて検討する．送電線から分岐して受電用変電所を建設するので，送電線ルートの調査が必要である．

最近の都市鉄道プロジェクトは路線長20km程度が多いが，その場合，本線の受電用変電所は信頼性を考慮して2箇所が適切である．受電用変電所には予備電源を考慮する．予備電源は設備工事後の試験の電源にもなる．将来の負荷増加については，き電用変電所や変電設備の増設を新たに計画することが適切である．地下鉄区間の電源は，電力系統からの予備電源と単独の予備発電機を検討する．

車両基地には運行管理センター（電力指令などを含む）が建設されることが多いので，車両基地に受電用変電所の設置，電力系統からの予備電源，単独の予備発電機などを検討する．

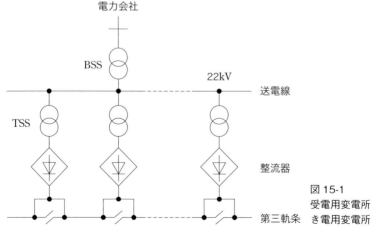

図15-1 受電用変電所＋き電用変電所

交流電化では異なる位相の単相2組を用いて異なる方面別の列車にき電するため，方面別の負荷が等しいと一次側の電圧不平衡は小さくなる．プロジェクト区間の末端に受電用変電所が設備される場合もあるので，検討が必要である．

(2) 短絡容量

電力系統の短絡容量には最大値と最小値がある．受電用変電所は通常，送電ルートは二重化されている．

(3) 中性点の接地

日本国内の超高圧受電用変電所では絶縁低減のため，Ｙ結線の中性点が接地される．海外では，中性点接地系統に接続する場合でも鉄道側の受電用変電所の中性点接地が要請されない場合がある．一方，高圧系統（High Voltage：HV，35kV $<U_N≤230kV$）であっても受電用変電所に中性点接地が義務付けられる場合がある．

受電が電力ケーブルで行われる場合，架空送電線の場合よりも変電所の接地マットへの故障電流の流入は少ないので，変電所の接地電位上昇は抑制される．国際的な直流電化の接地システムの場合，受電ケーブルのシースは，通常は変電所のアースマットに接続せず，所外で片端接地する．土木のコントラクタ（請負業者）が接地マットなどの工事を行うが，土木工事は電気工事の前段階なので調整が必要である．

(4) 都市部の受電用変電所

都市部の受電用変電所は，屋内形変電所にすることと受電ケーブル引き込みが義務付けられる場合がある．

(5) 送電線の引き込み方式

送電線の引き込み方式は，鉄道変電所内に送電側の母線を設置するπ形の引き込み方式（**図 15-2**）が，Ｔ分岐方式（**図 15-3**）の代わりに義務付けられる場合がある．

▌3. 列車負荷，車両基地に必要な電力

① 列車の輸送量は需要予測技術者から提供される．列車の走行する軌道の線形，曲線，勾配，駅の位置は軌道技術者から提供される．計画された列車の定員，質量，出力，回生ブレーキ力，補助電源，効率，力率，高調波は車両技術者から提供される．列車の空調機器の容量は外部気温などにより計算できる（JIS E 6603（2006））．運転計画の技術者は列車の運行計画，運

図 15-2　π形の引き込み方式　　　　図 15-3　T 分岐方式

転ダイヤ（平日，休日，24 時間ダイヤ）を作成する．車両は加速した後，在来線では惰行運転が行われるが，高速鉄道では速度を維持するため力行運転が行われる．電化計画技術者は技術情報にもとづき，列車の走行抵抗式（日本鉄道車輌工業会規格 JRIS R1060（2016））などから列車負荷を計算する．

　都市鉄道の大量高速輸送システム（MRT）では最大負荷が多くなるので，妥当な負荷の条件を提示すべきである．コントラクタは，負荷条件，RAMS 条件を検討して適切な受電変電所の数を提示する必要がある．

② 車両基地で消費する電力を設備容量，運転計画により検討する．車両基地の負荷は時間的に変化する．詳細設計の段階でコントラクタは具体的な設計報告書を提出する．

2　国際規格および現地規格

　国際規格として IEC（国際電気標準会議），ISO（国際標準化機構），IEEE（米国電気電子学会），ITU-T（国際電気通信連合電気通信標準化部門），欧州規格（欧州統一規格 EN，英国規格 BS など）が使用される．WTO（世界貿易機関）の設立協定のなかにある貿易に関する TBT 協定（Agreement on Technical Barriers to Trade）は，各国の規格が国際規格や国際的ガイドを基礎とすることにより貿易障害を低減することを目的としている．

　このため，現地規格は国際規格を採用している場合が多い．例えば，都市部の送電線の種類などは現地規格で規定される場合がある．

1. 電力供給に関する規格

(1) 架線電圧

列車が走行するときのパンタ点電圧を検討し，IEC 60850 Ed.4（2014）規格（「第14章 **1** 2.(5) 表14-3」）に適合するか検討する．MRT では一般にインバータ車両が適用されるので，列車負荷は架線電圧にかかわらず必要な電力は消費される．

(2) 電圧不平衡

交流電化では単相負荷であるため，三相電源側に電圧不平衡を引き起こす．電源の短絡容量が大きく，列車負荷が小さいときには，電源側に与える影響は少ない．その影響は，IEC 技術報告（IEC/TR 61000-3-13（2008））により評価する．列車負荷は，き電回路の区間長によって変わる．

この IEC 技術報告書は，計画レベルの指標値は HV（高圧系統）で 1.4% でなければならないと述べている．不平衡の影響を評価するために用いる電流値は，IEC 技術報告書では毎日の負荷のピーク時に 10 分ごとに流れる 95% の週次値を使用することを提案している．

図 15-4 は例であり，10 分ごとの平均電流を 1 秒ずらして計算し，大きい順に並べており，その 95% 値は 818 A になる．IEC ではこの電流値を用いて，電圧不平衡値を求めるとしている．電圧不平衡値の計算式は変圧器結線により異なり，「第 7 章 **6** 1.」で述べている．

(3) 高調波電流

受電点の高調波電流は，列車の高調波電流により計算される．これによる電圧

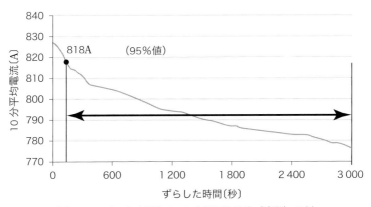

図 15-4　ピーク時間帯の 10 分間平均電流（降順）の例

表 15-1　電圧変動

電圧レベル	許容変動
110 kV	$P_{st} 95\% = 0.80$ $P_{lt} 95\% = 0.60$

の高調波ひずみは IEC/TR 61000-3-6（2008）に規定される．全高調波ひずみ（THD：Total Harmonic Distortion）は，指定されたオーダーまでのすべての高調波の合計の RMS 値対基本要素の RMS 値の比率である．THD の許容値は，例えば 110 kV 送電線の場合，3％である．

車両技術者は，車両から発生する高調波電流を提出する必要がある．

(4) 電圧変動

受電点の電圧変動は，IEC/TR 61000-3-7（2008）により規定されている．変電所の受電点の電圧変動は，**表 15-1** に示されている標準値を超えないようにする．

国際フリッカメータは，フリッカの重大度を特徴付ける 2 つの量を提供する．P_{st}（「st」は「短期」を指す：10 分ごとに一つの値が取得される）と P_{lt}（「lt」は「長期」を指す：2 時間ごとに一つの値が取得される）．フリッカ関連の電圧品質基準は，一般に P_{st} や P_{lt} で表され，P_{lt} は通常 12 個の連続する P_{st} 値から導出される．

$$P_{lt} = \sqrt[3]{\frac{1}{12} \cdot \sum_{j=1}^{12} P_{stj}^3} \tag{15.1}$$

(5) 電線の温度上昇

列車の負荷電流が決まれば，き電線や電車線などの温度上昇の検討が必要であり，IEC TR 61597（2021）などが適用される．送電線の熱容量については CIGRE の式がある（CIGRE Study Committee：Working group 22.12：Thermal behavior of overhead conductors（2002））．

▌2. EMC（電磁両立性）

交流電化計画では，沿線の設備への通信誘導障害の検討を行う．

(1) 通信線の誘導危険電圧

平常運転時に発生する通信誘導危険電圧の制限値は 60 V，50 Hz（ITU-T，K.68（2008））である．通信誘導の計算には多線条回路解析が必要である．

一般送電線と交流電気鉄道における故障時の誘導危険電圧の制限値は，430 V，

50 Hz（ITU-T，K.68）である．
(2) 誘導雑音電圧

通常運転時，1組の通信線における2本のワイヤ間の評価雑音電圧の制限値は0.5 mV（800 Hz）になる．これは800 Hzの雑音電流 Jp〔A〕（ITU-T，K.68）で計算される．金属通信線が短い場合や，通信誘導の対策を行った通信ケーブルの場合は，通信誘導の影響は少ない[39]．

(3) 静電誘導電圧および誘導電流

電化システムが加圧された電線を含むため，鉄道沿線の通信ケーブルへの誘導静電電圧の原因になる可能性がある．人が通信ケーブルの金属線に触れると電流が人に流れる可能性がある．誘導電流の限度は15 mAである（ITU-Tによる）．

3. レール電位

(1) レール接触電圧の許容値

レールに負荷電流や故障電流が流れるとレール電位が発生するので，どの程度上昇するか検討する必要がある．人の接触電圧はIEC 62128-1（2013）に規定されていて，負荷の場合は約60 Vであり，事故時は，故障継続時間が0.1秒の場合は交流785 V，直流625 Vである（図15-5）．

車両基地の中の検修庫では，レール電位が上昇すると工具を落として危険であることから，常時の列車負荷によるレールの接触電圧は交流25 V以下，直流60 V

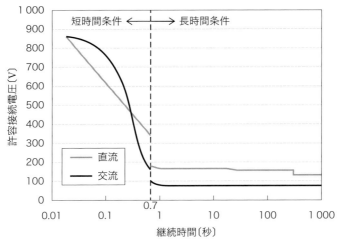

図15-5　レールの接触電圧の許容値（IEC 62128-1（2013））

以下である.

(2) レール電位の低減対策

感電保護の国際規格を満足するため，国際的な接地システムが採用される.

① 交流電化システム

沿線に埋設地線（ボンディング線）が設備され，レール，架空地線や沿線設備の接地線に接続される．レールはレール破断の検出を考慮して，2〜3軌道回路ごとに埋設地線などに接地される（「第14章 **2** 図14-4」参照）.

三線軌においては1軌道回路ごとにバイパス回路ができるので対策がなされる.

日本の新幹線は，駅中間は新幹線特例法で公衆の立入りを禁じており，また作業員は鉄道技術基準省令による講習を受けている．駅ホーム構造物はレールと電線で結んでおり，IEC規格でレール電位抑制対策をしたものと認められている.

② 直流電化システム

交流電化と異なり，電食防止のため，レールはVLD（Voltage Limiting Device，図15-6）で異常時に数10秒程度接地される.

駅のホームドアは駅の構造物と絶縁され，レールと接続される．車両基地のレールは本線とは電気的に分離される[40].

▌4. 構造物の電位上昇と接地システム

近年は，建物の接地システムは等電位ボンディングが使用されるが，建物の接地極の電位上昇がIEC 60364-4-41（2005）で規定されている．接地システムは感電保護規程（IEC 62128-1（2013））を満足すると同時に，駅構造物の電位上昇の抑制を検討する必要がある.

接地システムに関する総合的な報告書をコントラクタが提出する必要がある.

▌5. 雷害対策

プロジェクトの契約パッケージにもとづき，電気設備と建築設備が異なるコントラクタになる場合がある．一方で，避雷設備にはいろいろな種類があるので，コントラクタ間で適切に協議するとともに，コントラクタは規格（IEC 62305-1（2010））などに準拠し，関係機関から許可を受ける必要がある．コントラクタはEPC（Engineering, Procurement, Construction）の契約が増加している．建築のコントラクタが建物の接地工事を行う場合，建築工程は電気工程の前段階なので調整が必要である.

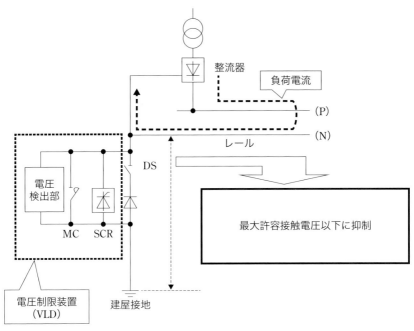

図 15-6　VLD によるレール電位の抑制

3　RAMS（信頼性・可用性・保全性・安全性）

　鉄道用 RAMS に関する主な国際規格は，鉄道 RAMS（IEC 62278（2002）），鉄道ソフトウェア（IEC 62279（2015）），鉄道通信（IEC 62280（2014）），鉄道信号（IEC 62425（2007））である．電力供給については，IEC 62278（2002）が主に適用される．

1．鉄道用 RAMS

　ライフサイクルのフェーズは 14 あり，設計段階に適用する場合はフェーズ 1（コンセプト）からフェーズ 6（設計と実装）である．

　RAMSでは信頼性（Reliability），可用性（Availability），保全性（Maintainability）および安全性（Safety）の 4 つの指標（RAMS）を扱う．それらの関係は Availability =（MTBF/（MTBF + MTTR））であり，相互に関係している（MTBF = Mean Time Between Failure，MTTR = Mean Time To Repair）．

　① MTBF や安全性の目標を検討するツールとして，IEC 61025（2006）：故障の

木解析（Fault Tree Analysis：FTA），IEC 60812（2018）：故障モードと影響および致命度解析（Failure Modes, Effects and Criticality Analysis：FMECA）を含む.

② 変電所の電力供給の性能（システムにおける可用性，MTBF）は，変電所単線結線図，変電所機器の故障率，MTTR をもとにして計算することができる．故障率は過去の実績などをもとにしている．技術者が電力設備の故障を検知し，直ちに対応できるとして計算する．

コントラクタは RAMS 分析を自ら行うことができるが，十分な RAMS スキルを持つことを説明する必要がある．発注側のコンサルは，RAMS 文書の妥当性を検討して意見を述べることができる．

2. SIL（安全度水準）

① 信号設備については安全性が特に要求され，SIL（Safety Integrity Level：安全度水準）の達成がコントラクタに要求される．IEC 62425 の安全組織では，SIL のレベルが高くなると評価組織の中立性のレベルが高くなっており，技術者の専任，所属部門の分離が要求される．コントラクタの内部技術者が SIL 文書を作成する．IEC 62425（2007）では評価機関はコントラクタ内でも良いとされているが，第三者認証機関が要請されることがある．後者の場合，コントラクタは認証機関に SIL 文書を申請し，認証機関が提出された SIL 文書を評価して認証する．

② 認証機関は認定機関により認定される必要がある．ヨーロッパには欧州認定協力機構（EA：European Cooperation for Accreditation），アジアにはアジア太平洋認定協力機構（APAC：Asia Pacific Accreditation Cooperation）がある．

日本の鉄道認証機関の一つは自動車技術総合機構，交通安全環境研究所，鉄道認証室であり，無線列車制御システム，電子連動装置，ATP システム，列車検知装置，鉄道信号用 CPU ボードなどを認証している．

参考・引用文献

　本書籍の初版（2008年9月）は『電気と工事』（オーム社）2006年11月（47巻11号）〜2008年1号（49巻1号）の「電気鉄道技術ガイド」連載をもとにまとめたものである．その後，16年を経過して，新たな技術や修正が必要と思われる内容について追加・修正を行い，改訂版として発行した．

　「電気鉄道技術ガイド」および本書籍をまとめるにあたり，以下のほか，多くの文献やパンフレットなどを参考または引用させていただいたことに感謝する．

1) 『鉄道電化と電気鉄道のあゆみ』鉄道電化協会，口絵 p. 1，1978年3月
2) 持永芳文・望月旭・佐々木敏明・水間毅（監修）『電気鉄道技術変遷史』オーム社，pp. 2-56，p. 88，平成26年11月
3) 日本国有鉄道『日本国有鉄道百年写真史』1972年10月
4) 柴川久光「電気運転統計（国内）」『鉄道と電気技術』34巻7号，日本鉄道電気技術協会，pp. 54-57，2023年6月
5) 運輸部門の機関別エネルギー消費の推移
　https://www.enecho.meti.go.jp/about/whitepaper/2022/
6) 国土交通省（監修）『数字でみる鉄道2022』（一財）運輸総合研究所，pp. 12-13，pp. 210-212，令和5年1月
7) 川﨑邦弘「1.4.3 電磁界と電気鉄道」『改訂 電気鉄道ハンドブック』コロナ社，pp. 22-24，2021年5月
8) 「鉄道に関する技術上の基準を定める省令（その解釈基準）」国土交通省，2002年
9) 持永芳文・曽根悟・木俣正孝・望月旭（監修）『改訂 電気鉄道ハンドブック』コロナ社，pp. 66-67，p. 70，pp. 79-80，p. 201，p. 258，pp. 593-601，p. 868，p. 874，2021年5月
10) 上浦正樹・須長誠・小野田滋『鉄道工学』森北出版，pp. 90-130，2000年4月
11) 宮本昌幸『鉄道車両の科学』サイエンスアイ新書，pp. 126-151，2012年8月
12) 電気学会：電気鉄道における教育調査専門委員会（委員長：持永芳文）『最新電気鉄道工学（三訂版）』コロナ社，pp. 47-58，pp. 65-96，pp. 117-120，p. 157，pp. 306-319，2017年8月
13) 持永芳文・蓮池公紀『電気機器学』コロナ社，pp. 154-155，p. 181，2014年10月
14) 持永芳文「周波数が違う区間を走る電車の電力供給はどうなっているの？」『電気の疑問66』オーム社，pp. 136-139，2024年6月
15) 福島隆文ほか「N700S量産車」『車両技術』日本鉄道車輛工業会，通巻261号，pp. 1-24，2021年3月
16) 渡邉有人・田口義晃・小西武史「鉄道車両用蓄電池のさらなる有効活用方法を考える」『RRR』鉄道総合技術研究所，pp. 20-23，2023年7・8月号

17) 鎌原今朝雄『電気運転用 電力設備の容量計算法』電気技術開発，pp. 24-36, 1999 年 10 月

18) 飯田真『電気鉄道』電気書院，pp. 149-184，pp. 265-266，p. 350，1987 年 9 月

19) 島田健夫三・山川盛実「世界の高速鉄道用シンプル架線の比較」2022 年電気学会産業応用部門大会，No. 5-6, pp. V125-V128，2022 年 8 月

20) 持永芳文・森本大観・林屋均・清水芳樹・相原徹・紺谷寛城「鉄道における蓄電池の可能性」『OHM』オーム社，pp. 51-58，2019 年 9 月

21) 持永芳文『電気鉄道工学』エース出版，pp. 103-114，2014 年 9 月

22) 持永芳文・久水泰司「テーマ技術資料 交流き電用多機能形保護継電器」『鉄道と電気技術』日本鉄道電気技術協会，pp. 10-14，2001 年 11 月

23) 兎束哲夫・池戸昭治・上田啓二・持永芳文・船橋眞男・井手浩一「新幹線電圧変動補償装置の開発と実用化」電気学会論文誌 B, pp. 885-892，平成 17 年 9 月

24) 持永芳文・久水泰司・吉田順重・中野明良・松橋登喜雄「AT き電回路における高調波共振と抑制対策」電気学会論文誌 D, 114 巻, 10 号, pp. 978-986，平成 6 年 10 月

25) 菱沼好章（監修）『誘導と保安装置』日本鉄道電気技術協会，pp. 78-83，平成 6 年 1 月

26) 中村英夫『列車制御』工業調査会，pp. 11-15，pp. 120-126，2010 年 6 月

27) 正田英介・藤江恂治・加藤純郎・水間毅『磁気浮上鉄道の技術』オーム社，1992 年

28) パンフレット『浮上式鉄道』日本国有鉄道下関工事局，1981 年

29) パンフレット『未来の鉄道と社会を創造する』鉄道総合技術研究所，2007 年 3 月

30) 水野次郎・岡井政彦・三浦梓・持永芳文『リニアモータ式鉄道の三重き電による電力供給方法』日本国特許公報，第 1452008 号，1988 年

31) 国土交通省『令和 4 年度 超電導磁気浮上式鉄道実用技術評価』超電導磁気浮上式鉄道実用技術評価委員会，令和 4 年

32) 柴川久光「海外鉄道の電気方式」『鉄道と電気技術』日本鉄道電気技術協会，35 巻，pp. 71-74，2024 年 7 月

33) 張詩錦「1.7.5 (2) 台湾の高速鉄道」『改訂 電気鉄道ハンドブック』コロナ社，pp. 45-46，2021 年 5 月

34) 黒沼源雄「インド交流電化への協力の経緯」『JREA』，Vol. 44, No. 8, pp. 27806 (4)-27808 (6)，2001 年

35) 三浦梓・斎藤勉「インド鉄道における AT き電方式の導入とその評価」『JARTS』，No. 207, pp. 13-23，2009 年

36) 「JARTS 海外鉄道事情 約 2800 km のインド貨物専用新線鉄道事業の概要」交通新聞，2011 年 1 月 31 日

37) 「インド高速鉄道が起工式」交通新聞，2017 年 9 月 20 日

38) 「ムンバイ・アーメダバード間高速鉄道回廊共同実現可能性調査最終報告書」，第一巻，国際協力機構（JICA），pp. 1-1，1-2，1-3，2015 年 7 月

39) 柴川久光・石川多了・持永芳文「AT き電を用いた都市鉄道が金属通信線に及ぼす誘導雑音電圧の検討」電気学会交通・電気鉄道研究会資料，TER-11 号，40-49，pp. 1-6，2011 年 9 月

40) 柴川久光「国際的な直流電化システムの課題とレール電位保護」電気学会産業応用部門大会（CD-ROM），No. 5-23，2021 年 8 月

索引

英数字

12 パルス（12 相）変換器	151
2 レベルインバータ	81
2 レベル制御	82
3 レベルインバータ	81
3 レベル制御	83
4 象限チョッパ	79
6 パルス（6 相）変換器	151
ACVR	177
AF 軌道回路	220
ATACS	216
ATC	232
ATO	238, 281
ATP：変圧ポスト	171
ATP：自動列車防護装置	227
ATS	228
ATS-P	230
AT-SP コンデンサ	176
ATS-S	228
AT き電方式	169, 309
AT 吸上電流比方式故障点標定装置	185
BRT	283
BT き電方式	167, 309
BT セクション	168
CARAT	216
Carson–Pollaczek の式	172
CS トロリ線	130
CTC	241
CVCF	72
DCVR	149
DMV	274, 282
D 種	153
EMC	35, 330
EML	292
E 種	153
FRP セクション	137
GTO サイリスタ	70
HMCR 装置	191
HSST	293

ICE	315
ICOCA	265
IC カード	261
IGBT	70
IKL	193
IMTS	288
ITV	258
KTX	320
LCX	246, 251
LIM	289
LRT	273, 278
LRV	273, 278
LSM	289
LTM	290
MARS	267
MG（電動発電機）	72
NATM 工法	54
PASMO	266
PC まくらぎ	39, 48
PHC トロリ線	130
PiTaPa	265
PRC	241
PWM コンバータ	86, 91
PWM 整流器	86, 163
PWM 方式	82
P 波	56
RAMS	333
RPC	188
SFC	188
SHF	250
SiC（シリコンカーバイド）	71
SIL	334
SIV	72
SPARCS	216
SP-RPC	190
SP-SVC	177
Suica	264
SVC	187
S 種	153
S 波	56

337

TASC ································· 239	エネルギー消費率 ····················· 30
TD 継手 ····························· 63	円形溝付きトロリ線 ················· 130
TGV ································· 310	沿線地震計 ··························· 56
TOICA ······························ 265	沿線電話機 ·························· 247
TTC ································· 241	遠方監視制御装置 ··················· 198
UIC60 レール ························ 45	
V/f 一定・すべり周波数制御 ······· 84	

か

V/f 一定制御 ······················ 81	ガードレール ························ 45
VLD ································· 332	がいし ····························· 134
VVVF インバータ（装置）······ 71, 81	界磁制御 ····························· 76
VVVF 制御 ··························· 81	界磁チョッパ ························ 79
V 結線変圧器 ······················ 309	界磁添加励磁制御 ···················· 80
WN 継手 ····························· 63	回生失効 ···························· 106
ΔI 形故障選択継電器 ··············· 158	回生ブレーキ ························ 105
	海底トンネル ························ 55

あ

アーク電圧 ·························· 156	回転変流機 ·························· 150
アーチ橋 ····························· 52	開電路式軌道回路 ··················· 217
合図 ································ 208	外部電源法 ·························· 166
アプト式鉄道 ······················ 286	開閉サージ ·························· 192
網状接地方式 ······················ 195	架空絶縁帰線 ························ 166
案内軌条式鉄道 ···················· 275	架空単線式 ·························· 125
位相制御 ······················· 88, 187	架空地線 ······················ 193, 195
異相セクション ················ 139, 313	架空複線式 ····················· 23, 125
一段ブレーキ制御 ATC ············· 234	過走防護装置 ························ 235
移動体通信 ·························· 251	加速力 ····························· 118
犬くぎ ······························ 48	片送りき電 ·························· 147
入換信号機 ·························· 209	滑車式バランサ ······················ 133
インチング ·························· 240	カテナリちょう架方式 ··············· 126
インド貨物専用鉄道 ················ 322	過電圧 ····························· 192
インド高速鉄道 ···················· 324	可とう継手 ··························· 63
インバータ ·························· 80	可動ブラケット ······················ 128
インバータ制御 ··············· 76, 83, 110	可動ホーム柵 ························ 240
インピーダンスボンド ·············· 218	可変電圧可変周波数制御 ·············· 81
渦電流式ブレーキ ·················· 106	火力発電所 ······················ 32, 33
運転時隔 ···························· 123	緩衝器 ······························· 64
運転席 ····························· 108	カント ······························ 43
運転線図 ···························· 116	緩和曲線 ····························· 42
運転速度 ···························· 124	軌間 ······························ 39, 306
運転電力シミュレータ ·············· 123	基礎ブレーキ装置（機械ブレーキ）
エアジョイント ···················· 137	···································· 103
エアセクション ···················· 136	き電区分所 ····················· 145, 171
永久磁石同期電動機 ············· 67, 84	き電線 ···················· 129, 145, 169
衛星通信回線 ······················ 251	き電タイポスト ······················ 145
駅収入管理端末 ···················· 263	き電ちょう架式 ················· 126, 145

き電用変電所	149, 171, 178		交直セクション	140, 313
軌道	39		交直流電気車	96
軌道回路	217		構内無線	253
軌道回路検知式	214		勾配	43
軌道中心間隔	40		勾配抵抗	114
軌道パッド	48		交流き電回路	167
軌道変位	51		交流き電方式	27, 169, 305
軌道法	37		交流き電用変電所	178
軌道リレー	219		交流整流子電動機	306
逆L形防音壁	34		交流電気車	86
吸音材付き防音壁	34		交流ΔI形故障選択継電器	184
牛頭レール	45		誤出発防止装置	236
狭軌	40		故障点標定装置	161, 185
橋梁	52		コネクタ	132
曲線	41		コムトラック	248
曲線抵抗	114		コンプレッサ	73
曲線引き金具	131			

き電用変電所 ……………… 149, 171, 178
軌道 ………………………………………… 39
軌道回路 ……………………………… 217
軌道回路検知式 …………………… 214
軌道中心間隔 ……………………… 40
軌道パッド ……………………………… 48
軌道変位 …………………………………… 51
軌道法 …………………………………… 37
軌道リレー ……………………………… 219
逆 L 形防音壁 ………………………… 34
吸音材付き防音壁 …………………… 34
牛頭レール ……………………………… 45
狭軌 ……………………………………… 40
橋梁 ……………………………………… 52
曲線 ……………………………………… 41
曲線抵抗 ………………………………… 114
曲線引き金具 ………………………… 131
許容温度（電線）……………………… 143
距離継電器 …………………………… 182
切替セクション ……………………… 139
切替用開閉器故障検出継電器 …… 187
緊急地震速報 ………………………… 56
空気ばね式車体傾斜システム ……… 62
空気ブレーキ ………………………… 104
空力音 …………………………………… 34
クラス D ……………………………… 153
クラス E ……………………………… 153
クラス S ……………………………… 153
クロッシング ………………………… 49
携帯電話 ……………………………… 270
ケーブルカー ………………………… 283
懸垂がいし …………………………… 134
建築限界 ……………………………… 40
高温超電導磁石 ……………………… 304
高架橋 …………………………………… 53
鋼管ビーム …………………………… 128
交差金具 ……………………………… 132
鋼索鉄道 ……………………………… 283
構造物音 ……………………………… 34
高速度気中遮断器 …………………… 156
高速度真空遮断器 …………………… 156
剛体ちょう架方式 …………………… 127
剛体複線式 …………………………… 125
高調波 ………………………… 94, 151, 190
高調波共振 …………………………… 191

交直セクション ……………… 140, 313
交直流電気車 ………………………… 96
構内無線 ……………………………… 253
勾配 ……………………………………… 43
勾配抵抗 ……………………………… 114
交流き電回路 ………………………… 167
交流き電方式 ……………… 27, 169, 305
交流き電用変電所 …………………… 178
交流整流子電動機 …………………… 306
交流電気車 …………………………… 86
交流ΔI形故障選択継電器 ……… 184
誤出発防止装置 ……………………… 236
故障点標定装置 ……………… 161, 185
コネクタ ……………………………… 132
コムトラック ………………………… 248
コンプレッサ ………………………… 73

さ

サードレール ………………… 69, 125
サイドバッファ ……………………… 308
サイリスタ・ダイオード混合ブリッジ
……………………………………… 87
サイリスタインバータ ……………… 163
サイリスタ純ブリッジ ……………… 89
サイリスタ整流器 …………………… 163
サイリスタチョッパ抵抗 …………… 163
サイン ………………………………… 256
索道 …………………………………… 284
鎖錠 …………………………………… 222
座席予約システム …………………… 267
雑音評価係数 ………………………… 205
山岳トンネル ………………………… 54
三重き電方式（超電導磁気浮上）…… 302
三相交流き電方式 …………………… 27
三巻線変圧器 ………………… 181, 313
シールド工法 ………………………… 54
自営電力 ……………………………… 32
自己操舵機能 ………………………… 61
地震検知情報 ………………………… 251
自動運転 ……………………… 227, 275
自動改札機 …………………… 262, 266
自動再閉路 …………………… 158, 184
自動進路制御装置：PRC …………… 241
自動張力調整装置 …………………… 133
自動閉そく …………………………… 214

索引

339

自動列車制御装置：ATC …………… 232
自動列車停止装置：ATS …………… 227
車上主体制御式 ATC ……………… 235
車上パターン制御 ATC …………… 234
車体 ………………………………… 59
車体傾斜式台車 …………………… 61
遮断器（交流電鉄）……………… 181
車内映像広告システム …………… 260
車内警報装置 ……………………… 228
車内信号 ………………… 208, 237
車内信号閉そく式 ………………… 215
車両機器音 ………………………… 34
車両基地き電（交流）…………… 171
車両限界 …………………………… 41
車両情報制御システム …………… 74
車輪支持式リニアモータ ………… 291
従属信号機 ………………………… 208
集電靴 ……………………………… 69
集電系音 …………………………… 34
周波数変換装置 …………………… 96
主信号機 …………………………… 208
出改札システム …………………… 260
出発信号機 ………………………… 209
出発抵抗 …………………………… 113
主電動機 …………………………… 65
障害物検知装置 ………… 55, 226
乗車券類（切符）………………… 260
常置信号機 ………………………… 208
常電導吸引式磁気浮上 …………… 292
場内信号機 ………………………… 209
乗務員無線 ………………………… 253
商用周波軌道回路 ………………… 219
シリコン（ダイオード）整流器 …… 152
自励式 SVC ………………………… 188
信号機 ……………………………… 208
信号現示 …………………………… 209
新交通システム …………………… 275
信号保安 …………………………… 207
伸縮継目 …………………………… 47
シンプルカテナリ方式 …………… 126
進路 ………………………………… 222
吸上変圧器 ………………………… 167
推進コイル ………………………… 300
水銀整流器 ……………… 24, 150
推定短絡電流（定格短絡電流）…… 155

水底トンネル ……………………… 55
水力発電所 ………………………… 32
スカイレール ……………………… 281
スコット結線変圧器 ……………… 179
スタフ閉そく式 …………………… 212
ストアードフェアカード ………… 262
スパン線ビーム …………………… 128
すべり周波数制御 ………………… 84
すべり ……………………………… 66
スラック …………………………… 42
スラブ軌道 ………………………… 39
制御角 ……………………………… 88
静止形切替用開閉器 ……………… 139
静止形無効電力補償装置：SVC
……………………… 177, 187
静電誘導 …………………………… 201
正矢法 ……………………………… 51
絶縁離隔 ………………… 193, 195
接地 ………………………………… 195
接地装置（車軸）………………… 63
選択特性 …………………………… 154
線路 ………………………………… 38
線路インピーダンス ……………… 172
線路定数 ………………… 147, 172
騒音 ………………………………… 33
早期地震検知システム …………… 56
総合運行管理システム …………… 242
総合運行制御装置：TTC ………… 241
走行抵抗 …………………………… 113
双頭レール ………………………… 45
双方向運転 ……………… 308, 320
速度照査形 ATS …………………… 230
側壁移動分岐装置 ………………… 302

た

台形溝付きトロリ線 ……………… 130
第三軌条 …………………………… 69
台車 ………………………………… 60
台車装荷式 ………………………… 62
大地帰路インピーダンス ………… 172
タイプレート ……………………… 48
ダイヤモンドクロッシング ……… 49
多段ブレーキ制御 ATC …………… 233
脱線 ………………………………… 44
脱線係数 …………………………… 45

脱線防止ガード	45, 57	デジタル ATC	234
脱線防止レール	45	鉄筋接地方式	196
タップ制御	87	鉄道営業法	37
縦曲線	43	鉄道事業法	37
ダブルイヤー	132	鉄道電話	246
タブレット閉そく式	213	デッドセクション	139
多分割すり板	69	電圧不平衡（率）	187, 329
他励式 SVC	187	電圧変動（率）	154, 187, 330
単軌条方式（軌道回路）	317	電気掲示器	256
単純桁橋	53	電機子チョッパ	78
単線自動閉そく式	214	電気指令式空気ブレーキ	104
単線並列	215, 308	電気転てつ機	221
単相変圧器（き電用）	308	電気時計	257
単巻変圧器	168	電気二重層キャパシタ	149
短絡容量	175	電気ブレーキ	105
蓄電池搭載車両	27, 59, 100	電気防食	166
地上信号機	208	電空協調制御	107
弛度	135	電空転てつ機	221
中空軸式平行カルダン式	63	電子照査式（電子閉そく）	215
ちょう架線	127, 129	電車線路電圧	146, 172, 309
長幹がいし	134	電磁直通空気ブレーキ	105
超電導磁気浮上	295	電磁誘導	202
超電導磁石	298	電食	164
重複区間	237	電柱	127
直撃雷	192	転てつ機	221
直結軌道	48	転動音	34
直接き電方式	309, 316	電動車	58
直並列制御	76	電動発電機：MG	72
直流き電回路	145	電流増加率	154
直流き電電圧補償装置：DCVR	149	電力消費率	122
直流き電方式	27, 127	電力指令	198
直流き電用変電所	149	電力貯蔵装置	32, 149
直流軌道回路	219	電力融通方式電圧変動補償装置：RPC	
直流直巻電動機	65		188
直流電気車	71, 76, 85	等価妨害電流	205
直流複巻電動機	65	同期速度（リニア同期モータ）	290
直列コンデンサ	176	同軸ケーブルき電方式	170
チョッパ制御	77	同軸搬送	249
地絡過電圧継電器（64P）	160	同相セクション	138
つり掛式	62	等電位接続	195, 309
つり橋	52	踏面ブレーキ	103
定位置停止装置：TASC	239	特殊索道	285
抵抗制御	76	特殊自動閉そく式	214
ディスクブレーキ	103	特殊低周波方式	305, 316
低騒音パンタグラフ	68	特別高圧母線	68, 142

341

土構造物 …………………… 52	ピクトグラム …………………… 256
都市トンネル …………………… 54	非常制動距離 …………………… 237
突進率 …………………… 155	非接触ICカード …………………… 263
トラス橋 …………………… 52	非対称制御 …………………… 90
トラスビーム …………………… 128	引張力 …………………… 109
トラバーサ分岐装置 …………………… 300	評価雑音電圧 …………………… 205
トランスポンダ ………… 140, 230, 239	票券閉そく式 …………………… 212
トランスラピッド …………………… 292	標識 …………………… 208
ドロッパ …………………… 131	標準軌 …………………… 40
トロリ線 …………………… 129	避雷器 ………………… 192, 194
トロリ線の高さ，偏位，勾配 ………… 134	平底レール …………………… 45
トロリバス …………………… 285	比率差動継電器 …………………… 182
トンネル …………………… 53	フィードイヤー …………………… 132
トンネル抵抗 …………………… 115	フィルタコンデンサ …………………… 93

な

二重弾性締結装置 …………………… 48	負き電線 ………………… 129, 166
ニッケル水素電池 …………………… 149	複線自動閉そく式 …………………… 215
ニュートラルセクション …………………… 313	付随車 …………………… 58
ヌルフラックス …………………… 300	普通索道 …………………… 285
ねじ式連結器 …………………… 308	プッシュプル運転 …………………… 308
年間雷雨日数：IKL …………………… 193	沸騰冷却 …………………… 153
粘着係数 …………………… 110	不等辺スコット結線変圧器 …………………… 172
ノーズ可動分岐器 …………………… 49	踏切警報機 …………………… 224
乗り上がり脱線 …………………… 44	踏切遮断機 …………………… 225
乗り心地 ………………… 42, 43, 90	踏切種別 …………………… 225

は

バーニア制御 …………………… 89	フライホイールポスト …………………… 149
配電盤 …………………… 200	フランジ ………………… 44, 62
排流法 …………………… 166	振子式台車 …………………… 61
歯数比 …………………… 113	振止金具 …………………… 131
発車標 …………………… 257	ブレーキ率 …………………… 115
発車ベル …………………… 258	ブレーキ力 …………………… 111
発電ブレーキ …………………… 105	フレームリーケージ保護 …………………… 160
波動伝搬速度 ………… 143, 314, 317	プレサグ …………………… 141
ばね式バランサ …………………… 133	分岐器 …………………… 49
バラスト軌道 …………………… 39	分倍周軌道回路 …………………… 220
バリアフリー …………………… 36	平行カルダン方式 …………………… 63
ハンガイヤー ………………… 131, 136	閉そく信号機 …………………… 209
パンタグラフ …………………… 68	閉そく方式 …………………… 210
パンドロール形締結装置 …………………… 48	閉電路式軌道回路 …………………… 217
ヒートパイプ式（整流器） …………………… 153	並列き電 …………………… 148
ビーム …………………… 128	並列コンデンサ …………………… 190
光ファイバ通信 …………………… 249	ベクトル制御 …………………… 84
	ヘビーコンパウンドカテナリ方式 … 126
	変圧ポスト：ATP …………………… 171
	変形ウッドブリッジ結線変圧器 …… 180
	変Yシンプル架線 …………………… 316

ポイント	221
放送装置	258
放電間隙（S状ホーン）	196
放電装置（SD，GP）	169
ホームドア	240
ボギー車	59
保護方式（き電回路）	157, 182
補助き電区分所：SSP	171
補助ちょう架線	129
ポリマがいし	134
ボルスタレス台車	60

ま

埋設地線	310, 314, 332
まくらぎ	39, 47
摩耗（トロリ線）	142
マルス	267
溝形レール	45
密着連結器	64
宮崎実験線	295
無軌条電車	285
無絶縁軌道回路	220
文字情報伝達システム	259
モニタリングシステム（車両）	74
モノレール	276

や

山梨実験線	296
誘導集電（超電導磁気浮上）	303
誘導信号機	209
誘導電動機	66
誘導雷	192
ユレダス	56
揺れまくらつり式台車	60
抑速回生	87
弱め界磁制御	77

ら・わ

ラーメン高架橋	53
リアクションプレート	291
リアクタンス検出方式故障点標定装置	
	185

力率改善	190
離線	141, 143
離線率	142
リチウムイオン電池	27, 100, 149
リニア地下鉄	291
リニア直流モータ：LTM	290
リニア同期モータ：LSM	289
リニアモータ	289
リニア誘導モータ：LIM	289
リニモ	293
リフト	285
流電陽極法	166
ルーフ・デルタ結線変圧器	180
レール	45
レール継目	45
レール締結装置	48
レール電位	164, 196, 331
レールの接触電圧	309, 331
レールボンド	45, 147
列車間隔	210
列車計画	123, 243
列車自動運転装置：ATO	238
列車集中制御装置：CTC	241
列車ダイヤ	243
列車抵抗	113
列車防護装置	55
列車無線	251
連結器	64
連結面長さ	60
連鎖	222
連査閉そく式	213
連接車	59
連動装置	222
連動閉そく式	213
連絡遮断装置	158, 199
漏えい同軸ケーブル：LCX	246, 251
ロープウェイ	285
路盤	38
路面電車	278
ロングレール	45
わたり線装置	132

343

- 本書の内容に関する質問は，オーム社ホームページの「サポート」から，「お問合せ」の「書籍に関するお問合せ」をご参照いただくか，または書状にてオーム社編集局宛にお願いします．お受けできる質問は本書で紹介した内容に限らせていただきます．なお，電話での質問にはお答えできませんので，あらかじめご了承ください．
- 万一，落丁・乱丁の場合は，送料当社負担でお取替えいたします．当社販売課宛にお送りください．
- 本書の一部の複写複製を希望される場合は，本書扉裏を参照してください．

JCOPY ＜出版者著作権管理機構 委託出版物＞

電気鉄道技術入門（第 2 版）

2008 年 9 月 20 日　　第 1 版第 1 刷発行
2025 年 3 月 24 日　　第 2 版第 1 刷発行

編著者　持 永 芳 文
著　者　電気鉄道技術入門編集委員会
発行者　髙 田 光 明
発行所　株式会社 オーム社
　　　　郵便番号　101-8460
　　　　東京都千代田区神田錦町 3-1
　　　　電話　03(3233)0641(代表)
　　　　URL　https://www.ohmsha.co.jp/

© 持永芳文・電気鉄道技術入門編集委員会 2025

印刷・製本　三美印刷
ISBN978-4-274-23337-1　Printed in Japan

本書の感想募集　https://www.ohmsha.co.jp/kansou/

本書をお読みになった感想を上記サイトまでお寄せください．
お寄せいただいた方には，抽選でプレゼントを差し上げます．